2015年度国家社会科学基金项目"审美范畴研究",项目编号：15BZW026
本书获温州大学浙江省A类一流学科中国语言文学学科资助

审美范畴
AESTHETIC CATEGORIES

颜翔林·著

中国社会科学出版社

图书在版编目（CIP）数据

审美范畴／颜翔林著．—北京：中国社会科学出版社，2018.6
ISBN 978－7－5203－2493－9

Ⅰ.①审… Ⅱ.①颜… Ⅲ.①审美—研究 Ⅳ.①B83－0

中国版本图书馆 CIP 数据核字（2018）第 097144 号

出 版 人	赵剑英
责任编辑	张　林
特约编辑	郑成花
责任校对	杨　林
责任印制	戴　宽

出　　版	中国社会科学出版社
社　　址	北京鼓楼西大街甲 158 号
邮　　编	100720
网　　址	http://www.csspw.cn
发 行 部	010－84083685
门 市 部	010－84029450
经　　销	新华书店及其他书店
印　　刷	北京明恒达印务有限公司
装　　订	廊坊市广阳区广增装订厂
版　　次	2018 年 6 月第 1 版
印　　次	2018 年 6 月第 1 次印刷
开　　本	710×1000　1/16
印　　张	22
插　　页	2
字　　数	342 千字
定　　价	99.00 元

凡购买中国社会科学出版社图书，如有质量问题请与本社营销中心联系调换
电话：010－84083683
版权所有　侵权必究

目 录

前言 ··· (1)

第一编 客观范畴

第一章 审美时间 ··· (3)
第一节 时间之追问 ·· (3)
第二节 时间意识与时间视域 ······································ (7)
第三节 审美时间 ··· (10)

第二章 审美空间 ··· (15)
第一节 空间之追问 ·· (15)
第二节 生活世界和审美空间 ······································ (19)
第三节 技术化的审美空间和艺术化的审美空间 ················ (23)

第三章 审美境域 ··· (28)
第一节 自然场域 ··· (28)
第二节 艺术情境 ··· (32)
第三节 历史镜像 ··· (38)

第二编 主观范畴

第四章 审美记忆 ··· (45)
第一节 心理特性 ··· (45)

第二节　时间结构与集体记忆……………………………………（48）
　　第三节　审美记忆与艺术创造……………………………………（51）

第五章　审美想象……………………………………………………（56）
　　第一节　想象之追溯………………………………………………（56）
　　第二节　功能与意义………………………………………………（62）
　　第三节　想象与审美创造…………………………………………（68）

第六章　审美情绪……………………………………………………（77）
　　第一节　孤独………………………………………………………（77）
　　第二节　忧愁………………………………………………………（92）
　　第三节　喜悦………………………………………………………（100）

第三编　本体范畴

第七章　审美主体……………………………………………………（115）
　　第一节　追询主体…………………………………………………（115）
　　第二节　诗性主体…………………………………………………（119）
　　第三节　意义与功能………………………………………………（124）

第八章　审美信仰……………………………………………………（131）
　　第一节　何为"信仰"？……………………………………………（131）
　　第二节　神话信仰…………………………………………………（132）
　　第三节　审美信仰…………………………………………………（137）

第九章　审美神话……………………………………………………（142）
　　第一节　神话的探询………………………………………………（142）
　　第二节　与以往神话观念的差异…………………………………（153）
　　第三节　"美学神话"与"审美神话"………………………………（158）

第四编　工具范畴

第十章　审美结构 …………………………………（165）
第一节　具象结构 …………………………………（165）
第二节　抽象结构 …………………………………（169）
第三节　艺术结构 …………………………………（176）

第十一章　审美标准 ………………………………（186）
第一节　经验之标准 ………………………………（186）
第二节　理念之标准 ………………………………（197）
第三节　艺术境界与生命境界 ……………………（200）

第十二章　审美方法 ………………………………（206）
第一节　感觉 ………………………………………（206）
第二节　联想 ………………………………………（211）
第三节　阐释 ………………………………………（216）

第五编　感性范畴

第十三章　审美感性 ………………………………（225）
第一节　感性与审美感性 …………………………（225）
第二节　自然感性与审美感性 ……………………（228）
第三节　差异与关联 ………………………………（233）

第十四章　审美体验 ………………………………（237）
第一节　逻辑界定 …………………………………（237）
第二节　性质与类别 ………………………………（241）
第三节　审美体验之主要对象 ……………………（247）

第十五章　审美时尚 ⋯⋯⋯⋯⋯⋯⋯⋯⋯⋯⋯⋯⋯⋯⋯⋯（256）
第一节　时尚之解读 ⋯⋯⋯⋯⋯⋯⋯⋯⋯⋯⋯⋯⋯⋯（256）
第二节　时尚之本性 ⋯⋯⋯⋯⋯⋯⋯⋯⋯⋯⋯⋯⋯⋯（260）
第三节　时尚之势能 ⋯⋯⋯⋯⋯⋯⋯⋯⋯⋯⋯⋯⋯⋯（264）

第六编　理性范畴

第十六章　审美崇拜 ⋯⋯⋯⋯⋯⋯⋯⋯⋯⋯⋯⋯⋯⋯⋯⋯（275）
第一节　人类自我崇拜 ⋯⋯⋯⋯⋯⋯⋯⋯⋯⋯⋯⋯⋯（275）
第二节　祖先崇拜 ⋯⋯⋯⋯⋯⋯⋯⋯⋯⋯⋯⋯⋯⋯⋯（281）
第三节　文本崇拜与艺术家崇拜 ⋯⋯⋯⋯⋯⋯⋯⋯⋯（286）

第十七章　审美发现 ⋯⋯⋯⋯⋯⋯⋯⋯⋯⋯⋯⋯⋯⋯⋯⋯（289）
第一节　发现创造者所未发现 ⋯⋯⋯⋯⋯⋯⋯⋯⋯⋯（289）
第二节　发现接受者所未发现 ⋯⋯⋯⋯⋯⋯⋯⋯⋯⋯（291）
第三节　发现美学理论所未发现 ⋯⋯⋯⋯⋯⋯⋯⋯⋯（296）

第十八章　审美理想 ⋯⋯⋯⋯⋯⋯⋯⋯⋯⋯⋯⋯⋯⋯⋯⋯（299）
第一节　理想之批判 ⋯⋯⋯⋯⋯⋯⋯⋯⋯⋯⋯⋯⋯⋯（299）
第二节　桃花源情结 ⋯⋯⋯⋯⋯⋯⋯⋯⋯⋯⋯⋯⋯⋯（302）
第三节　期许未来 ⋯⋯⋯⋯⋯⋯⋯⋯⋯⋯⋯⋯⋯⋯⋯（306）

主要参考文献 ⋯⋯⋯⋯⋯⋯⋯⋯⋯⋯⋯⋯⋯⋯⋯⋯⋯⋯⋯（311）

主要人名、术语对照 ⋯⋯⋯⋯⋯⋯⋯⋯⋯⋯⋯⋯⋯⋯⋯⋯（323）

后记　潇湘与江淮 ⋯⋯⋯⋯⋯⋯⋯⋯⋯⋯⋯⋯⋯⋯⋯⋯⋯（335）

Catalog

Preface ··· (1)

Volume One　Objective Category

Chapter 1　Aesthetic Time ································· (3)
　1. On the question of time ································ (3)
　2. Time consciousness and time horizon ············· (7)
　3. Aesthetic time ··· (10)

Chapter 2　Aesthetic Space ······························· (15)
　1. On the question of space ······························ (15)
　2. Life world and aesthetic space ······················· (19)
　3. Aesthetic space of technology and aesthetic space of art ············ (23)

Chapter 3　Aesthetic Realm ······························· (28)
　1. Natural field ·· (28)
　2. Artistic situation ··· (32)
　3. Historical Mirror ·· (38)

Volume Two　Subjective Category

Chapter 4　Aesthetic Memory ···························· (45)
　1. Psychological characteristics ··························· (45)

2. Time structure and collective memory ……………………… (48)

3. Aesthetic memory and artistic creation ……………………… (51)

Chapter 5 Aesthetic Imagination ……………………………… (56)

1. Retrospect of imagination ……………………………………… (56)

2. Function and significance ……………………………………… (62)

3. Imagination and aesthetic creation …………………………… (68)

Chapter 6 Aesthetic Emotion …………………………………… (77)

1. Loneliness ………………………………………………………… (77)

2. Sorrow …………………………………………………………… (92)

3. Joy ………………………………………………………………… (100)

Volume Three   Ontological category

Chapter 7 Aesthetic Subject …………………………………… (115)

1. Inquisitive subject ……………………………………………… (115)

2. Poetic subject …………………………………………………… (119)

3. Meaning and function ………………………………………… (124)

Chapter 8 Aesthetic Belief ……………………………………… (131)

1. What is "belief"? ……………………………………………… (131)

2. Myth belief ……………………………………………………… (132)

3. Aesthetic belief ………………………………………………… (137)

Chapter 9 Aesthetic Belief ……………………………………… (142)

1. An inquiry of myth …………………………………………… (142)

2. Difference between the previous myth and the present …… (153)

3. "Aesthetics myth" and "aesthetic myth" …………………… (158)

Volume Four Instrumental Category

Chapter 10 Aesthetic Structure ……………………………………… (165)
  1. Concrete structure ……………………………………………………… (165)
  2. Abstract structure ……………………………………………………… (169)
  3. Artistic structure ………………………………………………………… (176)

Chapter 11 Aesthetic Standard ……………………………………… (186)
  1. Standard of experience ………………………………………………… (186)
  2. Standard of idea ………………………………………………………… (197)
  3. Artistic realm and life realm ………………………………………… (200)

Chapter 12 Aesthetic Method ………………………………………… (206)
  1. Perception ………………………………………………………………… (206)
  2. Association ……………………………………………………………… (211)
  3. Interpretation …………………………………………………………… (216)

Volume Five Category of Sensibility

Chapter 13 Aesthetic Sensibility ……………………………………… (225)
  1. Sensibility and aesthetic sensibility ………………………………… (225)
  2. Natural sensibility and aesthetic sensibility ……………………… (228)
  3. Difference and association …………………………………………… (233)

Chapter 14 Aesthetic Experience …………………………………… (237)
  1. Logical definition ……………………………………………………… (237)
  2. Nature and category …………………………………………………… (241)
  3. The main object of aesthetic experience ………………………… (247)

Chapter 15　Aesthetic Fashion ……………………………………… (256)
　1. An interpretation of fashion ………………………………… (256)
　2. Nature of fashion ……………………………………………… (260)
　3. Potential energy of fashion ………………………………… (264)

Volume Six　Category of Reason

Chapter 16　Aesthetic Worship …………………………………… (275)
　1. Self-worship of human been ………………………………… (275)
　2. Ancestor worship ……………………………………………… (281)
　3. Textual worship and the worship of artists ……………… (286)

Chapter 17　Aesthetic Discovery ………………………………… (289)
　1. Discovering what the creator has not discovered ……… (289)
　2. Discovering what the critic has not discovered ………… (291)
　3. Discovering what the aesthetic theory has not discovered ………… (296)

Chapter 18　Aesthetic ideal ……………………………………… (299)
　1. Critique on ideal ……………………………………………… (299)
　2. Complex of "the Peach Garden" ideal …………………… (302)
　3. Expecting the future ………………………………………… (306)

Appendix ……………………………………………………………… (311)

Reference Comparison of names and terms …………………… (323)

Postscript the Xiang Jiang river Vs Yangtze and Huai rivers …… (335)

前　言

　　美是最高的虚无对象，是可能性高于现实性的现象。审美活动是主体对生活世界的诗意向往，也是对自我存在意义的求证。审美构成了人之本质的必然性结构，是形而上学和美学的永恒命题，也是主体存在的终极性追求。换言之，人之生存既是求善之生存，更是求美之生存。美既是精神的彼岸世界，也是现实性的此岸世界。唯有审美活动，沟通了此岸与彼岸。它是架设于两岸的彩虹之桥，桥下流水潺潺，清澈澄明，有游鱼之乐。两岸青青翠竹，郁郁黄花，呈显般若之智慧。林中空地，桃花掩映，飞鸟与还……它是陶渊明梦境的"桃花源"和海德格尔神往的"诗意栖居"。本人多年徜徉于美学田园，审美范畴这一探究可谓是从中采撷的一花一叶。

　　审美范畴是美学的核心结构之一，也是美学研究的基础命题和理论探究之难点。以往美学研究的思维模式是以美学范畴涵盖审美范畴，或者将审美范畴等同于美学范畴，在一定程度上模糊或混淆了这两个概念。有鉴于此，本书首先对美学范畴和审美范畴这两个概念做出必要的理论界定和逻辑区分。如果说范畴是最一般的概念形式，它以主体思维的规定性，意向性地呈现现象界的基本性质和内在规律；那么，美学范畴是指最一般、最根本形态的美与艺术的种概念，在存在方式上，它们往往表现为辩证关联、对立统一的二元性概念，诸如：壮美与优美、崇高与滑稽、悲剧与喜剧、荒诞与幽默等。审美概念（Aesthetic category）则是指具体的和独立的审美活动的属概念，它们表现为单一性相对独立的概念。其次，以往美学对审美范畴的分类也存在理解的差异，第一种方式将审美范畴作为二元对立的概念罗列，诸如优美与壮美、崇高与滑稽、悲剧与喜剧等，它们和一般意义的美学范畴没有本质的区别。第二种方式将审美范畴进行缺乏逻辑性的罗列，如欧根·稀穆涅克分类为崇高、英勇、庄严等14种，而茵加登罗列出38种之多。第三种方式将审美范畴仅划分为崇高、滑稽、优美这简单的三种类型。正是由于以往美学在审美范畴研究方面客观存在历史与逻辑的双重局限，导致审美范畴的探究存在一定程度的理论缺欠。本书将审美范畴延伸到相对宽广的境域，致力于对审美范畴进行历史与逻辑相统一、辩证理性与实践理性相统一的系统而深入的理论阐释，为当代中国的美学研究，尤其是美学原理之研究做出一份自我努力。

  本书的学术旨趣在于：其一，在研究目标方面，对审美范畴进行自成体系的深入探究，初步建立中国当代美学较为系统的审美范畴理论。在尊重东西方传统美学的历史发展的前提下，一方面将审美范畴和美学范畴做出区别，使之获得相对独立性，从而确立一个规范性的研究对象；另一方面，将以往美学所忽略的审美范畴纳入研究领域的同时，进一步拓展审美范畴的逻辑范围，突破以往美学仅仅局限于探讨优美与壮美、滑稽与崇高、悲剧与喜剧、荒诞与幽默等这几个单一和固定的范畴的状况。我们将审美范畴依照主观范畴与客观范畴、本体范畴与工具范畴、感性范畴与理性范畴这几个密切联系的方面予以宏观分类。当然，这样分类是为了论述的方便，因为不同的范畴之间存在相互交叉和渗透的现象。同时，依照独立范畴与关联范畴、单一范畴与集合范畴、古典范畴与当代范畴等规定性，将不同范畴之间的潜在关系贯穿在对每一个具体范畴的描述过程，既辨析它们各自的内在独立性，又厘清它们相互之间的逻辑关联，使每一个审美范畴在整体而宏观的美学框架中获得相对清晰的描述与论证，凭借逻辑思辨和辩证阐释的方式，呈现理论上的开拓意义。其二，将审美范畴予以系统化，依照辩证关联的逻辑分类，提出客观范畴（审美时间、审美空间、审美境域）、主观范畴（审美记忆、审美想象、审美情绪）、本体范畴（审美主体、审美信仰、审美神话）、工具范畴（审美结构、审美标准、审美方法）、感性范畴（审美感性、审美体验、审美时尚）、理性范畴（审美崇拜、审美发现、审美理想）共18个类别。在不同的逻辑层面上，对它们进行分类和细化研究，予以学理层面的理论阐释。一方面对美学范畴予以逻辑界定，论述美学范畴与审美范畴的关联与区别，进一步厘清审美范畴的历史渊源与逻辑发展；另一方面，我们将18种审美范畴放置在现实语境，密切关联于当下的思想状况和文艺现象进行描述与论证，使之关切于审美实践和社会现实。对审美范畴的每一个具体范畴展开深入独到的理论阐释，对所论述的范畴予以当下语境的重新界定。换言之，本书对每一审美范畴，在梳理它的历史渊源与演变的前提下，界定它的逻辑起点、概念内涵、外延范围等基本性质，进而分析它在当下语境的意义嬗变和思想价值，揭示它对现实世界的审美活动所具有的启示与意义。其三，在研究对象方面，拓展以往美学的审美范畴的逻辑范围，超越以往美学的相对狭隘的逻辑界限。其四，在思维方式上，转换传统形而上学的方法论，在遵循历史与逻辑相统一的方法论前提下，贯彻中西互证、古今参照、关切现实的理念，采用现象学、阐释学、存在论、怀疑论等西方哲学观念与方法，借鉴儒家、道家、佛家尤其是禅宗的某些观念与方法。其五，在具体的研究方法方面，采取分析与综合、经验与思辨、义理与考证等相结合的方法，使审美范畴的探究获得理论创新的可能。这一研究的应用价值在于，有助于后现代语境的审美主体对审美活动获得丰富而深入的理解，在一定程度上领悟到审美活动在艺术领域乃至各种场景的广泛而深刻的意义。同时，它有助于激发艺术生产和文化创造的活力，丰富现实世界的存在者们的精神生活与审美趣味。

本书理论目标在于：其一，在当代中国美学研究中，建立系统的审美范畴理论，呈现美学原理的创新和研究特色。其二，力求审美范畴的研究达到理论上的中西互证、参照古今、关切现实的目标。本书的研究方法：以多种交叉的方法对审美范畴进行综合性研究。本书的研究方法主要分为三个层面：1. 一般方法论。遵循历史与逻辑相统一的方法论原则，对审美范畴进行历史主义的客观描述，简要揭示审美范畴在美学史发展过程中的作用。在此基础上，对审美范畴进行逻辑分析，进入到理论抽象和概念界定，从历史和现实、现象和理论的关联上揭示审美范畴的具体特性、基本内涵，以及它和文艺的逻辑联系。2. 具体方法论。采取中西互证、古今参照的方法论，采用现象学、阐释学、存在论、怀疑论等西方哲学观念与方法，适度借鉴中国传统文化的儒、道、释等思想内涵与认识方法，综合中西方多种理论形态及其相关观念与方法，对审美范畴展开理论思辨，对其既进行宏观的理论综合也对每一个具体的审美范畴进行逻辑分析,从而使审美范畴获得多向度的诠释。3. 具体方法。以分析与综合、解构与诠释、义理与考证等方法对它进行深入解读与论述。在此基础上,进一步揭示审美范畴在现实生活中所应有的精神价值和美学意义。

本书可与本人另两部美学原理著述《怀疑论美学》(商务印书馆2015年版)、《后形而上学美学》(中国社会科学出版社2010年版)相互印证。

颜翔林于2016年8月22日凌晨

第一编　客观范畴

第一章

审美时间

第一节 时间之追问

物质和生命、世界与生活，必然性地和宿命地敞开于时间之域。因而，时间构成一个古老而常新的命题。思想史上，有关时间的运思涉及物理学、数学、天文学、哲学、心理学、美学等诸多领域。然而，对于时间的追问没有一个合乎逻辑的理想和完美的终结。哲学视野对于时间的运思有助主体对于时间的美学意义的领悟，辅佐知识界重构后现代语境下的时间意识及其对审美时间的深度理解。

如果说古希腊毕达哥拉斯学派肇始对于时间的运思，那么，"在柏拉图的晚期对话《蒂迈欧篇》中，包含着对时间的第一个哲学定义。在这个定义中，时间被规定为永恒的映像（Abbild）"[①]。"对柏拉图而言，根本没有'流动的现在'，只有时间的过渡性。过渡性就是'过去是'和'将是'这一对视角提供的。"[②] 时间在柏拉图的视域里成为一种心理直觉的果实，"过去"和"将来"成为基本的结构。存在者一方面只能将自我托付给予时间的变化，而另一方面，时间是"永恒的图像"，在精神的运动过程中，主体凭借这一图像使永恒得以可能。显然，"永恒的时间图像"被赋予审美的意义和美学的色彩。亚里士多德在《物理学》第四卷提出了"时间既不是运动，也不能脱离运动"[③] 的观点。他给时间的定义

[①] ［德］克劳斯·黑尔德：《时间现象学的基本概念》，靳希平等译，上海译文出版社2009年版，第27页。

[②] 同上书，第43页。

[③] ［古希腊］亚里士多德：《物理学》，张竹明译，商务印书馆2011年版，第114页。

是：时间是依早和晚而动的运动的数。显然，亚里士多德的时间意识包含着顺序性、运动和数这些逻辑关联，他是从时间和空间的辩证统一性理解时间，也是从科学和实证的立场诠释时间。

康德对于时间的沉思是西方古典哲学史上一个代表性的事件，它引导我们进入一个富有思想意义的时间话题。在《纯粹理性批判》中，康德对于时间展开"先验的阐明"，他从五个方面论证纯粹时间的性质和结构：第一，"时间非自任何经验引来之经验的概念"。第二，"时间乃存于一切直观根底中之必然的表象"。第三，"关于时间关系或'普泛所谓时间公理'所有必然的原理之所以可能，亦唯根据于此先天的必然性。时间仅有一向量；种种时间非同时的乃继续的"。第四，"时间非论证的概念即所谓普泛的概念，乃感性直观之纯粹方式"。第五，"时间之无限性……故时间之本源的表象，必为无制限者"[①]。康德凭借思辨逻辑给予时间以形而上学的证明，意在揭示时间的先验本质：首先，时间不是从任何经验获得的经验概念。由此必须假定，时间是一切直观形式所预先设定的必需的表象，它是经验产生的逻辑前提。其次，时间是先验的必然性形式，它的外在特性是连续性和有序结构。再次，时间是感性直观的纯粹形式，它是内在感官经验的直接条件。最后，时间是无限的先验的存在形式。康德对于时间的形而上学的先验阐释，代表西方古典哲学的一种时间意识，给予后人极其丰富的思想启示。

与康德不同，西方现代哲学家柏格森在《时间自由意志》里以"绵延"这一范畴对时间进行别出心裁的诠释。"柏格森哲学与传统哲学的根本区别就在于要以时间取代空间作为形而上学的对象。"[②] 他不赞成传统形而上学将时间和空间进行逻辑关联，以阐述空间的方法移植到对于时间的理解。物理和数学的时间概念来源于物质世界，它们抽象出是可以重复和计算的符号形式，由此它们就是僵死和无法获得生命活力的对象，丧失了流动性，因此也就丧失了"绵延"的可能。哲学应该拒绝实证科学的做法，不应当将具有绵延活力的生命形式和空间中的物质对象等量齐观，它必须寻找到一个与科学主义相差异的对象，这个对象必须是

[①] ［德］康德：《纯粹理性批判》，蓝公武译，商务印书馆1960年版，第55—56页。
[②] 刘放桐等：《新编现代西方哲学》，人民出版社2000年版，第132页。

"时间"，而这个时间意味着生命具有真正意义和丰满价值的"绵延"。柏格森认为生命在本质上呈现于纯粹的时间之流，与此相关，时间的不可重复性和非间断性则守护着生命存在及其意义和价值。所以，时间与生命形式的逻辑纠结就在于：它们共同地不断地创新和流变，寻找差异性和不间隔地追求新的存在方式，所以它们不可以被科学所分析、定义、测量。在柏格森的视界里，存在着两种时间：一种是科学时间，它是可以被度量和抽象的客观对象和物质形式；一种是"真正意义的时间"，是包含生命和生活的主观时间，也是直觉的时间和体验的时间，因此它接近着"绵延"的所指。显然，柏格森的时间概念或时间意识禀赋着一种美学的意味。他写道："绵延的间隔既然跟科学不相干，他对于这些间隔加以无穷的缩短，因而在很短的时间内——最多几秒钟而已——就看到一系列的同时发生。人类的具体意识却不得不亲身经历这些间隔，而不能计算其首尾两端就算了，因而对于这一系列的同时发生也许好几百年之久才能经历得完。"① 时间不仅仅象征着形而上学的"绵延"，而且被寄寓了审美和诗意的内涵。

　　胡塞尔的现象学始终为"时间"保留着一个中心位置。换言之，时间成为现象学重要课题之一。在《纯粹现象学通论》中，胡塞尔讨论了"现象学时间和时间意识"，"我们应当注意观察现象学时间和'客观的'即宇宙的时间之间的区别，前者是在一个体验流内的（一个纯粹自我内的）一切体验的统一化形式"。② 胡塞尔区分了现象学时间和宇宙时间这两种时间样式。前者是以体验为轴心的时间意识，而后者是以物质为标志的客观时间。他继而阐释了"体验"的内涵："每一作为时间性存在的体验都是其纯粹自我的体验。它必然有如下的可能性（如我们所知，它不是空的逻辑可能性），即自我使其纯粹自我目光指向此体验，并将体验把握为在现象学时间中现实存在的或延存的东西。"③ 在现象学视域，时间是体验中敞开的时间，体验是在时间中延展的体验。这一时间意识就是现象学的体验时间或直觉时间，显然它有别于客观存在的宇宙时间和

---

① ［法］柏格森：《时间与自由意志》，吴士栋译，商务印书馆1958年版，第79页。
② ［德］胡塞尔：《纯粹现象学通论》，李幼蒸译，商务印书馆1992年版，第203页。
③ 同上书，第205页。

物理时间，因此，体验时间不能被数字标记和被逻辑分析而只能由纯粹意识或意向性来予以把握。

受胡塞尔的现象学时间意识的启示，海德格尔开始追问存在论意义的"本己时间"。诚如黑尔德所言："胡塞尔和海德格尔的时间理论有一个共同的基础：他们都认为，有一种原初被经验的时间，它与我们日常生活中经验的、在哲学之外人们早已熟知的时间不相同，甚至对立。海德格尔在《时间与存在》一文中将其称为'本己时间'，其意思是，按其原初的占有中是如何显现的样子来理解的时间。"① 海德格尔的本己时间或本真时间，它拒绝接受时间的无限性规定，只确信时间的有限性，不承认时间的先后秩序而断定时间的流动状态，将来是时间的归宿，所有的一切必将成为"将来"，因为"将来"才是存在者所烦心的存在。海德格尔批判了自亚里士多德以来的"时间概念"，认为"把时间当作一种无终的、逝去着的、不可逆转的现在序列，这种流俗的时间描述源自沉沦着的此在的时间性。流俗的时间表象有其自然的权利。它属于此在的日常存在方式，属于首先占统治地位的存在领悟"②。在他的现象学的存在本体论视域里，"时间既不在'主体'中也不在'客体'中现成存在，既不'内在'也不'外在'；时间比一切主观性与客观性'更早''存在'，因为它表现为是这个'更早'之所以可能的条件本身。"③ 其实，海德格尔秉承胡塞尔的现象学的"时间意识"，时间在存在本体论的意义上，依然属于一种直观形式，它寄寓着精神体验的工具性和存在者"上手"状态，标画为主体不间断的连续性体验的必然形式。未来并不比过去迟，而过去并不比现在早，时间是作为流动于过去—现在和未来而存在的。这是海德格尔对于时间的富于美学性质的阐释。

西方哲学有关时间的概念启发我们对于时间的美学运思，绝不能单向度地从科学主义和实证主义的立场理解时间，也不能将时间意识单纯地奠基于日常生活和流俗的存在状态。倘如此，主体就陷入对于时间的

---

① ［德］克劳斯·黑尔德：《时间现象学的基本概念》，靳希平等译，上海译文出版社2009年版，第48页。

② ［德］海德格尔：《存在与时间》，陈嘉映、王庆节译，生活·读书·新知三联书店1987年版，第499—500页。

③ 同上书，第491—492页。

实用主义的状态，构成存在者的知识悲剧。我们必须从哲学和美学的视域重新领悟时间，寻找时间的审美意义。换言之，美学应该寻求"审美时间"的后形而上学解答。

第二节 时间意识与时间视域

时间意识（Time consciousness）决定存在者的时间视域（Temporal horizon）。每一个存在主体秉持的时间意识规定和影响着所处的时间视域。在生活世界，日常经验和知识性的时间意识统摄着绝大多数主体的心理，一方面，一种常规的物理时间意识和实证时间意识规范着人们的思维方式和实践意志；另一方面，一种非常规的心理时间意识主宰着少数主体，或者在特定的境域主导着部分主体。如部分诗人、艺术家的时间意识，或者置身于审美活动和艺术创造的境域，主体所秉持的时间意识。从文化人类学视角考察，文明与文化的起始阶段，在原始思维和诗性思维占据主要位置的历史时期，大多数主体的时间意识属于非物理、非实证和非科学性质的。因此，这类时间意识属于心理时间意识。从这个意义考察，时间意识存在历时性的痕迹。然而，它更是一个共时性的概念，一方面，不同的时间意识可以存在于相同的历史时期；另一方面，不同的历史语境存在逻辑相等的时间意识。所以，在逻辑上，可以划分两类时间意识：物理的时间意识；心理的时间意识。前者也可以称之为经验的时间意识、实证的时间意识、科学的时间意识。在性质上，它们趋向在和空间的逻辑关联上理解时间，所以也可以称之为统一的时间意识。后者可以划分为：直觉的时间意识、体验的时间意识、想象的时间意识。它们存在于纯粹时间状态，倾向于和空间分离的状态把握时间和领悟时间。因此，可以称为"纯粹的时间意识"。

普遍的生活世界和日常场景赋予主体的时间意识往往是物理的时间意识，它和空间存在密切的逻辑关联，物质的空间形式严格规定时间的顺序性和机械性。与此相关，数学符号严格地分割着它的存在结构。如果说它存在着某些审美性的因素，或者说假定它是一种特殊的审美时间，就在于这种时间存在对称性和均衡性、周期性和严密性，呈现着绝对的形式统一和结构的完整性，在特定的境域呈现美的形式。然而，这一时间性在审美意义上是僵死的、机械的、固定的,理性概念所假定的重复的循环构成它的重要存在方式,如年、月、日的重复和循环的时间性,机械地呈现美的形式可以预测和计算的数学符号。这一类审美时间蕴含的美感趣味是固定的和停滞的,审美的意义和价值也是极其有限的。唯一令心灵震颤的是,这种线性时间,以不可逆转的前行流动,闪烁着一种无可挽回的审美感伤。从具体的类别分析。首先,经验的时间意识来源于生活世界的经验积累和知识谱系,感觉活动和实践活动构成其生成基础和条件。重复性和积累性是经验的时间意识的一个重要特征。其次,实证的时间意识奠定于经验的时间意识,是理性思维和归纳逻辑的必然结果。可测定性和可分析性构成实证的时间意识的基本内涵。最后,科学的时间意识是对于经验的时间意识和实证的时间意识的辩证综合,是对于空间与时间的高度统一性的概念,也是完整性的时间认识,上升到数学和物理学的范畴,成为一种纯粹理性和严格规范的知识形式。在生活世界,置身于日常生活状态,绝大多数的主体都依据于物理的时间意识进入时间境域,因此获得的审美时间是极其有限的和相对的,美感体验也是机械单调和固定形态的。或者说,这不属于真正意义的审美时间,至多是一种形式化和表层化的审美时间。

　　心理的时间意识同样存在于生活世界,它可以置身日常生活场景却又能够超越。由于诗性主体、审美主体、艺术主体的重构功能,置身于一定的审美境域和诗意境界,或者说,在艺术世界或审美世界中,心理的时间意识可以抗衡、无视或消解物理的时间意识,超越空间形式获得内在的独立性,使审美时间得以可能。心理的时间意识的分别阐释可以使我们获得对时间境域和审美时间的具体领悟。首先,直觉的时间意识。它来源于先验的时间形态,是一种非形式和非结构化的时间性。它没有开始也没有终结,充满无限的变化可能性,无法进行测量和计算,只有先验的直觉可以把握,时间的刻度也可以任意设定,诸如"八千岁为春,八千岁为秋"[①]的诗性言说。其次,体验的时间意识。呈现为流动不定的主观知觉,存在向前和往后的两种形态。胡塞尔"将体验在时间上向前的伸展称之为'前摄'(Protention)或'即将的视域'(Horizont des Vo-

---

[①] 王先谦:《庄子集解》,载《诸子集成》第3册,中华书局1954年版,第11页。

rhin），而将在时间上向后伸展称之为'滞留'（Retention）或'而后的视域'（Horizont des Nachher），这是指，每一个感知体验在时间上都有一个向前的期待和向后的保留。当一个体验消失，另一个体验出现时，旧的体验并不是消失得无影无踪，而是作为'滞留'留存在新体验的视域之中。同样，一个更新的体验也不是突然落到新体验中，而是先作为'前摄'出现在新体验的视域之中"[1]。体验的时间意识表现为前后移动的时间之流，连接着过去和未来的时间视域，引导主体进入一个超越物理时间之限定的诗意时间和审美时间。最后，想象的时间意识。这一时间意识，脱离物理时间和科学时间的限定，获得后验的精神纯粹性，作为一种纯粹意识的时间性而独立自足，同时完全摆脱空间结构的制约，成为一种纯粹的时间意识。因此，想象的时间意识一般担当着艺术生产的职能，具有一种审美超越的性质，它最能具备审美时间和诗性时间的内涵。庄子的哲学寓言，歌德的《浮士德》，马尔克斯的《百年孤独》，荒诞主义戏剧，等等文本，它们贯穿着想象的时间意识，显现着奇崛瑰丽的美感和弥散着令人沉醉的艺术魅力。在审美活动中，想象的时间意识同样担负着重要的职责，扮演着主导性的角色。一方面，想象的时间意识颠覆物理时间的一维性和顺序性，联结着过去、现在和未来全部时态，使精神获得绝对的自由和摄取多向度的意义，从而诞生丰富和新颖的美感。另一方面，想象的时间意识诱发审美的灵感和激情，从而诞生诗意思维和生命智慧，获得对美的现象界的神秘体悟和本质直观，意向性地把握美的形式和结构、意象和灵魂。再一方面，想象的时间意识既关注瞬间也渴慕永恒。主体沉浸瞬间而加重它的密度和延展其长度，使瞬间得以永恒，获得无限性的体验意义。与此相关，想象的时间意识对于永恒时间的期盼构筑起另一个精神对象：时间既可以在停滞中获得永恒的意义，时间也可以在无限地流淌和延绵中确立它的永恒价值。由此，审美时间既可能是瞬间的也可以获得永恒。这也意味着，审美主体置身于审美时间的心灵体验也可以指向无限的循环从而得以永恒。

时间决定存在者的生命形式和心理状态，而时间意识引导着主体的时间视域，进一步触发主体的审美体验和诗性直觉。一方面，存在者的

---

[1] 倪梁康：《胡塞尔现象学概念通释》，生活·读书·新知三联书店1999年版，第519页。

时间意识引导审美活动的意向性和结构性情绪，激发对于生命存在的体验和直觉；另一方面，对于时间存在的体验和直觉，转换成为一种体验性的时间和直觉化的时间，从而过渡到审美时间的境域。时间意识规定时间视域，时间视域规定着审美活动的心理状况，规定着想象力的生成和艺术灵感的可能。从这个理论意义讲，时间意识就是时间视域，一种形态的时间意识规定着相应的时间视域，而时间视域合乎逻辑地带领着主体进入审美时间。它们构成一系列的逻辑环节，从而使审美活动得以可能。主体必须在时间意识和时间视域的逻辑关联上才能领悟审美时间，也只有置身于审美时间才使审美活动得以可能。这也意味着，只有洞悉被遮蔽的审美时间的隐秘，才可能获得对于审美活动相对深入的理论阐释。传统形而上学的知识论美学忽略对于时间意识和时间视域的逻辑理解，因此也遮蔽了审美时间的存在意义，无法说明审美活动的时间性意义，也必然性地丧失对于美的合理阐释。

第三节　审美时间

在时间意识和时间视域共同地规定着审美时间这样一个逻辑前提之下，进一步理解和阐释审美时间的相关特性及其存在意义。

审美时间导源于直觉的时间意识、体验的时间意识、想象的时间意识，它们规定着主体立足于相关的时间视域，而这种特定的时间视域决定着审美时间的生成、流动和延绵。因此，审美时间蕴含的特性，和直觉的时间意识相关联。审美时间的形态呈现为先验性，是非经验和非逻辑的存在。或者说是一种非形式和非结构化的时间性。它没有起点也没有终点，每一个时间点上都具有无限变化的可能性，因此它无法被测量和计算，所以它也没有数字刻度，可以根据心理需要而设定。在审美活动和艺术活动的过程中，直觉的时间意识往往被设定为主体存在的时间性，这一时间性生成和转换为审美时间。佛学认为，"刹那间"，可以"生灭万法，转转相续"，任何最小单位的时间都包含着物象和精神的无限可能性的"种子"。直觉的时间意识部分地类似于这种"刹那间"的时间直觉，短瞬却指向无限和永恒，包藏着心与物的"无常"。审美时间在一定境域眷注于刹那间的心灵直觉，这也是审美直觉，这种审美直觉颠覆常识时间和客观时间而进入审美时间。古典诗人流连于瞬间而唯美浪漫地永久歌吟,同样证明着审美时间从瞬间走向永恒的特性。

审美时间的内在特性还关联着体验的时间意识。体验的时间意识尽管处于当下时间点,却存在向前和往后的两种形态。胡塞尔的现象学将体验在时间上向前的伸展称之为"前摄"(Protention)或"即将的视域"(Horizont des Vorhin),而将在时间上向后伸展称之为"滞留"(Retention)或"而后的视域"(Horizont des Nachher)。在这个理论意义上,审美时间必然地包含着"前摄"和"滞留",存在着"前视域"和"后视域"。它不承认物理时间和科学时间对于过去、现在和未来三个时间段落的逻辑界限。体验的时间意识消解实证主义和科学主义的时间概念,也拒绝日常经验的时间观。在一定的境域,它是美学意义上的审美时间。审美时间的逻辑张力构成一种诗性的势能:第一,所有的过去必然成为现在;所有的过去也必然成为未来;由于主体的审美记忆和对于历史的无限追溯以及不间断地阐释,过去的事物和精神被复活成为现在时态的新质美感。体验的时间意识也会将它们带向未来。而在未来时间,它们同样将被后世接受者展开循环的阐释,持续不断地弥散美的魅力。第二,所有的现在都会成为过去,所有的现在也必然成为未来。所有的现在时间必将成为过去和历史,进入一种"滞留"的时间视域,从而尘封在感伤和凭吊的过去时间,获得一种不断被追忆的审美意义。然而,所有的现在时间也必然成为未来,进入到"前摄"的时间视域,供后来的心灵进行审美理解。第三,所有的未来必然成为现在,所有的未来必将成为过去。体验的时间意识可以将未来理解为必然成为现在和成为过去。因此,所有未来时间的物象和精神必然"滞留"为现在和发展为过去,无限可能性的美必然转化为现实性的存在,再藏匿到历史的幽谷。所以,由于体验的时间意识的机能,审美时间消解了过去、现在和未来的实证时间和物理时间的限定。

审美时间的特性密切联结于想象的时间意识。想象的时间意识,也是最自由的时间意识。它是呈现后验的精神纯粹性,完全摆脱空间和物象的约束,因此是一种纯粹的时间意识。想象的时间意识在逻辑上更接近和等同于审美时间,第一,它凸显绝对的自由性和虚构色彩。时间服从于自由心灵的设定,或者说,时间呈现绝对的自由意志。因此,虚构色彩和浪漫唯美的趣味最为浓烈醇厚。第二，一维性和顺序性被多维性和任意性所取代。想象的时间意识沉醉于多向度的时间，颠倒顺序和有意识地扩展或缩小某些时间尺度，追求一种审美化和诗意化的价值或趣味。第三，想象的时间意识适合担当着艺术创造生产的职能，它召唤艺术灵感，具备审美和诗性的心理内涵。

主体的审美时间是一种超越历史境域和物理存在的共时性的精神结构，它保证着人类的诗性主体和艺术创造的精神根基。然而，现代和后现代境域的主体在一定程度上丧失古典时期的审美时间，科学主义和实证主义的时间意识引领人类进入一个实用和非诗性的时间境域，决定主体存在的非审美时间和审美活动的物化和经济思维，由此证明着审美时间的沉沦成为后现代历史语境的另一种形式的知识悲剧。从上述视角考察，审美时间的存在意义，无论是在理论领域还是生活世界，对于生命存在的精神价值，无论怎么估价都不为过分。和古人相比，现代人的时间意识倾向于科学主义和实证主义的物理时间，而沉沦和忽视了审美时间。对于时间的实用性、规定性、机械性的严格信守，构成现代社会的最重要和最显著的特点之一。现代的时间意识密切关联着任何一个国家、团体和个人，关系每一种存在形式和生命形态，密切关联着现实世界的效用原则、经济目的和各种意识形态。显然，没有这种科学主义的时间意识是无法想象的。然而，这种科学主义的时间意识绝不能完全替代和消解心理主义的时间意识，实证主义的时间意识也绝对不能取消审美时间。因为没有审美时间的时间意识，是残缺的、单调的和僵死的时间意识，没有审美时间的生活世界是丧失灵感、诗性和美感的枯燥世界，没有审美时间的物质对象是缺乏生命活力和鲜艳色彩的呆板结构。置身于后现代的历史语境，我们需要重新召唤审美时间的回归，保证我们生命中的诗意和灵感，使艺术化和审美超越得以可能。

分析庄子的时间意识及其审美时间的观念，可以从中领悟和汲取一些有意味和有价值的构成。有助于启发置身于后现代时间的存在者的有关审美时间的运思。庄子的时间意识主要指向由主体心理发生和规定的情感体验和想象假定的时间。即使是像海德格尔所自称的超出从亚里士多德至柏格森以来的时间观"领会着存在的此在的存在，并从这一时间性出发解说时间之为存在之领悟的境域"①，庄子的时间意识也不受此限定。无论是精确的科学语言言说的客观物理时间，也无论是时空论统一的时间，还是单一的生存论时间，庄子的时间意识均不能被其限定。因为庄子的时间意识更接近于审美时间和诗意时间的意识。《庄子·内篇·德充符》云："日夜相代乎前，而知不能规乎其始者也。"《庄子·内篇·逍遥游》云："朝菌不知晦朔，蟪蛄不知春秋，此小年也。楚之南，有冥灵者，以五百岁为春，五百岁为秋；上古有大椿者，以八千岁为春，八千岁为秋。"庄子的时间意识和内在心理的直觉性、体验性与想象性相衔接。作为一个伟大的相对主义者和充满情思的诗人，庄子当然不甘心被机械的物质时间限制，让自由精神拘陷于死亡的囚牢。这位古典的诗人哲学家渴望凭借审美时间获得诗意的超越："北冥有鱼，其名为鲲。鲲之大，不知其几千里也；化而为鸟，其名为鹏。鹏之背，不知其几千里也；怒而飞，其翼若垂天之云……抟扶摇羊角而上者九万里，绝云气，负青天，然后图南，且适南冥也。"② 这种想象的灵物无疑超越时间和空间。"乘天地之正而御六气之辨，以游无穷者。"至人、神人和圣人，他们可以自由地延伸时间，"八千岁为春，八千岁为秋"的生物，还可以应情感需要无限拉长时间和迟缓时间，死亡当然对他们只能发出无可奈何的叹息。庄子以诗意的想象创造的"宇宙时间"或"诗性时间"，它们既是主体的心理时间，也是艺术化和哲学化的审美时间。

以上的理论视角可以给予我们如此的领悟，审美时间的存在意义在于：一方面，构筑起生活世界的精神意义，建立一种生命存在的唯美主义和浪漫主义的艺术价值，为平庸的现实生活增添了创造的活力和幸福的色彩。另一方面，审美时间给这个执迷于本能享受、商品消费、游戏娱乐、权力角逐等世界带来哲理性的告诫，所有"物象"都将成为"过去"。再一方面，审美时间引领人们追忆、收藏和复活过去时间的宝贵存在，"所有的过去都会成为现在，所有的过去必然成为未来"。唯有怀旧

---

① [德]海德格尔：《存在与时间》，陈嘉映、王庆节译，生活·读书·新知三联书店1987年版，第23页。

② 《庄子·逍遥游篇》，见王先谦《庄子集解》，载《诸子集成》第3册，中华书局1954年版，第1页。

和珍惜历史的心灵才是美感和幸福的心灵，才可能理解现在和未来的美的意义和价值。审美时间引导主体重视正在进行时的实践意志，"所有的现在都将成为过去，所有的现在必然成为未来"，只有珍惜此时的存在者才能接近海德格尔哲学的"此在"者，只有把握当下的主体，才可能把握历史和走向将来。审美时间携手我们走向未来，"可能性高于现实性"[①]这句现象学的口号晓谕人们把握未来就是领悟具有无限可能性的美的存在。"所有的未来必然成为现在，所有的未来必然成为过去。"向往未来的主体才是诗意的主体，渴慕将来的心灵才可能是审美的心灵和艺术的心灵。只有经常置身于未来的视域，人类才具有无限的理想热情，超越现实世界的庸俗和利益冲突不断上演的悲剧，摆脱感性享受和知识工具的制约。也只有不断地调整到未来的视域，理性力量才能战胜非理性的原欲和罪恶，理想国的阳光才能驱除实用主义和市侩主义的黑暗遮蔽。如果说，后现代社会处于沉湎于功利与欲望、浮华与权力、交换和消费、游戏与娱乐等一系列病症状态，对于审美时间的重新认识和呼唤也许是一剂不无功用的良药。

---

① ［德］海德格尔：《存在与时间》，陈嘉映、王庆节译，生活·读书·新知三联书店1987年版，第48页。

第 二 章

审美空间

第一节 空间之追问

  空间构成生命存在最基本的物质前提，也是生活世界得以展开的最根本形式。当然，它也是社会和历史得以延展的基础之一。主体与世界的一个最重要的逻辑联结就是对于空间的知觉和体验。康德在《纯粹理性批判》中写道："且一切对象绝无例外，皆在空间中表现。对象之形状、大小、及其相互关系皆在空间中规定，或能在空间规定者。"[①] 所以，康德认为空间"乃一种纯粹直观"的结果。和时间意识密切关联，主体对于空间的知觉与体验、想象与理解客观地构筑了精神世界的重要结构之一。生命个体对于空间的直觉感受和理性阐释是主体存在的必然意义，也是审美活动的逻辑依据和艺术生产的直接来源之一。因此，人类对于空间的直觉和运思从来没有驻足。换言之，对于空间的追问构成人类哲学和美学的应有之义和必然内涵。

  显然，康德是思想史上对于空间进行玄学阐明的关键人物。康德对空间进行形而上学的证明意在阐述空间概念与时间概念是先验给予的，他既不赞同牛顿主张的空间属于"实在的存在"的说法，也不接受洛克认为的空间是"实在东西的规定"这一概念，更不采纳莱布尼茨所声称的空间是"实在事物的关系"这一推断。康德关于空间概念的形而上学阐明是：第一，空间不是由于外在的经验引来的概念，空间绝不是经验的表象，主体不能以经验表象的方式获得对于空间的经验。因为空间特

[①] ［德］康德：《纯粹理性批判》，蓝公武译，商务印书馆1960年版，第49页。

性是并列的，不同位置不同结构的事物构成并列关系，只有先天地假定空间的存在，才能有事物的经验。第二，空间既然是外部直观的必然性先验假设，作为经验产生的逻辑前提。因此，先有了空间假定之后才有了经验的表象。必须视空间"所以使现象可能"之条件，而不视之为现象之规定，"空间乃必然的存于外的现象根底中之先天的表象"①。第三，空间是一种"纯粹的直观"。空间是一种整体性和总体性的存在方式，它与概念由单一到普遍的逻辑方式不同，部分空间绝不能先于包括一切之唯一空间而能单一存在，个别空间仅仅是总的空间分割出的一部分，它必须被整体空间所包容。第四，"空间被表现为一种无限的所与量"。"惟空间表象则能思维为包含有无限表象在其自身中，盖空间之一切部分固能同时无限存在者也。"② 空间属于总体性的存在形式，它是一个无限的量，因此，必然显明空间是无限的。康德对于空间的证明可以概括为：空间乃本原的表象，是先验的直观而非概念。

　　西方现代哲学对于时间的运思显然远远超越对于空间的眷注，然而，关于空间还是留下一些具有一定价值的理论遗产。柏格森在对于时间沉思的同时，发表他对于空间的见解。"只有空间是纯一的；可以知道，空间的各物构成一个无连续性的众多体；可以知道，每一个无连续性的众多体都是经过一种在空间的开展过程而构成的；从此又可以知道：如果我们照意识对于这些字眼所了解的意义来使用它们，则空间没有绵延，甚至没有陆续出现。至于所谓在外界的先后状态，它们每个单独地存在着；只是对于我们的意识而言，它们的众多性才是真实的；我们的意识能首先保持它们，然后把它们在彼此关系上加以外在化，从而把它们并排置列起来。……意识为了这个目的所使用的空间恰恰是所谓的纯一时间。"③ 一方面，柏格森空间观决定于其时间观，换言之，他的空间概念由时间概念推演而来。并且空间从属于时间，而空间失去了时间所具有的"绵延"的存在特性和自由权。另一方面，和时间不同，空间在存在形式上是丧失连续性的，是断裂的和单独的存在方式，唯有主体意识才

---

① ［德］康德：《纯粹理性批判》，蓝公武译，商务印书馆1960年版，第50页。
② 同上。
③ ［法］柏格森：《时间与自由意志》，吴士栋译，商务印书馆1958年版，第81—82页。

能使非连续性的空间众多体构成一个相对的整体结构。因此，由于意识的作用，空间最终表现为一种纯一的时间。显然，柏格森是从主体意识出发寻找一个空间存在的逻辑基础，并且从时间的规定性确立空间存在的理由和概念。他在强调时间具有"绵延性"的同时，必然性地降低空间的自由度和天赋权力。

显然，胡塞尔的现象学对于时间的沉思超越了对空间的阐明。然而，在《欧洲科学的危机与超越论的现象学》这一重要论著中，他把空间与时间放置于同等重要的地位，他认为生活世界由空间和时间共同构成，它们保证了生活世界的得以可能。"世界是事物的全体，是分布在空间—时间性这种世界形式中的，在双重意义上有'位置'的（空间的位置和时间的位置）的事物的全体——空间时间中的'存在者'全体。"胡塞尔坚信只有置身于空间时间相统一的生活世界，确信和清醒地置身于"生活世界"，才能保证主体的真理性和美感的获得。"生活总是在对世界的确信中的生活。'清醒地生活'就是对世界清醒的，经常地现实地'意识到'世界，以及生活于这个世界之中的自己本身，现实地体验到并且现实地实行对世界之存在的确信。"① 建立对于空间时间的确信和对于生活世界的确信同时，也必然地建立对于自我意识的确信，这种"清醒地生活"是保证主体获得对于生活世界的真理性认识和审美确证的基础，也是人类矢志追求的崇高目标。现象学对于空间时间相统一的生活世界的确信为寻找可能存在的价值与意义、真实与真理、美感与诗性开拓一条理性主义和理想主义的精神之路。

承接着现象学的入思线索，海德格尔在《存在与时间》中，从三个方面探讨了空间性问题。第一，上到手头的空间性。"空间分裂在诸位置中。但具有空间性的上手者具有合乎世界的因缘整体性，而空间性就通过这种因缘整体性而有自身的统一。并非'周围世界'摆设在一个事先给定的空间里，而是周围世界特有世界性质在其意蕴中勾画着位置的当下整体性的因缘联络。而这诸种位置则是由寻视指定的。当下世界向来揭示着属于世界自身的空间的空间性。只因为此在本身就其在世看来是

---

① ［德］胡塞尔：《欧洲科学的危机与超越论的现象学》，王炳文译，商务印书馆2001年版，第172—173页。

'具有空间性的',所以在存在者状态上才可能让上手的东西在其周围世界的空间中来照面。"① 海德格尔以"上手"这个比喻性的词汇表述一种事物或主体的状态,上手的空间性意在阐明空间因缘整体的给定不是世界自身的致使而是主体的"上手者"具备合乎世界的因缘整体性这样一个意思。客观的空间是分裂的和破碎的,没有意志和因缘整体性,是因为主体的"上手"状态赋予空间一种因缘整体性,赋予它们一种完善的结构方式。换言之,唯有上手的空间性才具有因缘整体性的可能,才具备被理解和审美体验的可能性。第二,在世界之中存在的空间性。在世界中存在的空间性显然必须联系存在者的存在性质来解释。"因为此在本质上是以去远的方式具有其空间性的,所以,此在在其中交往行事的周围世界总是一个在某种活动空间中一向与此相去相远的'周围世界'。因此,我们首先总是越过在距离上'切近的东西'去听去看。"② 客观的事物形式、状态、位置、距离等要素不是主体衡量空间的依据和目标,存在者是依据自身存在的理解需要去确定空间的存在方式、性质、结构及其功能、意义,或者说,空间只能适应主体的意识需要而诞生与之相适应的构成。第三,此在的空间性。"既非空间在主体之内,亦非世界在空间之内。只要是对此在具有组建作用的在世展开了空间,那空间倒是在世界'之中'。并非空间处在主体之内,亦非主体就'好象'世界在一空间之内那样考察着世界;而是:从存在论上正当领会的'主体'即此在乃是具有空间性的。而因为此在以上述方式具有空间性,所以空间显现为先天的东西。"③ 海德格尔强调此在的空间性意义,并非简单地将空间设定为主体之内的存在形式,也不将世界归结为空间之内。海德格尔空间观的玄奥深刻之处在于:尽管空间不在主体之内然而又不能脱离"此在"去言说空间,世界亦非单纯地在空间之内,然而也不能离开世界谈论空间。但是,唯有凭借"此在",方才使空间的阐明得以可能,只有在生存论意义上,我们才能领悟空间性的存在及其意义,换言之,是因为

---

① [德] 海德格尔:《存在与时间》,陈嘉映、王庆节译,生活·读书·新知三联书店 1987 年版,第 129—130 页。

② 同上书,第 132 页。

③ 同上书,第 138 页。

"此在"使事物具有了空间性，才使空间的存在成为可能。由于"此在"的如此作用，空间最终成为在世界"之中"。诚如海德格尔所论，空间存在的阐释工作直至今日还存在窘境，应当着眼于现象本身以及种种现象上的空间性，把空间存在的讨论领到澄明一般存在的可能性方向上来。无论哲学或美学有必要从存在论的视角和"此在"的可能性方面重新理解空间的意义，体验它本应呈现的诗意之美。

第二节 生活世界和审美空间

空间是生存的物质前提，也是进入审美的生活世界的逻辑前提。审美活动和空间存在必然性的心理关联。此种心理关联构成审美空间，蕴含着物理空间和心理空间两个方面，两者结构性地生成审美空间这样一个审美事实和诗性现象。一方面，主体置身于审美空间，感受和体验它的有限和无限、实在和虚幻；另一方面，主体想象和创造一种神秘和虚拟的空间形式，直觉它们的逼真和诡异、绚丽和恐怖的氛围。需要辨析的是，主体对于空间的感受和体验呈现二重性现象：一方面是对于空间的和谐性移情，接受心理对于空间的沉迷、惊喜、崇拜等美感的生成；另一方面，是存在者对于空间的恐惧性抽象，表现出对于无限空间和神秘空间的畏惧、迷失、恐慌等负面情绪，构成非审美的心理状态。沃林格认为："移情冲动是以人与外在世界的那种圆满的具有泛神论色彩的密切关联为条件的，而抽象冲动则是人由外在世界引起的巨大内心不安的产物，而且，抽象冲动还具有宗教色彩地表现出对一切表象世界的明显的超验倾向，我们把这种情形称为对空间的一种极大的心理恐惧。"[①] 显然，前一种情况符合对审美空间的概念规定性，后一种情况和审美空间的概念规定性存在某种距离。然而，对于空间的抽象冲动和心理恐惧经由艺术的表现也可能成为一种审美意象，这属于另一个逻辑范畴的问题。

主体和生活世界之间一个重要的逻辑关联就是空间形式或空间结构。生命个体置身于生活世界，最重要也是最丰富的感受和体验之一就是关涉于空间。这种关涉包括物理空间和心理空间两个方面，后者以前者为

---

① [德] 沃林格：《抽象与移情》，王才勇译，辽宁人民出版社1987年版，第16页。

物质基础和逻辑前提。但是，物理空间和心理空间并非等同于审美空间，它们只有成为主体的纯粹意识的意向性的审美对象，中经诗性的直觉和审美的体验的作用才可能诞生真正意义的美感形态。生活世界为主体提供审美空间的可能，而严格意义的审美空间的获得必须由主体的审美直觉和审美体验予以担当。

　　古典时期对于审美空间的感受、直觉和体验是以诗性思维为前提的，文明形态的主体对于空间不再是动物般的单纯恐惧而是转换成一种喜欢和沉迷的情绪，一种诗性情怀荡漾于心灵深处，释放出人类的审美灵感和创造激情。古典时期对于空间的审美感受呈现一个明显的特性是"空间换时间"。古人耗费大量的时间对空间展开细致入微的感受、直觉、体验、想象等心理活动，他们不惜时间地眷注对空间的知觉、感受、体悟和理解。因此，他们对空间的理解是精致和富有洞见的。并且由于诗意思维的作用，这种对于空间的心理感受充盈着神话和诗性的色彩，是一种以己度物的情感活动，它接近于沃林格所界定的"移情冲动"的概念。从具体形态上分析，首先，身体空间隐喻为外在的物质空间，古人偏爱天人合一和天人感应的思维方式，从一个侧面折射出以身体空间比附外在空间的心理习惯。尤其自汉代以来的阴阳五行说，以董仲舒的《春秋繁露》为代表的谶纬之学，更是将身体空间对于外在空间的比附推演到了极致。古人以自我的身体空间去类比和想象外在的空间形式，从崇尚迷恋自己的身体结构而转换为敬畏、热爱外在的空间形式，诞生出一种审美空间的主体意识。这样由内空间向外空间的意识转移，表现出古人对于自我与自然的和谐统一的哲学观念，也使身体空间和外在空间最终成为统一的审美空间这个审美现象。换言之，在古典意识里，外部空间就是身体的转移，它们本身就是自我身体的一部分，成为一种想象性的延伸和情感性的扩展或渗透，两者之间没有明显和严格的逻辑界限。由于身体空间蕴含着生命形态，而主体对于外在空间的比附，必然性地赋予外在空间以生命气韵，几乎所有的空间形态在古人的心理活动中都是充满生命色彩和运动气象的，这样的空间必然性成为一种富有意义的审美空间。其次，主体的神话意识和宗教信仰赋予空间以神秘和奇异的内涵。生活世界的空间形式呈现丰富多姿的生态现象，古典时期的存在主体充满着神话意识和诗性思维。与此密切相关，弥散着对大自然的图腾崇拜等宗教意识和宗教情感。因此，自然的空间形式就被主体一方面赋予了神话和诗性的要素，具有神秘、奇异、虚幻、绚丽等内涵；另一方面被作为崇拜和图腾的对象，成为一种被敬畏、膜拜、赞美、祈求的神灵象征，寄寓着一种神秘或神圣的审美情感。所以，古典主义的空间意识更容易转换生成审美空间的意识。如此，我们就合乎逻辑地容易理解为什么古典诗人对生活世界的空间始终秉持着一种审美情怀，空间就是自我生命的一部分，它们既是主体的生命形式的物质性延展，也是身体空间的有机体象征，更是想象性的自我生命空间的一种比照和对应。"我见青山多妩媚，料青山见我应如是。"这种主体和客体之间的空间形式互换式的美学修辞，其实也蕴藏着古人一种诗性的审美情怀，自我生命空间和物象空间的对话和置换，由此，诞生一种美学和诗学意义的审美空间。屈原的《天问》创造奇幻的宇宙空间模式，但丁的《神曲》想象出天地之间的多重复杂结构，歌德的《浮士德》通过主人公的神奇游历呈现一种虚幻的空间结构，艺术创造主体对于生活世界的空间体验和想象，创造一种虚幻而有意义的审美空间，同时也是艺术化的诗性空间。

和古典主义的审美空间相比，现代主义的审美空间呈现大相径庭的特性。与古人"空间换时间"的方式相反，现代人流俗的审美方式是"时间换空间"。尽可能以最小化的时间单位换取最大化的空间距离，满足自己对于空间的征服和观赏，尤其体现在现代旅游业上。现代人热衷于攫取财富和权力，沉迷于商品消费、密集迅捷的知识和信息的输入，以及醉心于科技享受和世俗生活的诱惑，加之受到严密的社会分工和严格的工作制度的制约，对于时间越来越重视，兼之现代先进的交通工具的利用，使得可能牺牲较小的时间以换取对空间的巡视。于是，对于时间的怜惜和对于空间的掠影就构成一种有趣味的生活图景，现代旅游业则充分顺应和利用这种大众化的文化消费。所以，现代人对于空间的感受和体验是走马观花式的浅陋粗糙，还没有建立一种严格意义的审美空间。

现代社会除了"时间换空间"的特性之外，还表现在对于审美空间的实用主义和消费主义的美学趣味。首先，居住空间的科学主义和实用主义成为现代人的消费空间的主导性要素，因此，也寄寓着一种科学主义和实用主义的空间美学。居住空间成为现代人最重要和最普遍的消费空间，一方面是因为人口几何级数的增长和生存空间的越来越狭小，城市化和现代化成正比例的递进关系；另一方面在于现代人的居住空间越来越体现社会等级和货币数量的拥有程度；再一方面，现代居住空间越来越呈现实用理性和精细的数字计算，居住空间成为最重要消费品和私人化的感性享受区域，它的实用性和享乐性成为第一需求，而审美性和象征性成为第二性的或辅助性的需求。由此决定着现代人的居住空间的密度递增和审美功能的衰退，相对强化的是科学主义的实用原则和消费心理的欲望满足。和古典时期相比，现代人居住空间的审美功能和诗性精神急剧地下降和衰落，审美空间的意义和趣味也逐步降低，这是现代生活世界的又一种形式的美学悲剧。其次，公共空间的社会阶层分设和不同功能的严格区分，使现代的空间分割和使用成为精密的技术和社会意识形态的体现，空间的政治学、经济学等象征意义日显突出，一种制度化和等级化的空间意识成为流行的审美趣味。由于都市化成为现代社会日益强盛的潮流，公共空间越来越主宰人们的生活，甚至占据生活世界的主导和主要的地位。公共空间的使用功能和逻辑区分性越来越精细，也越来越明显，议会厅、行政机关、大会堂、会馆、展览馆、博物馆、体育场、剧场、证券交易所、机场、车站、酒吧、餐厅、舞厅等，甚至飞机、火车、汽车、客船、游轮等交通工具，任何公共空间都不同程度地蕴含着政治经济学的等级区分和交换价值的功能，寄寓着社会意识形态的多重象征性和隐藏着不同社会身份的衡量尺度。所有这一切都屈从于权力和金钱的法则，是一系列的社会身份的参与游戏，也是审美活动在公共空间的一个制度化展示。最后，全方位的展览空间和表演空间成为都市的林立风景。现代社会一个最显著的现象就是全民的表演性。恩斯特·卡西尔在文化符号学意义上，将人定义为"符号的动物"[1]（Animal symbolicum）。其实，人在其社会本质上，还是"表演的动物"。从美学意义上考察，人隐含着乐于观看表演和喜爱表演的二重性。现代和后现代社会的多样化公共空间为人类提供了充分释放这种"表演二重性"的物质条件。无论是何种形式的公共空间，也无论处于会议、电视节目、庆典活动、演讲、酒会、开幕式、闭幕式等只要有群体存在的区域，无

---

[1] ［德］卡西尔：《人论》，甘阳译，上海译文出版社1985年版，第34页。

数热衷于表演的主体就会敞开自身的抒情性和符号性，以表达存在的意义，试图影响受众的个体心理和社会意识形态。与人们的公共空间表演密切相关的，就是商品的全方位展览。商品成为公共空间最受欢迎和膜拜的对象，也是后现代社会里，都市生活中最众多的被展览和被审美的对象，它们占据最广泛的公共空间，成为最普遍的审美对象和审美空间的流行景观。本雅明以不无讽刺的口吻写道："世界博览建立了商品的天下。格朗德维埃①的梦幻将商品的性格传播到宇宙，这些梦幻使宇宙现代化。"② 商品成为现代社会和后现代社会最广泛的审美空间的构成，成为实用主义和消费主义的同一性审美符号。

第三节　技术化的审美空间和艺术化的审美空间

后现代的生活世界，依赖于科技手段，制造越来越复杂和精巧的生存空间，一方面用于严格区分社会身份，另一方面鼓励多领域的社会交往；一方面使公共空间的各种功能明晰化，另一方面使它们趋向多样化和精确性。两者之间形成有趣的反比例关系。后现代技术化的公共空间相应带来实用目的的审美空间和社会意识形态决定的审美空间，它们使存在者获得相对广泛的公共空间的同时，也让人们的生活境界蜕变得越来越虚伪和怯弱、猥琐和庸俗。如果说巴什拉发现"精神分析学家荣格就是这样利用地窖和阁楼的双重形象来分析家宅中的恐惧感的"③，那么，现在都市里林立的高楼大厦，无论是密集的私人居住还是拥挤的公共建筑，在许多情形下，驱使人们变得心理脆弱和精神紧张，感受到空间的压抑和恐怖。当然，技术化也在一定程度上为现代社会带来有限的审美空间，为人们制造出舒适宽敞、整洁卫生的空间环境。然而，它们都局限于这样一个前提之下：不是空间为人而存在，而是人为空间而存在，人成为空间的背景和投影。技术化的物质空间成为都市的主角，而人成

---

① 格朗德维埃（Grandville，1803—1847），法国漫画家，以政治漫画和文学作品插图闻名。
② ［德］本雅明：《发达资本主义时代的抒情诗人》，张旭东、魏文生译，生活·读书·新知三联书店1989年版，第185页。
③ ［法］巴什拉：《空间的诗学》，张逸婧译，上海译文出版社2009年版，第18页。

为都市空间漂泊的匆匆过客。换言之，人沦落为城市空间的奴隶，人成为城市空间的奴役对象，空间成为人异己的对象。

技术化的审美空间在具体环节上，体现出空间的修辞术。它在肯定平面的重要性的同时，更强调三维空间的首要意义。平面是空间的前导，因此，现代技术以平面制作为先导，突出空间的消费意义和市场价值。广告牌由平面向立体的转向就体现出如此的美学法则。技术化手段隐喻着空间重要性，消费时代的橱窗展览、时装表演、选美比赛、电视娱乐节目、明星演唱会、节日庆典、奥运会、竞选等一系列空间的事件，都可能成为审美空间的一个逻辑结构。这些和公共空间密切关联的事件，甚至包括救灾、事故、骚乱等新闻事件，一旦经过媒体的传播，在诞生新的空间视觉效果的同时，也产生新的空间意义，意味着被建构为非现实性的审美空间。简言之，传播技术制造了一个非现实、非原生态的审美空间。显然，这样的审美空间是对于现实存在的扭曲和虚拟的映射。现代科技制造多样化的空间，其一是被化装和修辞化处理的身体空间，比如时装表演、选美大奖赛、电视辩论等境域，身体空间被彻头彻尾地包装和修饰。其二是建筑空间、私人空间和公共空间，在市场经济的背景下，它们交织着商品的消费原则和社会意识形态的二重性，呈现不同空间的相同性审美特性，就是一种实用主义的商品化审美意识。其三，现代科技的空间修辞术还被广泛应用于展览性空间，如商品博览会、陈列馆、演艺场馆等，高科技手段一方面体现在创制多种的材料、新型建筑材料和精巧的结构方式，构成一系列新颖的空间形式；另一方面辅佐以光电声响的视听变幻，形成以技术为主导的审美空间，满足现代人对于生活世界的消费需要和审美需要。

消费社会利用科技工具制造一个显著的审美空间就是"摆设"。波德里亚在《消费社会》中分析"摆设与游戏"的逻辑关联，揭示消费社会的一个空间秘密："机器曾是工业社会的标志，摆设则是后工业社会的标志。""伪环境、伪物品的空间使所有'功能创造者'们都感到非常快乐"，"事实上摆设的特性，既不是由人们对它的实用型应用决定的，也不是由象征型应用决定的，而是由游戏型应用决定的。"[①] 由于后现代社

---

① ［法］波德里亚：《消费社会》，刘成富等译，南京大学出版社2008年版，第100—102页。

会的游戏活动的需要，人们以幻想和怀旧的两种不同心态，乐此不疲地创制各式各样的"摆设"，前者为了满足虚拟性的猎奇动机，后者则顺应部分受众的追忆往事的情感。这些被波德里亚称之为的"伪环境"和"伪物品"的"摆设"，在一定程度上隐藏着商业的动机，它们满足着部分消费者的市场需求。前者诸如迪士尼乐园、海盗国、恐龙世界、机器人广场、太空世界等，后者诸如革命时代的军装和枪械、知青酒吧里的农具、红卫兵大串连的衣物以及上山下乡时代的蓑衣、水车、器具等。这一系列关联着幻想和怀旧的摆设，刻意营造一种替代性的审美空间，呈现强烈的游戏意识和虚假的审美趣味。与此相关，科技工具制造另一个审美空间就是"仿真"。制作者以逼真的环境、氛围、物品，替代和复活在时空上曾经的原件。由于仿真物品在空间形式上逼真于原件，能够提供给接受者以虚拟性的审美快乐，因而占有消费市场的一定份额。然而，进入仿真时代的审美空间，所有的审美快乐都是虚构的和短暂的，都密切地关联着消费规则和商业利润，它们的商品价值和审美价值之间存在必然的经济逻辑。值得关注的是，现代科技凭借计算机和网络工具，更大程度地构造奇异的虚拟空间，极大满足接受心理对于幻象性世界的期待。现代电子技术营造的赛博空间（Cyberspace），在一定程度上满足现代主体对于逼真而虚幻的审美空间的渴望。尤其是网络游戏和玄幻影视这两类最流行性的大众娱乐形式，前者以形形色色的冒险、寻宝、赛车、球赛、战争、杀戮等样式，制造光怪陆离的审美空间，后者以高科技和古典神话相交融的方式，创造出"当代神话"的审美形式，同样构想出一种虚拟的审美空间，提供给生存于后现代的平庸世界的人们以富于刺激性的美感。

  和技术性创造的审美空间密切联结的是，当下的艺术尤其是影视文本，醉心于建构不同于以往视觉的空间形象，提供给欣赏者以新颖的美感体验。加拿大电影美学家威廉·维斯分析一些富有代表性的先锋电影，认为它们创造独特的视觉幻象，这种视觉幻象颠覆了传统空间结构，创造一种新颖的审美空间。"《再生缘》暗示炼金术和制陶术乃是电影制作的模型。这种暗示是独特的，但它也像《杨托拉》和《琉璃色》一样，也运用'纯粹内在的光流'来创造视觉新形式。更早电影幻象可以与幻觉之中的抽象几何形式相提并论，但《再生缘》涵盖了某些东西，它更接近光粒场，以及催眠时看到的那些鲜活而短暂的形象。"① 显然，包括《再生缘》在内的现代影视作品，它们禀赋一个共同性的艺术特性就是虚构非现实的物象形式，提供给观众一种冲击视觉的审美空间，这就是非现实性的审美幻象，它们顺应了后现代群体的乌托邦的审美需求。显然，现代和后现代的一些艺术文本，醉心于架构幻象性的审美空间，在一定程度上是为了迎合部分接受者超越现实的审美动机，获得一种乌托邦的快乐和达到一种虚假需要。影视艺术和网络的联盟，加剧着这种幻象性审美空间的营造，在科幻影视题材方面尤为显著。当下影视艺术形成一个科幻题材的流俗倾向，就是在玄幻的空间背景下，演绎玄幻的故事和玄幻的形象，衬托着玄幻的装饰和玄幻的道具，等等。空间成为一种非审美的形式，所有的意象成为一种观念抽象和逻辑比附，故事成为既飘浮于历史也超脱于现实的纯粹捏造，形象沦落为一种指示性符号和单调的象征形式。唯一的主角和被关注的焦点就是超越现实的未来科技，这种科技在一定程度上等同于神秘的魔法或神话传说中的奇异法宝，它们禀赋着强大神奇的功能，投合部分观众的超越现实的欲望。显然，好莱坞电影和日本动画片成为这一类文本的流俗代表。它们共同制造的一种远远脱离现实而意义被抽空了的虚幻空间，这样的空间形式既丧失物质感也缺乏美感。

　　比照古典主义艺术，从表现媒介和艺术类型考察，古典艺术尤其是造型艺术，擅长于架构实体性的审美空间。建筑、雕塑、绘画等艺术类型，它们对于实体空间的表现既遵循实体形式而又有审美超越，弥散着理想主义和唯美主义的艺术旨趣。古典诗人和文学家，以想象虚构一种精神绝对自由的审美空间，《逍遥游》设想的"无待"的空间形式，唐诗宋词构想的空间意象，《西游记》想象的天体模式，《唐璜》表现的漫游空间，等等。这些间接性的诉诸非视觉感受的心理空间，给予接受者以无限的遐思和审美怡悦。由于是文学文本，审美空间的共同点是非视觉性的和非实体性的。无论从内容还是形式上考察，古典艺术和后现代艺术在审美空间上的显著区别之一，就是古典艺术尊重空间的形式之美，

---

①　[加拿大] 威廉·维斯：《光和时间的神话——先锋电影视觉美学》，胡继华等译，四川人民出版社2006年版，第204页。

醉心空间表现的唯美主义色彩,即使是文学文本呈现非视觉性和想象性的心理空间,也非常遵循审美形式的表现。诚如莱辛所论:"美就是古代艺术家的法律。"① 现代艺术和后现代艺术,一方面呈现视觉性和物理性的空间形式,然而,它们表现的空间形式密切于文化消费和市场需要的实用主义的概念,一定程度上失落了审美情怀和诗性精神;另一方面,它们沉湎于虚幻的空间形式的构想,以科技作为工具或道具,追求超现实和玄幻效果以达到媚俗的消费目的,功利主义的美学观主宰艺术创造,这样的空间形式必然丧失历史性和现实意义。

所以,值得我们关切的是,当下生命对于审美空间的感受与理解、体验与想象,乃至于艺术表现,失落了古典主义的诗性精神和唯美主义的激情。因此,我们只有在现实语境中重构审美空间,才能使生活世界和艺术境界的审美活动诞生美感和诗意成为可能。

---

① [德]莱辛:《拉奥孔》,朱光潜译,人民文学出版社1979年版,第11页。

第 三 章

审美境域

第一节 自然场域

审美活动必然性地在某种境域得以可能，审美境域在逻辑上可以分类为自然场域、艺术情境、历史镜像这三种形式。

一方面，自然进入主体的审美活动不是以单一或纯然的状态而呈现，而是以一种有机整体和各种物象或意象的综合显现于审美心理之中；另一方面，从审美主体考察，主体的意向性活动对自然的感知与体悟必然以一种整体结构的方式得以展开，审美者对自然赋予主体的意义和精神结构，从而发掘既依附于自然又超越自然的诗意体验。所以，自然场域的美，呈现出整体性结构和生命运动的活性之美。

首先，生命的有机整体性构成自然场域的美之基础。大自然以其生生不息的天地万象构造出琳琅满目、七彩斑斓的多样化存在形式，创造了无以比拟的美景，但是这些美的物象或审美意象绝不是以单一孤立的状态而显形，而是以生命的有机体或者以运动与静止相统一的整体结构状态而存在，诚如所论："在时间机器中，一切都在运动着，在不停地变化着，就如一张由生命和无生命单元的动态结合所构成的巨大、错综复杂并且变化的网。"[1] 它们给予主体以丰富鲜活的美感。康德说："就逻辑的量的范畴方面来看，一切鉴赏判断都是单个的判断。"[2] 这在逻辑上可

---

[1] [美]施奈德：《地球——我们输不起的实验室》，诸大健、周祖翼译，上海科学技术出版社2008年版，第11页。

[2] [德]康德：《判断力批判》上卷，宗白华译，商务印书馆1964年版，第52页。

以成立，他又认为，"鉴赏判断本身就带有审美的量的普遍性。"① 然而，审美判断又不限于单个判断，它更应该是一种综合的和整体的结构性判断。换言之，审美判断对任何自然境域的审美对象而言，它们都是一种具有整体性质的感性判断或诗性判断、理性判断，它们都是源于主体的意向性对对象的整体的结构性理解与阐释。从自然境域的审美对象而言，尤其是生命形态的审美对象，它们都以生命的有机整体性呈现生生不息的鲜活美感。美国实践艺术家黑尔以实证和科学性的具体描述，力图证明生命整体结构的理论：

> 植物是一个利用其邻近的外界环境来完美自身形式的系统。每一植物都需要围绕着它的空间来达到完美的形式。当植物聚集在一起时，它们的形状便弄歪了。植物是一种生命的空间意识形式，植物的外部空间同植物的实际可视部分同样重要。你必须考虑到植物拥有一个能量场，这就像其茎干、叶子和根部一样是它形式的一个部分。
>
> 磁场的形式在像苹果和橘子这样的水果中美妙地再现了。这两种水果各自强调了形式的一个稍稍不同的方面。在苹果中，整个形状就像旋转的内环，轴心被强调得完美无缺；橘子中，纵向线条得到了强调，起分割作用的扇形面由大到小至核心；在蔬菜方面，洋葱、甜菜、萝卜显示出这种整体的形状和空间层。南瓜是自然界中这种磁场原理最完美的一个例子。篮子的粘土模型就能产生这种形式的结构。这种有意思的形式还是通过大自然才发现的。
>
> 植物世界的一个主要运动是以旋升的波状上升发展。许多树枝杈和花茎的叶子（甚至草的长叶片）都围绕着一个中心轴螺旋上升。当然，像旋花、忍冬藤、豌豆等攀爬的藤蔓植物也是以这种方式生长和运动的。
>
> 许多花依循放射性的图式，雏菊是这种图式最通常的

---

① [德]康德：《判断力批判》上卷，宗白华译，商务印书馆1964年版，第52页。

例子。……①

一方面，每一个自然物象都是体现完整结构生命有机体，它具有生命的自足自满性；另一方面，每一个自然物象都不是单一孤立的存在，它只是大自然境域中的一个小小的子结构，它服从于大自然的整体结构。换言之，它的美必须服从于大自然的整体性法则，它的美只有在大自然的整体场域才得以可能。

其次，主体敬畏自然和崇拜自然的态度影响和决定了自然场域的美。自然美从来不是单纯的形式之美，它总是主体的意向性果实，人类在自由生活的过程，在劳动实践和人文活动之中，以神话思维、宗教思维和诗意思维与自然相会，由此产生崇拜自然、敬畏自然、敬畏生命等社会意识形态，对自然进行宗教崇拜和审美崇拜。威尔逊说："我们同自然的关系是原始的。在被遗忘的人类史前时代唤起的情感，是深厚的和埋藏于内心深处的。就像在记忆中被遗忘的童年经历一样，它们通常能够感觉得到，但是很少是连续的。诗人代表着表达人类情感的最高水平，也在做着尝试。他们体验到了，在我们的表层意识下流动着一些重要的值得珍藏的东西，它唤起了你我共同的灵性。……大自然对于人类心灵的吸引可以用一个更现代的词语来表达，那就是'热爱生命的天性'（biophilia），这是我在1984年提出的一个概念，意思是说人类天生具有对生命和生命过程的亲近倾向。"② 人类不应当是自然的主宰，而是自然的产物，理应具有热爱自然和生命的天性。施韦泽以充满情感色彩的笔触写道：

> 我们只能敬畏所有生命，我只能与所有生命共同感受：这是所有道德的基础和开端。谁体验到了这一点，并继续体验到这一点；谁体验到这一点，并始终体验到这一点，这就是道德。这样的人心

---

① [美]卡伯特·黑尔：《艺术与自然中的抽象》，沈揆一、胡知凡译，上海美术出版社1988年版，第85页。

② [美]威尔逊：《造物——拯救地球失灵的呼吁》，马涛等译，上海人民出版社2009年版，第55—56页。

中不可失去地拥有道德，道德在其心中开花结果。谁没有体验到这一点，那么他只有一种被灌输的道德，而不是在其心中生根的、属于他的道德，这种道德是会离开他的。我们的世代只有被灌输的道德。在应该保持道德的时代中，这种道德已经离我们而去。几百年来，人们只有被灌输的道德。从而，人们是粗野的、无知的、没有心肝的；当然也就不知道，由于没有对生命的普遍敬畏，就没有道德的尺度。你应该共同体验生命和保存生命，这是最高命令的最基本形式。①

敬畏自然是人类必然性的道德概念和伦理原则，其实这不是一个现代性的理性诉求和美学意愿，而是古典时期就已经植根于人类文明的精神种子。张载《乾称篇》云："故天地之塞，吾其体；天地之帅，吾其性。民吾同胞，物吾与也。"② 张载反对人类中心主义，提倡天地与人的和谐默契，不但敬畏所有存在者的生命，而且尊重和敬畏万物的生命。墨子主张"兼爱"、"非攻"的人道主义哲学，认为敬畏生命才是最高的政治原则和国家策略，"故天下兼相爱则治"③，孟子则将敬畏生命的原则推广至动物界："君子之於禽兽也，见其生，不忍见其死；闻其声，不忍食其肉。是以君子远庖厨也。"④ 儒家的仁爱主义伦理原则不仅仅限于人类，而且延伸至所有生命形式之上。这种敬畏生命和尊重自然的态度已经上升为一种古典主义的生命美学，并转换为诗意的审美精神。在自然场域中，所有的生命形式均具有潜在的审美意义与诗性价值。在主体与自然的审美场域，两者构成诗意化的图景，如同辛弃疾词所描摹的美学境界："我见青山多妩媚，料青山见我应如是。"

最后，从自然中领悟道德情怀和伦理精神。在主体的意向性活动中，精神从自然场域发现出道德概念和伦理原则，这是诗性思维的作用，主体以比喻化和想象化的创造性活动，从自然场域中体悟出人文内涵和意

---

① [法]施韦泽：《对生命的敬畏》，陈泽环译，上海人民出版社2007年版，第158页。
② 《张载集》，中华书局1978年版，第62页。
③ 《墨子·兼爱篇》，载孙诒让《墨子闲诂》上册，中华书局2001年版，第100页。
④ 《孟子·梁惠王篇》，见焦循《孟子正义》，载《诸子集成》第1册，中华书局1954年版，第50页。

识形态，从而确证某些美感。孔子云："知者乐水，仁者乐山。"① 孔子将水比喻为智慧，认为智者和水之间存在某种契合和感应，而山则是仁爱的道德象征，仁者从对山的欣赏之中发现道德概念，从而确立自己的人生准则。荀子讲述孔子与水的"故事"：

> 孔子观于东流之水，子贡问于孔子曰："君子之所以见大水必观焉者，是何？"孔子曰："夫水偏与诸生而无为也，似德。其流也埤下，裾拘必循其理，似义。其洸洸乎不淈尽，似道。若有决行之，其应佚若声响，其赴百仞之谷不惧，似勇。主量必平，似法。盈不求概，似正。淖约微达，似察。以出以入，以就鲜絜，似善化。其万折也必东，似志。是故君子见大水必观焉。"②

在孔子审美阐释中，水蕴藏着德、义、道、勇、法、正、察、善化、志等道德内涵，它们在主体的理解活动中被赋予了审美的意义。在审美活动中，任何自然场域的审美表象都不再是纯粹的形式，而是在意向作用之下，成为符号化和比喻化的审美意象。

第二节　艺术情境

一方面，任何艺术文本都来源于一定的历史境域和文化境域；另一方面，任何艺术文本都创造了自我的历史境域、文化境域、物质境域和情感境域。我们以综合判断的方式将它们统称为艺术情境。艺术情境是审美境域中一个重要的构成。

首先，历史境域和文化境域是艺术情境最基本和最重要的逻辑构成。艺术是历史的感性果实，或者说，艺术总是历史事实的客观记述或想象性重构，是历史的审美化和表现性的叙事方式。艺术置身于充满纷争和

---

① 《论语·雍也篇》，见刘宝楠《论语正义》，载《诸子集成》第1册，中华书局1954年版，第127页。
② 《荀子·宥坐篇》，见王先谦《荀子集解》，载《诸子集成》第2册，中华书局1954年版，第344—345页。

矛盾的历史过程，它书写的历史故事必然性地表现历史境域和文化境域。黑格尔认为："'理性'是世界主宰，世界历史因此是一种合理的过程。"① 显然黑格尔假定了存在着一种"历史理性"的客观力量，它是历史的动因和价值尺度。那么，艺术作品是否隐藏着这种历史理性呢？显然，这不是一个简单或单纯的问题。艺术文本所依存和表现的历史境域一方面是符合于历史理性，是人类理性进步的结果；另一方面，它呈现为偶然性和不合理性，包含着人类的悲剧命运。但是，无论如何，艺术作品总是历史境域的产物和对历史境域的感性表现，从而获得审美意义。历史境域既是一个时间性概念，也是一个空间性概念。因为所有的历史事变和过程、所有的历史人物和事件场景，都是在特定的时间和空间发生。所以，艺术所讲述的"历史故事"总是置身于特定的时间与空间，它们构成了历史境域的物质根基。历史境域是包含多种矛盾冲突的鲜活戏剧，只要有历史就有争斗和阴谋、杀戮和战争、独立与统一、胜利与失败的故事，历史是权力争夺的表演场和意识形态的厮杀地。历史冲突的最本质的根源是意识形态的差异和民族的差异，它们是文明冲突的最根本原因，或者是第一原因。宗教信仰和政治意志构成历史冲突的第二原因。而历史冲突的具体原因表现为对权力的攫取，表现为国家、阶级、党派之间的殊死搏斗。它们构成了人类有史以来的挥之不去的黑色梦魇，也就是悲剧化的历史境域。艺术的创造者及其文本都生存与活动于历史境域。因此，接受者对艺术的审美理解就不得不进入到某些特定的历史境域。

和历史境域密切关联，文化境域同样是艺术文本所依凭的逻辑前提和物质基础。文化境域最核心的构成是民族、语言、神话、民俗、宗教、伦理、政体等内容，它们可以统称为"民族精神"。黑格尔指出："在历史当中，这种原则便是'精神'的特性———一种特别的'民族精神'。民族精神便是在这种特性的限度内，具体地表现出来，表示它的意识和意志的每一方面——它整个的现实。民族的宗教、民族的政体、民族的伦理、民族的立法、民族的风俗，甚至民族的科学、艺术和机械的技术，

---

① ［德］黑格尔：《历史哲学》，王造时译，上海书店出版社1999年版，第9页。

都具有民族精神的标记。"① 一方面，艺术的创造者及其文本都归属于某种民族精神，这是艺术的审美特性，也是艺术的宿命性限定。所以，古往今来的艺术家和艺术品都无法超越自我的民族精神，显然有些民族精神潜藏一定的消极内涵和负面价值。另一方面，民族精神的确是一部艺术品美感来源的重要元素。几乎任何一个艺术家和艺术文本都是民族精神的象征品，是民族精神的寓言和隐喻，两者必然性地储藏着民族的文化因子和表现民族的审美趣味，呈现某个民族的智慧与诗意、道德和伦理、意志和毅力等精神品质。所以，艺术总是文化境域的产物，也是文化境域的象征和表现，它们构成了主体的审美活动的重要对象。

其次，物质境域和社会境域。就艺术的创造活动和审美活动而言，物质境域和社会境域共同构成艺术的生成基础。每一种艺术文本都来源于确定的地理环境，正像黑格尔所说的那样：

> 助成民族精神的产生的那种自然的联系，就是地理的基础。……每一个形态自称为一个实际生存的民族。但是这种生存的方面，在自然存在的方式里，属于"时间"的范畴，也属于"空间"的范畴。每一个世界历史民族所寄托的特殊原则，同时在本身中也形成它自然的特性。"精神"赋形于这种自然方式之内，容许它的各种特殊形态采取特殊的生存，因为互相排斥乃是单纯的自然界固有的生存方式。这些自然的区别第一应该被看作是特殊的可能性，所说的民族精神便从这些可能性里滋生出来，"地理的基础"便是其中的一种可能性。②

如果说助成民族精神的可能性之一是"地理基础"，那么，而助成艺术作品产生的自然的联系，它的可能性之一同样是地理基础。换言之，物质境域决定了艺术生产的条件、语境、风格、气质、美感、诗意等诸要素。一个地域的自然地理，包括山峦、平原、河流、沙漠、海洋、草原、森林、沼泽、湖泊、气候等自然要素，也包括建筑、器物、物产、

---

① ［德］黑格尔：《历史哲学》，王造时译，上海书店出版社1999年版，第66—67页。
② 同上书，第85页。

人文景观等物质存在，它们一方面有助于艺术文本的诞生；另一方面，它们活动于文本之中成为审美意象的必要组成。这些地理基础及其他要素共同构成艺术文本的物质境域，既成为审美境域的必然要素，也上升为审美活动的必然对象。《红楼梦》精心营造的"大观园"，雨果小说中逼真传神的"巴黎圣母院"，托尔斯泰《战争与和平》中生动描写的宫廷、庄园和橡树，马尔克斯《百年孤独》所表现的热带丛林和马孔多小镇，中国当代作家陈忠实的"白鹿原"和莫言的"红高粱"等，它们既是艺术文本的物质境域，也是艺术文本的审美意象，所构成的艺术情境，成为审美接受者的欣赏对象。同样，每一个艺术文本都来源于确定的社会境域。这一社会境域我们规定为艺术文本特定的现实语境，即艺术文本生成的社会土壤。具体地说，就是艺术文本所涉及的时代的政治经济状况，以及艺术文本所置身的社会矛盾，从宏观方面看，它们包括党派、阶级、阶层的现实利益冲突；从微观上看，它们包括个人社会关系的矛盾冲突、个人的生活状态及其成长过程等。这些综合要素构成了文本的社会境域，构成了艺术的审美内涵。

最后，欲望情境和情感境域。如果依照历史唯物主义的知识谱系的一个重要假定：生产力是推动历史发展的最重要的要素，生产力中最活跃的要素是人；那么，我们可以进行如此的逻辑推断：人的欲望是推动生产力发展的第一要素。于是，我们顺理成章地获得如此的思辨果实：欲望是历史的第一和最基本的推动力。遵循这样的理论前提，我们也可以做出相应的逻辑推导：艺术情境本源于欲望情境。换言之，欲望是艺术的第一推动力，也是故事生成和发展的第一推动力，当然也是人物性格形成与发展、命运变化与结局的根本要素。在叙事文本中，人物与故事的密切关联成为创作者与接受者的审美焦点，人物与故事的逻辑起点和运作张力即是主体的欲望原则。因为无论是艺术制作者还是艺术欣赏者都被人物的欲望所宰制，所以，欲望不仅推动故事的进展而且成为吸引接受者的要点。假如我们对欲望进行简要的逻辑分类，它们的主要构成是权力、金钱、爱情、名望这几个方面。古希腊悲剧家欧里庇得斯的《美狄亚》主要揭示的是爱情欲望；莎士比亚的《哈姆雷特》表现的是权力欲望和爱情欲望；巴尔扎克的《人间喜剧》诸多篇目既写了权力欲望和金钱欲望，也写了爱情欲望和名誉欲望；福楼拜的《名利场》

则传神地描摹了虚荣女性的名誉欲望。黑格尔在《美学》中讨论悲剧的冲突缘由，他认为："由心灵性的差异面而产生的分裂，这才是真正重要的矛盾，因为它起源于人所特有的行动。"① 这心灵性的差异面所产生的分裂，所谓"真正重要的矛盾"，都导源于主体不断递增的欲望。在小说、戏剧和影视等叙事艺术中，欲望原则也是最基本的叙事美学原则。所有的叙事活动都围绕着欲望轴心而旋转，换言之，没有欲望就没有故事，也没有人物的行动和性格，当然就不可能诞生鲜活真实的人物形象。因此，艺术文本的欲望叙事客观上构成了艺术的审美境域。在叙事艺术中，人物之间的关系是构成冲突的基础与机缘，而人物之间的关系都围绕着彼此之间的欲望和目的性展开，欲望成为推动人物关系发展变化的首要原因，显然因为人物的欲望发展与变化，也推动情节的进展和变化。所以，在艺术情境中，欲望原则成为审美活动中必须关注的焦点。

艺术情境另一个重要构成是情感，而情感和艺术的关联是一个陈旧的命题。托尔斯泰认为："艺术是一种人类活动，其中一个人有意识地用某种外在标志把自己体验的情感传达给别人，而别人被这种情感所感染，同时也体验着这种情感。"② 苏珊·朗格认为艺术"是人类情感的符号形式的创造"，"在艺术中，形式之被抽象仅仅是为了显而易见，形式之摆脱其通常的功用也仅仅是为获致新的功用——充当符号，以表达人类的情感。"③ 她进而认为，艺术表现的情感不应该是个人的情感，而是具有普遍性的"客观情感"，它代表着整个人类的精神欲求和心理愿望。其实，艺术与情感的关联表现出美学的一个悖论：一方面，情感不是艺术表现的唯一性要素，艺术具有非情感性的一面；另一方面，艺术只有保持有情感的适度的距离，才使自我达到相对完善的可能。所以，王夫之提出"景情合一"论：

---

① ［德］黑格尔：《美学》第 1 卷，朱光潜译，商务印书馆 1979 年版，第 262 页。
② ［俄］托尔斯泰：《艺术论》，张晰畅等译，中国人民大学出版社 2005 年版，第 41 页。
③ ［美］苏珊·朗格：《情感与形式》，刘大基等译，中国社会科学出版社 1986 年版，第 62 页。

> 情景名为二,而实不可离。神于诗者,妙合无垠。巧者则有情中景,景中情。
> 景中生情,情中含景,故曰,景者情之景,情者景之情也。
> 情景一合,自得妙语。①

他认为只有达到情景高度和谐的境域,艺术才可能获得纯粹的美感和欣赏之价值。王国维则提出"境界"的审美范畴:

> 词以境界为最上。有境界自成高格,自有名句。
> 有造境,有写境,此理想与写实二派之所由分。然二者颇难分别。因大诗人所造之境,必合乎自然,所写之境,亦必邻于理想之故也。
> 有有我之境,有无我之境。……有我之境,以我观物,故物皆著我之色彩。无我之境,以物观物,故不知何者为我,何者为物。古人为词,写有我之境者为多,然未始不能写无我之境,此在豪杰之士能自树立耳。②

一方面,情感和景物的密切关联成为古典美学所崇尚的理想目标;另一方面,情感的合适表达才是艺术的最高法则。艺术文本的普遍局限之一是情感犹如波涛汹涌之宣泄,其二是夸饰和矫情的表演,其三是伪装和虚假的情感表现。在如此的艺术情境,诚如刘勰所论:"昔诗人什篇,为情而造文;辞人赋颂,为文而造情。"③ 所以,衡量艺术境界高下的美学标准之一是文本的情境,也就是情感的适度和完善的审美表现。其一是情感的纯真,如李贽所推崇的"童心";其二是如何节制情感,所谓"乐而不淫,哀而不伤"④。其三,情感尽管是个人的话语,

---

① 北京大学哲学系美学教研室编:《中国美学史资料选编》下册,中华书局1981年版,第278—279页。
② 王国维:《人间词话》,人民文学出版社1960年版,第191页。
③ (南梁)刘勰:《文心雕龙·情采篇》,载黄叔琳等注《增订文心雕龙校注》,中华书局2012年版,第419页。
④ 刘宝楠:《论语正义》,载《诸子集成》第1册,中华书局1954年版,第62页。

但必须呈现普遍的意义，即如苏珊·朗格所言的"客观情感"，艺术文本所表达的情感尽管属于艺术家的个人意志，但它应该带着普世的意义与价值。

第三节　历史镜像

一方面，历史是人类行走之后的轨迹，是无数人物和情节的戏剧集合体；另一方面，历史也是充满谜团和悬疑的故事，隐匿着诸多可能永远无法破解的案件和神秘莫测的玄机。黑格尔、马克思等理性主义思想家试图证明历史存在着客观的规律，信奉历史的进步性和必然性，在强调理性和规律共同宰制历史的理论前提下，设定了历史的时间逻辑和确立历史的阶段性与社会发展的基本模式，甚至假定了人类历史的发展终极，也即是人类社会的完美终极。这一理论的危机可能性在于：其一是遗忘了历史的偶然性和非正义性。其二是忽略了人类历史与文明漫长性，现在设定人类历史的完美终极为时尚早，其实，人类的文明或许刚刚开始，也许还没有真正开始，我们可能依然处于人类历史的蒙昧时期，因为人类还没有寻找到理想的社会制度和良好的发展模式，尚未建立相对完善的伦理原则和实践准则。还存在此起彼伏的战争和庞大的核武库，还有宗教、政治、国家、民族等因素引发的尖锐冲突，还存在环境恶化、食品污染、毒品、犯罪等问题。这些足以说明人类历史远远没有达到文明的标准。其三是独断地推定了历史的确定性事实，而忽视了接受者对历史的阐释权利。迄今为止的历史既是所谓的客观历史，也是事实和人物的"真实"集合体，但是，历史没有绝对的客观性，任何历史都是一种事实的"镜像"，它是被记载与被描述、被阐释与被评价的历史，也是被体验和被想象的历史，在这个理论意义，我们可以赞同克罗齐甚启人思的话语："一切真历史都是当代史。"①

显然，历史是人类重要的审美对象之一。克罗齐认为："历史不是形

---

①　[意大利] 克罗齐：《历史学的理论与实际》，傅任敢译，商务印书馆1982年版，第2页。

式，只是内容：就其为形式而言，它只是直觉品或审美的事实。"① 除了自然与艺术之外，历史是人类已经消逝却永恒复活的审美对象。人类是历史的产儿，追溯历史是人类的先验本性和直觉化冲动。就像个人总是追忆自我的过去一样，对历史的追溯是人类整体的审美记忆所驱使的必然活动。历史作为主体的审美对象，同样依据历史文本阅读者的意向性重建活动，对历史事件和历史人物进行必要的想象和体验等审美活动。卡西尔说："历史学在这种现实的、经验的重建之外又加上了一种符号的重建。历史学家必须学会阅读和解释他的各种文献和遗迹——不是把它们仅仅当作过去的死东西，而是看作来自以往的活生生的信息，这些信息在用它们自己的语言向我们说话。然而，这些信息的符号内容并不是直接可观察的。使它们开口说话并使我们能理解它们的语言的正是语言学家、语文文献学家以及历史学家的工作。"② 对历史的审美活动不同于历史学家对历史的理解和探究活动，但需要像历史学家一样尊重历史的事实、人物、细节、文献、器物等，就是首先学会敬畏历史和敬畏古人，其次才是对之所展开的审美活动。换言之，审美主体必须学习置身于历史的境域，然后才是以自己的想象力和悟性去重构历史的审美镜像。因此，主体置身于历史的审美境域，必须采取对历史的合理想象，从而展开对历史人物的叩问和追思历史的正义与美感。

对历史境域的审美活动显然是以历史人物为主体、为轴心、为焦点，而历史事件和历史语境则作为基本的背景，当代散文家王充闾对此有着精辟之见：

"事是风云人是月"，可看作是对历史的概括。那么，月与风云，谁为主从呢？当然月是中心。烘云托月，月占据主导地位。同样，历史也是以人物为中心展开的。历史的张力、魅力与生命力，主要来源于人物。历史上流传下来的许多事情，诚然可以说是惊天动地，空古绝今，撼人心魄，可是，又有哪一桩不是人的作为呢！

---

① ［意大利］克罗齐：《美学原理·美学纲要》，朱光潜译，外国文学出版社1983年版，第34页。
② ［德］卡西尔：《人论》，甘阳译，上海译文出版社1985年版，第224—225页。

人的思想，人的实践活动，亦即人的精神存在与物质存在，是一切史实中的最基础的事实。历史上，人是目的，人是核心。人的存在意义、人的命运、人为什么活、怎样活，向来都是史家关注的焦点。①

"事是风云人是月"，事件是历史舞台的背景，人物是历史舞台的角色，也是历史镜像的主人公。我们置身于历史镜像之中，对历史人物的审美活动、价值判断和意义阐释，一方面依赖于主体的辩证理性和历史理性的共同参与，另一方面则借助于对于历史镜像的诗意领悟和合理的想象活动。

如果说迄今为止的历史文本都是镜像化的历史，所有被记载于历史文本的历史人物都不是绝对的"历史真实"，他们都需要借助于理解者的审美复活的精神运动才得以美感之可能。那么，我们对于历史人物的审美活动必然需要历史的伦理原则，它是历史理性的基础，而历史的正义原则构成历史理性的前提，正义原则应该是普世的善恶准则，以人类最普遍的人道主义精神为依据。其次，正义原则应该体现在对历史进步的意义方面，换言之，判断历史人物的价值标准之一是衡量其历史的进步作用和是否具有人道主义的意义。在此前提下，才是我们对历史人物保持一种客观辩证的判断态度。所以，一方面，我们对迄今为止的历史人物的审美活动都应当采取历史理性和辩证理性的方法，以历史的伦理或道德作为衡量的杠杆；另一方面，判断他们是否具有诗性主体的内涵，是否具有既可信又可爱的人格魅力，是否呈现美感的诸种要素。当然，对于历史人物的审美活动理应超越历史局限性、地域局限性和民族局限性以及宗教局限性，超越党派、国家、政治等意识形态的宰制，然而，这些因素长久地制约我们对于历史人物的审美活动，它们成为"历史的镜像"，妨碍了主体对历史人物的审美判断。

与此相关，如何认识历史的吊诡性和勘破历史的机缘，如何把握历史的因果律和历史的规律，如何体察历史的法则和历史的无常，都是我

---

① 王充闾：《事是风云人是月》上卷，春风文艺出版社 2011 年版，"作者自序"，第 2 页。

们品评历史人物和对他们进行审美判断的难题。同时,如何破解历史上的英雄崇拜,如何反思爱国主义、民族主义等悖论命题,也制约和影响到我们对历史人物的审美活动。所以,对于历史镜像中的历史人物的审美判断是一个极其复杂的问题。然而,判断的原则主要在于:其一,他是否属于一个良知主体,是否禀赋人道主义的伦理原则?他是否呈现善的意志和仁爱倾向?其二,历史人物是否属于诗性主体?是否具有诗意情怀和高雅趣味?其三,是否有着"可信"一面的同时,还呈现"可爱"的气质?这几个方面是我们衡量历史人物是否呈现美感意义的重要因素及其标准。

以下我们以司马迁《史记·刺客列传》作为历史镜像的审美范例。刺客的历史背景,呈现人类社会的集权与战乱、虚无与苍凉、空幻与无情的悲剧事实。它们集中体现了历史的四要素:战争与和平、独立与统一、成功与失败、进步与倒退。刺客在这个历史的帷幕下表演一出出真实与荒谬的历史戏剧。首先,司马迁笔墨中的"刺客",禀赋坚定而热烈的历史正义力量,他们是历史理性和历史伦理的守望者。因此,刺客是良知主体的象征和人道主义的寓言。简言之,他们无疑属于"良知主体"。其次,刺客周身散发着诗性精神和洋溢着慷慨牺牲的美学情怀,"风萧萧兮易水寒,壮士一去兮不复还",他们为了历史正义与历史伦理,不惜舍身成仁,忠诚德性,呈现飞扬激昂的诗歌冲动和审美精神。所以,刺客具备了诗性主体的特征。最后,刺客在具有事实和行为的"可信"的同时,又具有"可爱"的率真本性。司马迁《史记》中的"刺客"就是历史镜像中的审美对象,也是呈现艺术美感的审美意象。我们对刺客的审美体验和审美评价,来源于历史理性和历史正义的原则,来源于历史的伦理原则和道德观念,透过历史镜像,接受主体可以与刺客实现以心会心、心神相通的审美理解。司马迁向友人任安倾诉了自己书写历史的理论抱负:"究天人之际,通古今之变,成一家之言。"[①] 他的刺客形象无疑是这种精神抱负的生动显现。"刺客"是历史镜像中的鲜活形象,他们是历史大地的果实,是天道与人事相互交汇、共同作用的必然结果,

---

[①] (西汉)司马迁:《报任少卿书》,载严可均辑《全汉文》,商务印书馆1999年版,第269页。

也是古今之变这一历史进程中的闪亮过客。然而,司马迁通过对"刺客"的历史记载和文学性书写,阐释了他们所隐匿的历史正义感和伦理精神,令他们周身散发出一种别样的艺术色彩和审美魅力。尔后历代诸种文本对"刺客"、"侠客"或"武侠"的书写无一超越司马迁的历史眼光和美学理念。

第二编　主观范畴

第四章

审美记忆

第一节 心理特性

　　审美记忆不同于一般记忆的特性在于，它不仅是复现形态的被动心理活动，更主要地呈现为修饰性的诗意表现和理想化的追忆形式。在主体的审美活动过程，记忆在以真实的生命经历和生活体验的基础上，意向性地展开心灵的重新构造，情绪和想象的力量渗透到记忆之中。个体记忆和集体记忆的逻辑关联，在一定程度上影响个体存在者的审美体验和美感生成。感伤和惆怅构成审美记忆的重要的情绪主题，它深刻地影响到艺术的创造和接受。审美记忆具有激发艺术创造主体的灵感和提升艺术家的生命境界的积极功能。

　　记忆是存在者重要心理机能之一。从普泛意义上说，任何生命个体都是一个记忆性的精神结构。换言之，人是记忆的动物或记忆的本体。记忆潜藏一种召唤的力量，它召唤人回首过去；在主体被召唤回首过去的同时，存在一种不自觉的诱惑力量，激发存在者一次次地修改和涂抹以往记忆的历史，赋予它主体的情绪、想象、体悟和话语，对于记忆的内容和意象的不断更新并且给以诗意和智慧的阐释，从而连续地丰富和延伸记忆空间，使之诞生新的符号形式和感性意象。传统心理学仅仅从科学性和技术工具的视角研究和解释记忆的问题，因而它无法承担记忆和审美活动的相关性阐释及其两者之间逻辑联系之证明的任务。显然，审美记忆不是一个纯粹的心理学追问，尽管它与心理学存在一些或然性的关联，但它更是一种性质上隶属于美学的问题。

　　因此，首先需要区别的逻辑前提就是，审美记忆和一般记忆的差异性决定自身的规定性和独存意义。心理学层面的记忆内涵,"主要以回忆(再现)和认知(再认)的方式表现出来。以前感知过的事物不在目前,把对它的反映重新呈现出来,叫做回忆;客观事物在目前,感到熟悉,确知是以前感知过的,叫认知。"① 显然,回忆和认知构成记忆的两个基本环节。心理学强调记忆的"储存,保持和检索"② 的功能,尽管认为"记忆是一种重建",然而这种"重建"依然是以真实、逻辑和效用为前提的,并且严格地在记忆和知识之间建立了密切的实用性联系。和心理学存在差异的是,审美记忆在目的论意义上放弃对于知识和效用的诉求,不以完全真实和客观逻辑作为自己的价值与凭据,因此,它不追求复现以往经验的对于客观世界的真实印象和有效性承诺,当然也不会遵守一种共时性的价值准则。如果说重复和循环构成一般性记忆的有效性力量与势能,而审美记忆则以不断更新的非重复性和非循环性的中断性力量确立自我的超越以往价值和意义的否定性逻辑。因此,审美记忆以一种永远充盈怀疑与否定的永恒冲动获得自我的非历史性,当然,它以渴求无限的可能性充实自我的新颖性。

审美记忆在逻辑上不完全等同于精神分析理论所描述的"虚假记忆"。菲尔·莫伦在《弗洛伊德与虚假记忆综合症》里写道:"我们现在关于记忆的知识表明,记忆可能存在各种各样的扭曲。记忆就像是讲述一个故事,是一种重建,而不是对于某个事件精确记录的读取过程。"③ 弗洛伊德"写了一篇关于'屏蔽记忆'的论文,认为儿童的记忆可能完全是虚假的记忆,是后来所作的一些建构,只是以回顾的方式将其归属于久远的过去。他表明,记忆可能像梦或虚构的小说——而主观的回忆经验并不能担保记忆的真实性"④。精神分析理论界定的虚假记忆属于人类心理经验的一个独特类型,它以对个人历史的虚构性尤其是童年经历的虚构性作为回忆的想象基础。因此,回忆活动的虚假性完全替代生命

---

① 曹日昌主编:《普通心理学》上册,人民教育出版社1963年版,第227页。
② [美]布恩、埃克斯特兰德:《心理学原理和应用》,韩进之等译,知识出版社1985年版,第163页。
③ [英]菲尔·莫伦:《弗洛伊德与虚假记忆综合症》,申雷海译,北京大学出版社2005年版,第34页。
④ 同上书,第118页。

经历的真实性，虚构的故事情节和感觉意象成为"记忆"的客观对象和前提条件。然而，审美记忆却不能绝对放弃对于生命个体的真实经历的尊重和承认，这是它得以可能和存在的前提和基础，当然，它必须根据自我的生命经验和诗意情怀不断地对以往真实经历进行修改和涂抹，使其诞生审美的可能性。所以，审美记忆的逻辑悖论在于：一方面它不完全遵循生命经验的绝对真实性和客观的经验事实，它必须超越和修改以往的感觉记忆使之具有审美和美感的要素；另一方面它又不可能以完全的虚假记忆作为自我的基本结构，否则，它就会丧失自我的基本存在，成为毫无凭依的虚幻乌托邦。当然，不可否认的是，一部分的虚假记忆可能演变为审美记忆，然而，这部分虚假记忆不可能作为普遍有效性的审美记忆，不能成为审美记忆的主流和基础，只能作为审美记忆的适当补充和有限的衬映，只能以空洞的游戏方式存在于审美活动的有限场域。所以，审美记忆不是简单地属于常识意义的"真实记忆"或"复现式记忆"，它是徜徉于真实和虚假、此岸和彼岸之间的悬置性的精神活动，它和真假逻辑不存在必然的联系。

　　和一般心理记忆相比，审美记忆的选择和重构成为它的重要策略。普通或一般的记忆活动是不加区别地对以往生命经验的直接回溯，记忆的相对完整性和时间持续性成为特性。而审美记忆，一方面，沉醉于对于以往记忆的唯美主义的筛选，以空间的碎片状态和闪烁与间断的瞬时性保持自己的纯粹性，它必须过滤和清洗众多以往知觉经验的杂质和过剩意象，保留具有审美可能的意象和符号，这种选择体现超越时间和空间的非逻辑性和自由随意的特点，因此屏弃整体和连续的规范性要求，只提取那些具有美感可能的知觉记忆的片断和闪烁光泽的晶体。如果说，审美记忆的选择性就像是披沙拣金，那么，另一方面，它对于以往记忆的重构就类似于金属的冶炼活动，是一种对于以往记忆矿石的重新加工和提纯的劳作，并且在这一冶炼过程添加新的材料和元素，原生态的记忆材料被后来的主观情绪、诗意想象和生命体悟所删除、修饰、填充与美化，由于精心冶炼和重新铸造，诞生一种新质的不同于原先的存在内容和方式的感性符号和审美意象，从而建构全新的意义世界和具有无限可能性的精神结构，敞开一种生命完满和诗意化的存在境界。从结构上讲，审美记忆既然是对以往记忆的选择、颠覆和重构，它必然修改或放弃、颠覆和创造新的结构形式，必然对以往记忆在空间结构、时间结构和情感结构等方面进行挑选、舍弃或重组，而记忆结构的变化必然导致记忆的情感、意义、价值的更改，这样审美记忆就相应地获得自我的新的结构和意义，诞生新的存在方式，无论是感性意象、话语方式和情感符号都同以往记忆具有不一样的差异面。

审美记忆需要来源于以往记忆又必须摆脱和重构以往记忆的特征，体现两种记忆之间存在某些共同性和根本的不同性的复杂关系，这种关系以偶然性的逻辑方式呈现。以往记忆能否上升和演变为审美记忆不是依据固有的意象形态和逻辑规定，而是取决于主体的诗意体验和想象活动，取决于生命的瞬间领悟和人生智慧，其中自由联想和思维游戏产生重要的作用。一方面，自由联想对以往的记忆材料进行粉碎和随意缀合，超越陈旧记忆的空间形相、时间线索、话语内涵、情绪意义、价值标准等因素，展开重新的排列和建构，记忆的原初的形式、色彩、结构、情绪和意义被审美主体暗中置换，由此诞生不同以往存在的符号形式，给予主体以诗意和唯美的感受；另一方面，审美记忆对于以往记忆的修改以思维游戏为主导，主体以打破知识与逻辑、日常经验和生活定规的不拘一格的思维方式，以新颖的话语与言说表达和以往经验不同的精神结构和心理体验，游戏性生成记忆的美感力量，为审美活动奠定一个运思的基础。

对于一般记忆和审美记忆的比较性分析，初步建立对于审美记忆的理解和阐释。简言之，审美记忆是主体对于以往记忆的想象性和诗意性的修改与涂抹的精神形式，它逍遥于虚假记忆和复现记忆之间，它呈现审美乌托邦的倾向和对于自我存在的强烈关注与沉醉。

第二节　时间结构与集体记忆

审美记忆更深入的特征分析，不能不涉及两个逻辑关联的环节，唯有对它们之间关系予以厘清和分析，才使这一问题获得被理解和诠释的可能。

时间结构和心理情绪是审美记忆首要的逻辑关联。如果对审美记忆进行时间划分，童年时间的记忆最大量地构成审美记忆，而且它的美感势能和印象的清晰度、持续性都超越其他年龄阶段获得的记忆。因为童年时代的心理情绪没有沾染成人世界的功利和目的的尘埃，纯真和透明的情感世界决定审美记忆的非概念、非利益和非意识形态的超然性质。弗洛伊德在 1910 年写作的《列奥纳多·达·芬奇和他童年时代的一个记忆》著名论文，论述童年记忆的深刻的美感程度和给予艺术活动的强烈推动力。① 青年时间是获得审美记忆的另一个重要阶段，激情和冲动是构成审美记忆的主要因素，而知识形式和理性工具的压抑与遮蔽使记忆的审美性和童年时代相比显然降低，而社会意识形态的浸染和宰制往往使审美记忆依附政治权力、道德准则、经济效用等世俗主义色彩。显然，青年时间是审美记忆凸显热情和嬗变的生命阶段。中年进入到心理成熟和理性反思的生命时间，审美活动出现两极分化，一方面精于计算和谋略的理性能力获得最大限度的延伸，功利主义色彩越来越浓烈，审美记忆臣服于世俗和权力，情感结构的欲望意志压倒对于纯粹审美形式的眷注，显然，这是审美记忆最为缺欠和最为沉闷的灰暗阶段；另一方面，中年时间是步入频繁追忆往事和历史的生命阶段，对于时间的敬畏、恐惧、珍惜、留恋、惆怅的心理情绪最为强烈，这一心理的动荡时期对于自我历史的回溯常常伴随丰富而复杂的审美体验，从这意义讲，中年又是一个收获审美记忆的重要时期。它显然处于充满审美矛盾和悖论的生命时间，当然也是一个心理情绪最为复杂的时间结构。老年或晚年是拘牵审美记忆的另一个高峰，一方面是生命的安然和宁静，恬淡无欲的生命状态令他们格外沉醉于往事和回想之中，孔子所云"七十而从心所欲，不逾矩"② 的生命境界最为适合于审美记忆的珍藏和拓展，尤其是圆融通透的生命智慧和返璞归真的童心重现更易于发掘、提升、点化往昔记忆的审美因素；另一方面，生命的最后阶段，往往伴随着强烈的虚无和绝望情绪，还有强烈的孤独、焦虑和恐惧死亡等心理，这些复杂而沉重的情感，在主体回溯自我的生命历史过程必然滋生深刻而强烈的审美记忆，

---

① [奥地利]弗洛伊德：《弗洛伊德论美文选》，张唤民等译，知识出版社 1987 年版，第 39 页。

② 《论语·为政篇》，见刘宝楠《论语正义》，载《诸子集成》第 1 册，中华书局 1954 年版，第 23 页。

以往的美感和现时境域形成对比和反差,这就是为什么老人更喜欢依赖回忆活动支撑着自己的精神生活和有限的生命时间的一个重要原因了。显然,时间结构和心理情绪相互构成审美记忆的生成和深化。然而,必须区别的是,情绪在一定的语境可能有利于审美活动或者辅佐美感的诞生。但是,情绪或情感在更多境域和更大程度上,构成对于美感的抑制和扭曲,不利于美感的自由生成和深化发展。在逻辑上,情绪或情感也绝不能等同美感。[①] 所以,审美记忆不是仅仅依赖情绪或情感的因素得以可能,而是有限地借助情绪或情感的中介作用,更多地通过诗意思维和想象活动获得美感生成。

个体记忆和集体记忆共同地构成审美记忆的有机整体。一方面,个体记忆始终作为审美记忆的基础和决定性因素,个体记忆和集体记忆的逻辑关联,在一定程度上影响个体存在者的审美体验和美感生成。生命个体的审美记忆,它不仅是复现形态的被动心理活动,主要地呈现为修饰性的诗性表现和理想化的追忆形式。在主体的审美活动过程,记忆在以真实的生命经历和生活体验的基础上,意向性地展开心灵的重新构造,情绪和想象的力量渗透记忆领域,诗意思维和生命智慧不间断地激发审美记忆的生成。另一方面,任何个体记忆都无法纯粹摆脱集体记忆的潜在渗透和强制性输入,审美记忆也是如此。卡洛琳·M. 布鲁墨在《视觉原理》中指出:"在记忆存贮中,感官的感受与整个含意和社会联系的积累汇合在一起。一件事从新结构起来,或者说是记忆起来,是来自与其他记忆交织在一起复杂关系中。"[②] 然而,集体记忆的宰制性和强迫性,裹挟着意识形态的话语势能,政治权力、道德谱系、知识形式,容易使个人的审美记忆沾染上浓厚的非诗意色彩,逼迫美感进入不纯粹性和非自由非自觉的窘迫境地,在一定程度上损伤审美记忆应有的意义和价值。尤其是集体记忆之中的历史性记忆,常常沾染强烈的民族情绪、政治偏见和文化霸权,集体主义的普遍话语压倒了个人真切的生命体验和独特的人生智慧,个人化的诗意与自由、灵感与顿悟湮没在群体的情感狂欢

---

① 颜翔林:《论美非情感》,《江海学刊》1998 年第 6 期。
② [美]卡洛琳·M. 布鲁墨:《视觉原理》,张功钤译,北京大学出版社 1987 年版,第 135 页。

和暴力游戏之中，导致一种实质上的审美记忆被扭曲和被伤害。诚如巴诺（Dagmar Barnouw）所见，任何群体的感情记忆都容易被仪式化和神圣化，结果，记忆流于虚构，成为一种历史的图腾。如此而已，审美记忆就被集体的历史记忆所掏空和抽干，成为一堆丧失个性色彩和鲜活生命的干草。对于集体记忆的放弃置疑和追问或者这种置疑和追问被主流意识形态设置为一种神圣的"禁忌"，这样，审美记忆就沦落和异化为一种可怕的表面上呈现审美性而实质上潜藏反美感的内涵。问题的复杂性在于，集体的历史记忆和集体情感在有限的尺度亦有利于审美记忆的形成，我们无法抛弃集体的历史记忆和情感记忆的应有价值与意义，也不能否认它们对于审美记忆的积极因素。诚如张汝伦所论：

> 感情记忆只要不被仪式化和图腾化（尽管它很容易那样），是可变的，它可以随着时间的推移接纳历史更多复杂的内涵，就像一个人对牵动感情的事件，随着时间会逐渐冷静，会更加理性地看待这些事件，虽然不会因此而完全去除感情的成分。也只有这样，人们才可能对历史记忆采取批判的纪实态度。相反，完全否认历史记忆的感情基础和价值基础，是否就能得到一个客观公正，可以共享的历史记忆还未可知，但肯定不可能对理解与包容这个世界的多样性有任何益处。[①]

当然，我们在有限尊重集体的历史记忆和情感记忆的正当性的同时，必须警惕它们对于审美记忆的侵蚀和歪曲，否则，个体的审美权力和反思性的智慧以及想象力就会在很大程度上被集体话语所褫夺和湮没。因此，在审美活动中，尤其在审美记忆的场域和语境，个体记忆始终应该作为审美记忆的基石和前提，引导和主宰审美记忆的走向和趣味，而集体记忆只能作为审美记忆的辅佐性结构，施展适度的影响和有限的调节功能。

第三节 审美记忆与艺术创造

审美记忆和艺术文本的创造关系不是新鲜的话题，而是一个古老的

---

① 张汝伦：《记忆的权力和正当性》，《读书》2001年第2期。

追问。柏拉图在运思艺术家的创作源泉的时候,在《斐德若》篇就睿智地推断,诗人除了依靠灵感和迷狂之外,还凭借不朽的灵魂从前生带来的"回忆"进行写作活动。① 黑格尔在《美学》中认为,艺术的创造活动"还要靠牢固的记忆力,能把这种多样图形的花花世界记住。……在艺术里不象在哲学里,创造的材料不是思想而是现实的外在形象。所以,艺术家必须置身于这种材料里,跟它建立亲切的关系;他应该看得多,听得多,而且记得多。一般地说,卓越的人物总是有超乎寻常的广博的记忆"②。

显然,黑格尔《美学》里所言的记忆力,尽管对于艺术创造具有积极的作用和意义,然而,其中一部分还不能成为审美记忆的范畴。因为,审美记忆更多是一种性质上的"重建性记忆"而不是"复现性记忆"。审美记忆影响艺术创造的一个重要策略就是重建性记忆,这种重建性记忆,可以划分为时间重建、空间重建、话语重建和情绪重建等类型。艺术家在创作过程中,依赖于审美记忆,重新建构以往记忆中的时间和空间,时间的一维性可以被分割和颠覆,代之心理的体验时间和审美时间,这样,我们就可以理解艺术文本所体现的时间性为什么常常不遵循物理时间的基本法则。而以空间形式存在于记忆中的感性事物以及意象等,在进入艺术作品之后都被创作主体进行修改及修饰,被重建为新颖的具有象征和隐喻意味的审美符号。艺术作品的记忆重建最为重要的是话语重建和情绪重建。文艺家可以根据以往的记忆碎片,重新编织记忆中的话语和偷换往日的情绪,这种重建性记忆,一方面促使审美记忆得以诞生和转化;另一方面是以新颖的意义和美感植入文本。因此,重建性记忆就更大程度地借助于想象力和诗意思维的功能,依靠生命直觉的体悟和智慧。重建性记忆往往是天才艺术家灵光闪现的窗口,唯有这样的记忆才能升华为审美记忆和诗意记忆,成为艺术文本有意味的结构和象征性符号,为艺术增添色彩和魅力。

审美记忆涉及艺术创造的另一个重要构成就是感伤性追忆。弗洛伊德用大量的例证试图说明,童年的创伤性记忆对于艺术家后来艺术创作

---

① 朱光潜:《西方美学史》上册,人民文学出版社 1979 年版,第 58 页。
② [德] 黑格尔:《美学》第 1 卷,朱光潜译,商务印书馆 1979 年版,第 357—358 页。

起到至关重要的作用。之所以强调感伤性追忆对于艺术创造的重要性，是因为感伤或惆怅的情绪寄寓着审美活动的丰富可能，它们无意识和共时性地存在于人类的文化心理结构之中，影响着每一个历史时间的生命主体，尤其影响着艺术主体从事他们的文本创造活动。斯蒂芬·欧文在《追忆》中感叹中国古典文学的往事再现的母题充满了感伤性的追忆氛围，一种浓厚的乡愁色彩掩映在如梦如烟的场景。浩如烟海的中国古典诗词，无以计数的篇目，在对于往事的追忆性书写过程中，普遍地充盈感伤和惆怅的情怀，乡愁、情愁、忧愁成为变动不停的心灵钟摆。从《诗经》、《楚辞》至汉赋、魏晋五言，再延续到唐诗、宋词，直至明清、近现代诗歌，感伤和惆怅的追忆母题一直留存，成为一种超越历史的艺术情结，它们成为文学天宇永远闪烁的星辰。究其原因：一是个体生命的时间有限性，诱发艺术创造主体的感伤和惆怅的情绪；二是人生际遇所经历的事件，滋生文艺家忧愁和悲悼的心理；三是哲学化的反思和顿悟，促使他们自然而然地流露生命无常、人生如梦和往事如烟的感慨。这些情绪在追忆往事的心理活动过程，强化和加深了审美记忆，并且点化到艺术创造之中，成为文本的血脉和灵魂，构成强烈而深沉的美感力量。诚如所论，"文艺家的记忆方式不同于通常建立在思维、意志之上的理解记忆、机械记忆；由于文艺家的情感活动优势，他的记忆是一种凭借身心感受和心灵体验并凝聚、浓缩着丰富情感、情绪的心理活动方式。这是一种较充分地体现主体主观能动性的'情绪记忆'。"[①] 这种感伤和惆怅的情绪记忆提升为审美记忆，从而为艺术作品的生成提供了精神机缘。从接受视角考察，接受者在一定程度上，普遍地具有感伤和惆怅的心理结构，他们认同和欣赏艺术文本表现的感伤和惆怅的情绪，从中获得心灵共鸣，攫取到生命存在的深沉美感。

　　审美记忆对于艺术创造的触发性机制另一个值得关注的对象就是原始记忆或原型意象（Archetypal images）。荣格说："非个人的心理内容、神话特征，或者换言之原型，正是来自这些深层无意识，因此，我把它

[①] 钱谷融等主编：《文学心理学教程》，华东师范大学出版社1987年版，第101页。

们叫做非个人的无意识或集体无意识。"① 荣格认为，这些集体无意识的基本结构，来源于超历史的共时性的民族记忆。这种原始性的集体记忆，稳固地隐藏在民族共同体的每一个成员的心理深处，对他们的精神人格、文化活动、审美趣味和艺术创造施加强烈而深刻的影响。荣格还借助于一系列相互关联的概念，如阿尼玛（Anima）、阿尼姆斯（Animus）、阴影（Shadow）、面具人格（Persona）、智慧老人（Wise old man）等，试图说明这些原始的共时性的集体记忆，从文化或文明的开端处就储存在人类心理的深处，对于审美活动和艺术创造具有非常重要的功能。依照荣格的观点，我们就可以在审美记忆同原型意象与原始记忆之间建立紧密的逻辑联系，原型意象和原始记忆，它们是人类的文化最初和最根本的源泉与动力，此种集体无意识的心理结构有很大部分可以融合、演变为审美记忆，并且可能成为艺术表现的对象，最终上升为文本形式。

审美记忆建构艺术文本的基本势能之一是想象性回忆，它是一种诗意思维和唯美情怀的记忆重构。想象性回忆和一般回忆的区别在于：一方面，想象性成为回忆的主流和引导性动力，回忆已经被想象的色彩所浸染；另一方面，想象活动又不能完全脱离往事回忆的客观基础和相对真实。文学作品中的追忆或回忆性的题材，诸如普鲁斯特的《追忆似水年华》与鲁迅的《故乡》、《社戏》等，就是此类以想象性回忆的方式，凭借审美记忆而展示的艺术文本。与想象性回忆不同，幻觉性记忆在更大程度上抛弃回忆的真实性，它以幻觉重构以往的记忆，摄取记忆的某些碎片和影子，组合一个基本不同于以往记忆的新颖的审美意象，以这种方式结构的艺术文本，在自由度和虚构性方面显然要高于以其他回忆方式建立的文本世界。像但丁的《神曲》和歌德的《浮士德》就是类似的经典作品。想象性回忆和幻觉性记忆，都属于创新的诗意记忆，而审美记忆必然属于诗意记忆，它接近于艺术，然而不等同艺术。它必须经历艺术家的坚韧意志和才情灵感的传达才可能达到被传播、流传的境地。否则，只能成为个人话语或私人性独白，成为一种隐匿的心理体验而不

---

① ［瑞士］荣格：《分析心理学的理论与实践》，成穷、王作虹译，生活·读书·新知三联书店1991年版，第38页。

可能成为公共空间的审美对象。所以,审美记忆只有成为文本的表现对象,进入艺术的殿堂,才可以获得更广泛的社会认同和产生震慑人心的美感力量。

第五章

审美想象

第一节 想象之追溯

当代美学承袭西方传统的形而上学的主客相分、二元对立的思维模式，行走一条单纯以形式逻辑与辩证逻辑为思维工具的精神道路，恪守对于逻辑与理性的思维至上性的哲学信仰。正是由于对现存的理论话语和思维方式的不加否定的接纳和模仿，美学也就合乎逻辑地陷于失语的悲剧境地。

世纪之初的美学重建所面临的思维转向之一就是接纳被旧形而上学逐出理论之门的"想象"，借助于它以超越"在场"的存在而达到使自我的精神存在摆脱遮蔽、走向澄明，并得以寻找到自我精神的运思之路，获得自己的理论话语，从而能够自由地言说。因而，对于"想象"的期待就构成了美学当下的逻辑选择。

传统哲学对于想象历来持有轻视的态度，甚至包含较大的理解偏见。认为想象较大程度上诉诸精神直觉或心理幻觉，属于理论层面之下的感性活动。因此，它不属于严格的思维范畴。又因为想象呈现出排斥形式逻辑和知识经验的内在特征，所以，将之界定在非认识论的至少是低级认识形态的境域。西方旧形而上学将想象阐释为"原本的影像"（Scheme of image-original）。这意味着如此的理论坚信：想象是对不真实的虚假存在的承诺，是一种对现实存在的非逻辑性的片面化的偶然"理解"，此种"理解"具有非理性的直觉因素，当然就不属于正确的"认识"活动，因此无法接近真理的彼岸世界，用黑格尔的哲学术语表述就是，它无法认识"理念"或"绝对精神"。

第五章 审美想象

西方哲学自康德起，对于想象有了新思维的认识。他认为："想象是在直观中再现一个其本身并不在场的对象的能力。"① 在康德看来，想象无疑是一种心理综合能力，有助于主体对于现象界的知性把握。张世英对此作出了甚为精当的分析："根据康德的'三重综合'特别是第二重综合即'想象中再生的综合'说，要想把在场的东西与不在场的东西综合成一个整体，就必须把不在场的东西同时再现出来，或者说'再生'、'再造'。在场的东西之出现，是明显的、现实的出现，而不在场的东西之出现则是一种潜在的、非现实的出现，这种潜在的、非现实的出现就是想象。"② 无疑，康德对想象的重新界定代表了旧形而上学对想象的思维变革。然而，这种变革还不是根基性的和突变性的。因为康德对于想象的阐释仍然没有超脱旧形而上学将想象视为非思维形式和非认识能力的理论窠臼。和康德相比，生活在华夏上古历史时间的庄子，由于其诗性哲学的精神内蕴，他对于想象的理解富有精神张力和思维活力，更有诗性的智慧与悟觉。

与西方的形而上学不同，庄子将想象提升为一种人类精神的最高的认识形式，作为一种最高的探究现象界和追问自我存在的思维方式与逻辑工具。庄子认为，知识与理性的认识方式只能涉及事物的局部外相，难以抵达内部的本真存在，它只能适用于对实存世界的片面把握，而唯有想象这种"心游"或"神游"的绝对自由的思维方式，能够将心灵带入事物的本质之中，并获得有机整体的把握。更重要的是，想象作为人类精神存在的运思工具，重要功能在于认识自我，对自我存在的纯粹意识予以提问和反思，从而达到对自我存在的意义提升和价值领悟。因此，想象凸显为主体存在对生命终极意义的探询工具，也为生命哲学或人生哲学最根本的思维方式。因为只有想象才能获得对"善"的信仰和道德律令的确证，唯有想象才能携带心灵进入绝对自由的境界，并获得对自由的真正把握和占有。也唯有想象才能引导精神进入绝对虚无的"道"的境界，从而达到对"真理"的领悟与分享。庄子所谓"若夫乘天地之

---

① 张世英：《超越在场的东西》，《江海学刊》1996 年第 4 期。
② 同上。

正而御六气之辩,以游无穷者,彼且恶乎待哉?"① "故目之于明也殆,耳之于聪也殆,心之于殉也殆。"② "井蛙不可以语于海者,拘于虚也;夏虫不可以语于冰者,笃于时也;曲士不可以语于道者,束于教也。"③ "臣以神遇而不以目视,官知止而神欲行。"④ "道不可闻,闻而非也;道不可见,见而非也;道不可言,言而非也。"⑤ 等哲学寓言,均不同程度标举了想象在思维活动中的作用和意义。

庄子哲学,一方面眷注现象界的"齐一"无差别境界,以此廓清主体的知识存在的无意义性和无价值性;另一方面强调主体认识的有限性和相对性,指出仅靠感觉经验和理性知解是无法认识真理(道)的;再一方面,庄子认为对于最高存在的——"道"的把握,既不能依赖感官知觉,也不能凭借语言和逻辑,甚至也不能通过"思"与"虑"的方式。受上述思维前提规定,庄子自然地推崇"想象"这一心灵工具。"想象"用庄子的哲学语言来言说,包含有"游"、"坐忘"、"虚静"、"县解"、"丧我"、"天籁"、"守本"、"守神"等内涵。上述概念在庄子哲学中无疑包含丰富的思维规定性,但均不同程度蕴藏着对于想象的运思。庄子的"想象"具有否定逻辑、否定语言、否定感觉经验、否定知识、否定理性等内涵,注重精神界的直觉体验的整体把握,尤其注重对自我存在的纯粹意识的诗性观照和智慧性的提问。所以,它既不同于感性思维,又不同于理性思维,而是一种诗性思维,是高于前二者的智慧活动。

作为西方新形而上学代表的现象学,对于想象赋予了新的理解。将之视为思维的积极范畴,设定为呈现意识和把握意向性的重要精神路径。胡塞尔是在较高的思维形态上阐释想象的,他把想象转换为与众不同的

---

① 《庄子·逍遥游篇》,见王先谦《庄子集解》,载《诸子集成》第 3 册,中华书局 1954 年版,第 3 页。

② 《庄子·徐无鬼篇》,见王先谦《庄子集解》,载《诸子集成》第 3 册,中华书局 1954 年版,第 165 页。

③ 《庄子·秋水篇》,见王先谦《庄子集解》,载《诸子集成》第 3 册,中华书局 1954 年版,第 100 页。

④ 《庄子·养生主篇》,见王先谦《庄子集解》,载《诸子集成》第 3 册,中华书局 1954 年版,第 19 页。

⑤ 《庄子·知北游篇》,见王先谦《庄子集解》,载《诸子集成》第 3 册,中华书局 1954 年版,第 143 页。

哲学术语。诸如"本质地看"、"体验"、"意向性体验"、"体验流"、"本质直观"、"先验还原"等概念,均不同程度触及了想象的内涵及规定性。例如胡塞尔的纯粹现象学所理解的"体验":"体验本身的本质不仅意味着体验是意识,而且是对什么的意识,并在某种确定的或不确定的意义上是意识。因此体验也潜在地存于非实显的意识本质中,非实显的意识可通过上述变样转变为某种实显的我思思维,我们把这种变样形容为'注意的目光对先前未被注意的东西的转向'。"① 在胡塞尔看来,体验(想象)不仅仅是意识,而且是对某物的意识,呈现出某种意向性,并且能够将非实显的存在转变为"我思",使未被注意的东西进入"注意的目光"。胡塞尔又说:"每一作为时间性存在的体验都是其纯粹自我的体验。它必然有如下的可能性(如我们所知,它不是空的逻辑可能性),即自我使其纯粹自我目光指向此体验,并将体验把握为在现象学时间中现实存在的或延存的东西。"② "我们把意向性理解作一个体验的特性,即作为对某物的意识。"③ 无疑,胡塞尔将体验(想象)标画为意识生成的重要的心灵途径,而且指向纯粹自我并且在时间中无限延存,即所谓"体验流",它能够使不在场的东西在自我意识的"现象"中显露出来。体验被赋予了理性形式与内容,想象构成了现象学意义的甚至超越一般理性认识形态的思维方式。这也就是现象学给我们重要的认识论转向的启示之一。

与胡塞尔纯粹现象学的思路相沟通,海德格尔的存在论现象学也表现出对于想象这一精神活动的理论关注的兴趣。海德格尔认为,现象学这个词有两个组成部分:现象与逻各斯。两者都可溯源至希腊术语:显现者与逻各斯。"'现象'一词的意义就可以确定为:就其自身显示自身者,公开者。……'诸现象'就是:大白于世间或能够带入光明中的东西的总和;希腊人有时干脆把这种东西同(存在者)视为一事。"④ 至于逻各斯($λσγοξ$),海德格尔又从词源学、语义学的视角,考释其基本含

---

① [德]胡塞尔:《纯粹现象学通论》,李幼蒸译,商务印书馆1992年版,第106页。
② 同上书,第205页。
③ 同上书,第210页。
④ [德]海德格尔:《存在与时间》,陈嘉映、王庆节译,生活·读书·新知三联书店1987年版,第36页。

义是"言谈",逻各斯之为言谈,"其功能在于把某种东西展示出来让人看;只因为如此,λσγοξ才具有[综合]的结构形式。"① "因为λσγοξ的功能反在于素朴地让人来看某种东西,在于让人觉知存在者,所以λσγοξ又能够意味着理性。"② 现象为存在的显现、公开、澄明,逻各斯蕴含着言说,能够就某种东西给人看,从而呈现存在者;它又具有综合的功能,包含着理性成分。海德格尔的存在论现象学的现象与逻各斯这两个互为联系的核心概念,均指向存在者的存在,均追求使存在的去蔽和澄明,而通向去蔽和澄明的路径无疑是包括"想象"这一重要的思维方式。海德格尔所谈的"言说"、"看",即是哲学的"思",而这种哲学的"思",在一定程度上是指向想象活动的。"通过想象以超越在场的东西、进入无穷尽的东西的整体境域,这种与'隐蔽'紧密相联的'去蔽'活动使一切具体事物如其所是地发生,或者说,'使它们在敞亮中发生',它们打破'混沌',开拓了言说、行为、思维的各种通道。"③ 海德格尔将想象界定为存在者的重要的精神构成,是构成存在者之所以存在的前提。只要凭借它,存在者才能超越在场的东西,获得综合能力,从而使不在场的事物得以呈现、澄明。无疑,想象属于高度理性的逻各斯活动,构成了存在者的存在意义和精神价值。

存在论现象学的另一位代表人物萨特,也对想象给予一定程度的眷注。和海德格尔所不同的是,萨特对想象的思考接近美学,而且直接与他对艺术问题的考察相联系。萨特承继胡塞尔的意向性的概念,认为事物存在总是纯粹意识的给予物,同时纯粹意识具有直观对象本质的能力,所以审美想象和艺术想象也是精神存在之于现象界的一种本质把握和本质直观,因此这种想象也是主体认识事物和反观自我的思维工具,而且甚至是高于理性的意识形式。萨特的"想象"概念,包含着一定的"自由"意义,构成人之存在的本质,同时带有对于现实的否定性和超越在场的虚无性。他进而认为:"美是只适用于想象的事物的一种价值,它意

---

① [德]海德格尔:《存在与时间》,陈嘉映、王庆节译,生活·读书·新知三联书店1987年版,第41页。

② 同上书,第43页。

③ 张世英:《超越在场的东西》,《江海学刊》1996年第4期。

味着对世界的本质结构的否定。"① 在萨特看来，艺术品是一种非现实性的存在，艺术是以想象对现实界予以否定的结果。

想象，从怀疑论美学的视界，我们将之理解为对现实性的精神悬浮状态，是精神主体凭借可能性对现实性的存疑活动，也是存在者依赖"虚无化"的心灵潜能对现象界的逻辑否定。想象，在这里和传统的哲学、美学概念作了一次思维变革的告别。在本体论意义上，想象应该被设定为精神的可能性对现象界的悬浮，是追求非实在性、非现实性、超意义、超功利的心灵自由过程，这个自由不是去适应现象界而是使现象界适应自己的可能性。其次，这种精神的"悬浮"自律自为，不借助于外在力量和受制于外在目的，也排除内在的功利目的，它可以被认为是对精神自我的纯粹反思，只设想为自身的超越现实界的"可能性"。所以，它服从一种纯粹的动机，即找到自己的超越性存在、找到精神可能性的存在，它是对于自我存在的观照和发问：我是什么？我何为？我如何可能？这种精神不着现实界的悬浮，是人类直觉与认知自我存在的最重要的反思方式：这就是——想象。所以，这种"心灵的存在方式"，绝不仅仅是属于艺术与审美的范围，它是属于人类精神活动的所有方式所共享的心理张力。

虚无是精神最本己的想象，想象由于虚无的性质规定，它必然显现为对现象界的逻辑否定。值得注意的是，虚无之悬浮性为想象寻找到逻辑前提，虚无之否定性为想象寻找到启动的张力。合而言之，正是由于虚无的悬浮性和否定性，想象才得以沿着可能性的自由本质漫游，才为主体建造一个有意义的"家"。这个"家"，即是主体的自由本质的隐喻，这个"意义"不属于外在的存在而只附庸于精神的自由目的。

想象还可以借用庄子哲学的"游"的概念进行补充性解释。"游"是最多可能性的和最少现实性的想象，它是最本己的想象，是心灵积极的自我反思。首先，它是对自我的想象，是心灵内省；其次才转向现象界，或者严格地说，它把自我也设定为一种现象界，所以这种"游"，更是一种神游、心游或意游，当然也是精神对现实性最彻底的否定和心灵最悬

---

① 蒋孔阳主编：《二十世纪西方美学名著选》下卷，复旦大学出版社1988年版，第230页。

浮的想象。因此，它的自由度也最高和最普遍。

以上，对于"想象"进行了新视界的描述和新思维的阐释。由此，可以说，当代美学所缺失的正是心灵原创的想象活动。这种想象活动应该蕴含对美学现存理论形式、思维方法、逻辑工具、话语符号、概念推导、命题提出等方面的重新清理和重新估衡。用怀疑论的眼光来看，就是依据"想象"对美学的所有问题进行全面深入的存疑和否定的理论活动。也就意味着，当代美学也必须对自我来一次重新提问和回答。凭借这种"想象"，美学可以诞生新的心灵悟性和理论创造的激情，可以发现新的思考对象和研究范围，并寻找到新的思维方式和概念形式，从而提出新的命题与新的观念和产生新的话语。总而言之，当代美学将"想象"引为自我精神的根基之时，它必然获得自我理论存在的新的意义与价值。

第二节 功能与意义

传统形而上学认为想象是低于逻辑思辨的精神活动，而西方现代哲学针对科学主义和实用理性带来主体存在的异化现实，重新赋予想象以新颖的阐释。西方后形而上学的相关思想资源给予的启思是，想象是人类诗性思维和诗意生存的重要方式，是拯救现代主体沉沦于身体欲望和消费欲望的重要精神工具，想象敞开生命存在的无限可能性，引导主体走向自由的审美活动和诗性存在，它保证艺术活动和其他精神文化创造活动得以可能。

想象的语源希腊文是指在意识中浮现出直观心像的作用，以超越性和自由创造性为本质特征。但想象不能像逻辑思维那样可供归纳演绎，条分缕析，作理性工具之用；因而它往往被归于非理性而屡遭贬斥流放。早在古希腊，柏拉图就要将专事想象的艺术家逐出"理想国"，因为在他看来，外观中的在场是以真理在场为前提的。柏拉图在具体评述艺术时却绕不开作为艺术灵魂的想象。他说："有这种迷狂的人见到尘世的美，就回忆起上界里真正的美，因而恢复羽翼，而且新生羽翼，急于高飞远举。"[①] 显然，这是经过思维反省的想象的超越与创化作用。亚里士多德

---

① ［古希腊］柏拉图：《文艺对话集》，朱光潜译，人民文学出版社1963年版，第125页。

认为艺术模仿的是"可能发生的事,即按照可然律或必然律可能发生的事"①。这就要求敏锐的观察和想象力的创造。黑格尔最早把想象当作把握现实的一种认识方式,文学创作的一种思维方式。但从整体上看,在西方精神发展史上理性判断始终高于想象。理性主义者把一般存在当作感性存在的原因和根据,想象被理性所压制。科学主义推崇知识,而知识只能靠理性获得,想象也就只能接受理性的规范才有自己的合法地位(附属的地位)。唯工具理性堵塞了人的想象的身体,使鲜活的身体麻木钝化,异化为被控制的物体,人的主体性身份陷入了反对存在本身的绝路。因此,当代美学面临的重要课题是:解放想象力,守护人的自由的生存。诚如伊瑟尔所论:"想象是人类活动的伟大源泉,人类进步的主要源头。"②

现象学和存在主义哲学家,有感于欧洲科学的危机和人的生存的困境,极力反对形而上学和实证科学造成单纯"注重事实的人",对人的生存方式作出了反思。从尼采、伽达默尔开始,对理性主义主客对立的思维模式提出了怀疑和批判,大胆悬置旧的形而上学对世界的理论的——逻辑的设定,转而追求"隐蔽于在场的当前事物背后之不在场的、然而又是具体的事物","要求把在场的东西与不在场的东西、显现的东西和隐蔽的东西结合在一起"。③ 我们处在一个整体的共同的生活世界里,世界同时对我们显现和隐蔽;只有超越形而上学,重回生活世界,才能多层次、全方位地进行主体间的对话交流,真正做到与世界和谐共处。而想象能够帮助我们达到最真实、最现实的因而也是最具体和最生动的生活世界。这就极大地彰显了想象的重要地位和价值,开启了想象理论的新视野,回归到想象所本有的哲学品性和生存美学所赋予的深刻内涵。

胡塞尔现象学以先验本质直观的方法,通过本质直观,认识"纯粹意识"。他的"本质直观的变更法",就是通过想象变更来摆脱实在之物

---

① [古希腊]亚里士多德:《诗学》,罗念生译,人民文学出版社1962年版,第28页。
② [德]伊瑟尔:《虚构与想象》,陈定家、汪正龙等译,吉林人民出版社2003年版,第226页。
③ 张世英:《哲学导论》,北京大学出版社2002年版,第49页。

的关键步骤。想象在意识生成的活动中起着非常重要的作用。整个直观是由感知和想象两个部分构成的,记忆活动作为对感知的再现是一种"设定式"行为,而想象活动则通过取消这一设定完成了对记忆的改造或变样,即"想象性变更"。所谓"图像意识",是以感觉材料为基础,又被赋予意义。它要借助主体的知觉意向和想象意向才能显现出意义,创造出一个美的世界。这一世界不会脱离现实世界,但又超越于现实世界。完整的世界不只是物理的,也是心理—物理的。胡塞尔认定"我们具有一个作为统一的想象世界的改变了的世界"①。海德格尔则认为我们面对的"存在",既不是物质性的客观存在,也不是精神性的活动或意识,而是想象世界里的意象性存在。意向性活动的目标是"存在者"之"存在",这就需要通过对"存在者"的"去蔽"来发现"存在的澄明之境"。而"去蔽"的活动只有在想象的帮助下才能"存真"。这样,现象学意义上,想象被提升为超越理性认识的思维方式,它能够排除任何中介(因为它自己就是中介)而直接把握事实本身的精神。这种思维方式区别于以往任何一种思维方式的地方,在于直接从现象本身出发,在现象自己的呈现中来思考自身,无须人为地对现象进行分割和过滤,肢解成许多部分,然后加以演绎综合,这样反而保持了思维和世界的完整性。想象优于认知逻辑的地方,在于它可以"思接千载"、"视通万里"(刘勰《文心雕龙·神思》),跨越时空限制,通过想象意象填平主客鸿沟,再现不在场的对象,造成整体的对象意识。这就凸显了诗性思维的优越性,充分体现了人的精神的自由活泼。

与理性的逻辑思维所具有的客观性不同,想象是主观的、意向性的,但这种主观和意向性并非局限于个体封闭性系统之内,而是可以被直观、体验和交流的。想象所产生的意象是"主观间共同性总体",是"我们大家的世界",即通过想象对个体内在生存向度的开启,构成自由心灵共通的生活世界。这种由人类想象力构成的共同性总体,是比客观物质世界更加生活化和现实化的世界,更加具有生存意义和人文意义的世界。

如果我们超越主客分离,看到哲学现在的任务是"不以追求知识体

---

① [德]胡塞尔:《纯粹现象学通论》,李幼蒸译,商务印书馆2005年版,第237页。

系或外部事物的普遍规律为最终目标，而是讲人对世界的态度，讲人怎样生活在这个世界上"，或者明确地说，"哲学是以提高人生境界为目标的学问，是提高人生境界之学"①；那么，就不难理解，最富诗性哲学意味和美学价值的想象，高度关注和集中体现的就是人的内在自由和超越。诗性想象在自由的游戏中创化和观照生命意象，体验人类情感，领悟人生意义，并于不知不觉之中将诗性生存外化为现实的生活方式，衍化为自己的"在世"的方式。因此，想象并非文学艺术家的专利，而可以成为整个人类生存的方式；想象所指向的诗性生存是人类生存的最高形态。

英国诗人布莱克以充满诗性智慧的眼光敏锐地发现，想象力是整个世界生命的源泉和内在动力。他在预言诗《弥尔顿》里明确地宣称："想象力不是状态，而是人的生存本身。"由于生命体验和直接的感性的推动，想象力从潜意识深处萌发，将我们对世界的经验诗化和内聚成蕴含着象征意味的图式或"图象意识"，并可以此反观人的生存状态和成为人的生存本身。

与动物不同，人不是仅仅被动地接受大自然的赐予来维持物质的生命，而是更加注重和追求生存的社会性需要和精神需要，在自己生命的限度内尽最大可能去获得超越性的生命体验，为灵魂拓展无限广阔领域的空间。生命体验作为一种与客观经验不同的感性形式，在人的一生中，是不断形成和丰富的。在生命的时间之流中，个人不断发现自我，确证自我，实现自我；又不断否定着这个自我，超越着这个自我。而只有想象的自我，才是富有生命活力和创造力的自我。这个自我，就是在诗性想象的参与下，在自我经验的实践中不断塑造和形成的。凡是想象力枯竭的生命世界，它必然是一个静止和混沌的世界。只有从潜意识深处萌发的想象力的涌动和喷射，才能点燃生命创化的激情，给生存带来澄澈之光。

几千年前苏格拉底就发出"认识你自己"的呼声，高度关注怎样才能建构完美的精神主体。从叔本华到尼采，他们都感受到理性被颠覆后世界范围内出现的精神的恐慌和空虚。叔本华叹息"理性受到了怀疑，人失去了脚下的土壤"。尼采惊呼"在梦中，骑在老虎的背上行

---

① 张世英：《哲学导论》，北京大学出版社2002年版，第10页。

走"。这都反映了理性权威消解后人们的精神无所归依、四处漂泊流浪的窘境。于是，人们更加着眼于人的生存本身，力图为新的精神主体的建构寻找新的方向和途径。叔本华张扬"生命意志"，尼采歌颂"超人"，柏格森呼唤"精神自我"，詹姆士期待以积极的活动及信念产生"不同的自我"，都试图通过对自我这个新的精神主体的重新阐释，来发现被湮没了的人的生命意义和自我。这个自我，已非康德所推重的作为思考基础的"纯粹的我"，也不是斯特劳森所说的没有内在统一状态性的"经验之人"。卡尔·雅斯贝尔斯对自我作出新的阐释："自我是一个生活概念"，"自我只是在不断形成的东西"。① 自我就是在常变常新的生活经验和生命体验中不断形成的精神主体。这种精神主体应当包含了理性和知性，但它不同于唯理性主体和唯认知主体的地方，在于具有明显的超越性特征；因此，想象力对精神主体的建构是不可或缺的和至关重要的。

想象力所要建构的自我，是一种审美的自我，即超越的自我。超越的自我既指不断流变和形成的自我的经验，又指向自我处之于中的整体的共同的生活世界。借用海德格尔的话来说，超越的自我所追寻的就是通过"良知"所呼唤的"本真性的整体性存在"，即"无"的这种可能性存在。这就要求突破固有封闭的自我，排除一切日常世俗的关联，摒弃另一种可能性即沉沦在世的根据。在这个意义上，我们所推崇的审美情怀，就是"无"的情怀，怀疑与否定的觉悟。只有从对现成的既定的东西的怀疑与否定开始，才有可能冲破思想的牢笼去从事想象，才能"在世界的综合整体性上来假定世界"。② 这种"无"的情怀，是对于"宇宙无意识"的体验。"无"是对存在具有构成意义的结构，是无限可能性的源泉。体验"无"就是要达到我们所处的世界和我们生命的内在的统一，从而认识到"自我"、"世界"和"无"是三位一体的。于是，自我便处在一个开放的无限宽阔领域，享有充分的自由和想象空间，感受到生活世界的丰富多彩和人生的悠然广阔。

---

① ［德］卡尔·雅斯贝尔斯：《世界观的心理学》，王钦兴译，上海译文出版社2005年版，第48页。

② ［法］萨特：《想象心理学》，褚朔维译，光明日报出版社1988年版，第277页。

工具理论和实证思维认为，人类必须屈从于机械、苛刻的逻辑。但在批判理论和生存美学的视野中，个人及其生命在内容上比试图把握它们，并且在秩序中有效地把握了它们的抽象形式更丰富①；主体不再局限于认识活动的范围内，而是以实现"关怀自身"和不断创造自身的生存风格为目标。与追求实在功利不同，审美生存是非实在性、超功利性的诗意生存方式。海德格尔指出，"由于'此在'在本质上总是它的可能性（Weil Dasein wesenpafe seine Moklichkeit ist），所以这个存在者可以在它的存在中选择自身，并获得自身。但它也可以失去自身，或者，绝非获得其自身，而是貌似获得其自身。"② 人们只有实行审美的生存方式，才能在存在中不至于失去自身。所谓审美的生存，就是放任想象，突破"实在"设置的栅栏，超越自我及其有限生命，将自身在世存在同在场出席和不在场出席的无限缺席的世界万物融合成整体，在远逾千载、绵亘万里的时空中与天地人神进行生命交流和心灵对话，无止境地开辟审美想象场域。这种生存方式所需要的心灵的力量，不再可能是限制禁锢人的实证思维和逻辑思维，只能是使人的精神获得自由解放的"内在联想"，即想象。想象作为一种无意识，是推动意识这座水面上的冰山运动的潜流，以其超意识的灵动性和心与物通的穿透性契合人与自然的深层本质，敞亮生命存在的本源和生活世界的美好壮丽图景，把在场的和不在场的、有形的和无形的、现实的和可能的统一到整体性生存的意识之中。艺术想象世界，完美地表现了"敞亮"与"隐蔽"的统一性和生存的整体性，为展现生命活动的深度空间和前景提供了宽广的舞台；如果我们能够敞开诗性情怀，操用诗性思维，就可以在本真的层面上领悟生命的自由意义，感受生活的诗性光辉。

庄子主张逍遥游的生命境界，运用诗性思维，乘物以游心，从外在物化世界和世俗纷争中超脱出来，转向内在的自我修炼；在生命的交游中不计利害，不受束缚，不知所求，不知所往，"以虚静推于天地，通于万物"。显然，这种虚静空灵的心胸有利于孕育诗性想象，任灵性的羽翼

---

① ［美］芬柏格：《技术批判理论》，韩连庆、曹观法译，北京大学出版社2005年版，第38页。

② 高宣扬：《福柯的生存美学》，中国人民大学出版社2005年版，第374页。

飞翔。自我经验中最可珍贵的东西,是人性和精神的闪光,是诗性想象对实在和物化的突围,是对为存在而敞开的"无"或"无何有之乡"中自由之境的开启与向往。我们只有超越世俗喧嚣,摒弃滞思与浮躁,在"游于心"的本真状态中寻求生命的无限可能性,才能真正获得自身自由。

第三节 想象与审美创造

想象聚合着人的感性精神力量,内存于私人心理空间,它只有借助语言文字、图式等外化的方式构成表象和形象才能显现出来。现象学认为,自由想象对于本质直观有着优先性,人们可以从几何学家的草图、艺术家尤其是诗人的事例中获得明晰的本质直观的例证。这些草图就其感性基础而言仍然是想象的过程,只不过其结果为图形中的线条所固定,想象的事物转变成固定的图式。想象要创化生命意象,使"情中之景,意中之缘,心造之境"达到凝神观照的明朗,尚需借助外在物质力量和形式手段。也就是说,停留于自我激活的想象还不是真正的诗性想象(艺术想象)。想象在与不同的激活物发生作用时才能显现自己,想象力一定要通过外化的方式才能证明自己对生活的意义,使流动不居、平淡无奇的生命变成一种可供观照的亮丽的风景线。而这种方式,必然是一种以艺术为中介的审美的生存方式。诗性想象只有借助艺术的超越性和造形的力量,才能成为"直面存在之思",生命自由之境。

历史上,随着精神劳动的出现,人类作为符号的动物,不再生活在一个单纯的物理世界,而是居住在一个由语言、神话、艺术和宗教等多种形式组成的符号宇宙之中。人以这些符号为中介,与世界建立各种精神关系,凭借人所具有的符号化想象力,凭借神话想象和艺术想象得以超出物质而达到精神,超出在场而达到不在场,超出有限而达到无限,超出短暂而达到永恒;将自我的生活经验向人类经验的整体开放,使自我生命体验和人类共同情感融合起来,创造出具有情感近似性和合乎人性意义的意象,来开拓任凭人类自由精神翱翔的广宇。

铃木大拙认为："生活的艺术家，每个人都可以成为。"① 朱光潜也说："人人既不能离开直觉也不能离开艺术活动，人既是人，就必有几分是艺术家。"② 直觉是一种向内向心的感性活动，不假思索计算，从当下直接的感性出发，在瞬间的心物相遇之中表征着本真性的生命体验。这种直觉不是艺术家所独有，平民百姓也不乏直觉体悟和想象力。人作为一种自为的存在，本当具有超越意识和想象力。这就意味着每个人都有进行艺术创作的潜质，艺术想象完全有作为人的生存方式的可能。

当代著名小说家大江健三郎不满日本"私小说"反映生活的狭窄，接受"想象力就是人的生存本身"的理念，并以此打破日本私小说"想象＝虚构＝不真实＝谎言"的顽固壁垒，着力于在想象力的世界里发现潜藏的我和此在的真正本质，并把它转换成形象。创造性艺术想象所建构的理想世界，拓展了人类的生存空间；艺术意象所富有的象征意义和精神生气，启示着人类生命自由的方向。伊瑟尔从文学人类学和诗性哲学的角度对文学想象和虚构作出了最高意义上的评价，他说："如果人类本质的可塑性，包含着人类自我本质的无限提升，文学就变成了一种呈现'可能存在'或'可能发生'的纷繁复杂的多种事务的百花园。因为，文学作为虚构与想象的产物，它超越了世间悠悠万事的困扰，摆脱了束缚人类天性的种种机构的框范。"③ 他把文学文本看作现实、虚构和想象三者共同作用的结果，用虚构和想象对现实的"越界"来概括它们之间的关系。文学活动在现实的基础上进行虚构化，"悬置"世界使之非现实化，转变为有无限可能性的世界；同时，想象通过虚构媒介获得具体形象，使"真实实体转变成生命事实"，把人类精神的自我否定、形成和升华的过程，用"形式的栅栏"固定下来，表现出来。这样，"想象的出场使文本超越了语言的局限，在对现实状况的越界过程中，想象敞开了它作为文本之源的自我本质。"④ 想象和虚构一起，演练了人类追求生命自

---

① ［日］铃木大拙等：《禅宗与精神分析》，王雷泉、冯川译，贵州人民出版社1998年版，第19页。

② 朱光潜：《西方美学史》，人民文学出版社2002年版，第623页。

③ ［德］伊瑟尔：《虚构与想象》，陈定家、汪正龙等译，吉林人民出版社2003年版，第12页。

④ 同上书，第36页。

由和美好生活的史诗般的精神历程。事实说明，人类精神发展的历史、人类生存本身也离不开诗性想象的参与。不难设想，如果人类不具有创造神话和文学艺术文本所表现出来的想象力和创作才能，没有历代精彩纷呈的优秀文学艺术作品对人类想象的激发和精神家园的构建，人们必然会因缺乏想象力而局限于在场或沉沦于物化，人类的精神生活无疑会流于单调与贫乏。

但是，人生不仅是艺术的，它更是生活的，在艺术活动中能够实现的，我们同样希望在生活中也能够实现。想象不仅是以艺术为媒介的生存方式，而且可以成为人们现实的生存方式，因为表现为艺术形式的想象，实际上充满了现实生活的内容。想象也不能凭空虚构，而是要依托于现实的材料和因素。想象更不是少数精神贵族的专利，它本属于平民百姓所共有的心理张力，人类精神活动所共享的精神盛宴，人们都可能在通过分享这一精神盛宴的过程中超越物化的我，到达审美的彼岸。

人类的精神实践和自我经验的实践证明，我们完全可能将艺术的方式、要素或某些成分带进生命活动中，把我们的生活当作一个艺术品似的创造，也就是宗白华先生所说的"人生艺术化"或"艺术的人生观"。日常生活中，人们往往局限于客观实在，或深陷于饮食男女世俗纷争，或为种种忧烦恐惧所困，生命本体处于晦暗不明。我们只有凭借诗性情怀和想象力，才能跳出囚禁生命的精神牢笼，达到更真实、更生动、更本质的生活境界。艺术似的生活是一种创造性的生活，表征着生命自由的生活，它出席在一个想象的世界里，自我敞开心扉，与同类众生、宇宙万物进行交流和对话。"与谁同坐，明月清风我"，诗性的我与世界浑然融洽；我们身处此情此境，就能真正感受到生命的悠游广阔，精神的愉悦惬意。

把想象引申为艺术化的生存方式，意味着人生向生存美学的转变，即改变如同柏拉图在"洞穴之喻"中所描述的囚徒似的生存态度和方式，以审美的态度和方式来看待生命和世界，凭借诗性想象到达最本真的生活世界，实现生存的艺术化诗意化。在当代，审美方式转而成为一种生存方式，已经不再是书斋里的奢谈，而是现实生活中已经存在的事实，并且越来越成为人们生命存在中最为重要的因素。

审美想象作为生存方式，意味着人在大地上"诗意地栖居"。海德格尔以荷尔德林的诗歌为例，认为由于作诗自由地创造它的形象世界，并且沉湎于想象领域，诗的语言启示着人类居住的本质，因而"人类此在其根基上就是诗意的"①。诗意的栖居就是让美在大地上居住；而"美乃是整个无限关系连同中心的无蔽状态的纯粹显现"②。显然，只有审美想象才能实现对敞开之境的允诺，对在场之物的显现和不在场之物的容纳，使人诗意地居住成为可能，生命复归本真的整体性的生存状态成为可能。海德格尔之所以把语言当成存在本身的"家"，强调语言对诗性生存的绝对重要的意义，也就在于语言具有想象的性质和功能，语言的象征性结构为人的自由超越性提供了可能，为审美生存拓展了广阔的想象空间。"庄子将想象提升为一种人类精神的最高的认识形式，作为一种最高探究现象界和追问自我存在的思维方式与逻辑工具。"③ 尤其是具有象形、指事、会意功能的汉语，蕴含着丰富的象征性和隐喻性意象，透露出更多的诗性智慧，容易使人发生无穷无尽的联想，我们没有理由不借用这种"丰富的悦目的形式"去解读存在，观照宇宙和人生全景。由此看来，美不是理念的显现，也不是对实在的模仿，而是人的审美判断力即审美想象力对诗意生存之境的开启和朗照。由此也就凸显了想象的美学地位和生存意义：想象就是人的生存方式，或诗意栖居之所；想象"推动人通过自身并且超出自身而趋向存在本身"。

艺术是想象活动的精妙果实。怀疑论美学对于"想象"给予新的阐释，从本体论视界强调想象的怀疑和否定的特性，揭示其对于世界的追问、反思、批判的理性功能。④ 一方面，想象禀赋感性的心理结构，包含幻觉、痴狂、荒诞、本能冲动等非理性内容，以对知识逻辑和日常经验的斥拒为特性；另一方面，想象不是传统哲学中被藐视的低贱的精神活动，而是人类思维的最高级的形态，综合感性和理性的精神形式，上升诗性的本质。萨特感叹道："想象活动是一种变幻莫测的活动，它是一种注定要造出人的思想对象的妖术，是要造出人所渴求的东西的；正是以

---

① ［德］海德格尔：《荷尔德林诗的阐释》，商务印书馆2002年版，第46页。
② 同上书，第236页。
③ 颜翔林：《怀疑论美学》，商务印书馆2015年版，第125页。
④ 同上书，第129—130页。

这样一种方式,人才可能得到这种东西。"① 黑格尔说:"最杰出的艺术本领就是想象。但是我们同时要注意,不要把想象和纯然被动的幻想混为一事。想象是创造性的。"② 黑格尔在这里区分了想象和幻想,但是,他忽视了有部分幻想是可以转化为想象的事实,幻想对于艺术创作具有极其重要的分量和意义。

中国古典美学对于想象非常眷注和推崇。陆机的《文赋》说:"遵四时以叹逝,瞻万物而思纷。悲落叶於劲秋,喜柔条於芳春,心懔懔以怀霜,志眇眇而临云。""收视反听,耽思傍讯,精骛八极,心游万仞。""谢朝华於已披,启夕秀於未振。观古今於须臾,抚四海於一瞬。"刘勰的《文心雕龙·神思》说:"古人云'形在江海之上,心存魏阙之下。'神思之谓也。文之思也,其神远矣。故寂然凝虑,思接千载;悄焉动容,视通万里;吟咏之间,吐纳珠玉之声;眉睫之前,卷舒风云之色;其思理之致乎!故思理为妙,神与物游。"想象活动首先在于艺术家创造心理和现象界建立"主体间性"(Intersubjectivity)的对话关系,在古典艺术中,艺术家以万物有灵观(Animism)的神话思维方式和现象界建立精神联系,或者,艺术家以诗意的直觉和体验把表现对象虚构为自我的投影,就像辛弃疾的词所咏唱的那样"我见青山多妩媚,料青山见我应如是",人与自然建立一种虚拟的审美对话关系。其次,艺术家调动无意识的心理机能,特别是幻觉和梦境的活动,渗透到艺术创造之中。幻觉和梦境尽管不乏杂乱因素,但是它毕竟为艺术的构思提供精神动力。弗洛伊德说:

  当一个作家把他的戏剧奉献给我们,或者把我们认为是他个人的白日梦告诉我们时,我们就会感到极大的快乐,这个快乐可能由许多来源汇集而成。作家如何完成这一任务,这是他内心深处的秘密;诗歌艺术的诀窍在于一种克服我们心中的厌恶的技巧,这种厌恶感无疑跟单一"自我"与其他"自我"之间的隔阂有关。我可以猜测发挥这个技巧的两种方式:其一,作家通过改变和伪装他的利

---

① [法]萨特:《想象心理学》,褚塑维译,光明日报出版社1988年版,第192页。
② [德]黑格尔:《美学》第1卷,朱光潜译,商务印书馆1979年版,第357页。

己主义的白日梦以软化它们的性质；其二，在他表达他的幻想时，他向我们提供纯形式的——亦即美学的——快乐，以取悦于人。我们给这类快乐起了个名字叫"直观快乐"（Fore-pleasure）或"额外刺激"（Incentive bonus）。向我们提供这种快乐是为了有可能从更深的精神源泉中释放出更大的快乐。[1]

艺术家的幻觉和梦境的心理活动可以参与艺术创造并且可能带给接受者以奇异的美感。据清代著名诗论家赵翼统计，陆游的纪梦诗达九十九首之多。《瓯北诗话》云："人生安得有如许梦，此必有诗无题，遂托之梦耳。"艺术的梦境可以更大程度地发挥想象力的潜能，打破时间和空间的界限，营造虚幻朦胧的审美境界，使表现范围更为广阔，手法更为灵活洒脱。莎士比亚的《仲夏夜之梦》，有着浓丽幽婉的浪漫色调，全剧构造情境优美的梦境，以梦幻的方法酿成几对情人的喜剧冲突，错中错的情节发展，由于梦境的佐助，显得荒唐而有趣味，让欣赏者感受到这是一场无伤大雅、妙趣横生的美妙之梦。在中国将梦境展现在艺术中并获得巨大成功的莫过于明代戏剧家汤显祖。他写了"临川四梦"，在中国艺术史占据第一流地位。汤显祖的美学原则是"因情成梦，因梦成戏"。情是作者的或一般的社会情志，梦是作者的美学理想，也是艺术创造的方法。梦表现情和体现理想，"曲度尽传春梦景"。"四梦"之冠的《还魂记》，写少女杜丽娘因梦生情，因情而死，演出一场哀艳伤情的虚构悲剧，"梦而死"、"死中梦"、"梦中又生"的曲折情节紧扣欣赏者的审美知觉，充分体现了艺术的独创性。在艺术创造中采取梦幻的表现方法，还因为艺术家所处的社会历史环境，限制他以直叙的方式暴露现实，露而不藏的写法可能招致杀身之祸，这样就可能使艺术家被迫运用托梦而言的创造方式。曹雪芹的《红楼梦》，"作者自云曾历过一番梦幻之后，故将真事隐去"。通篇以一个梦幻相挈领，演出一幕"树倒猢狲散，飞鸟各投林"的历史、家庭和个人的悲剧。梦幻在曹雪芹的艺术构思之中，不仅是悲观虚无的"色空"观念的折射，而且是他形象刻画和心理分析

---

[1] ［奥地利］弗洛伊德：《弗洛伊德论美文选》，张唤民、陈伟奇译，知识出版社1987年版，第37页。

的独到之笔。

克罗齐认为艺术是一种直觉（Intuition），他认为："直觉据说就是感受，但是与其说是单纯的感受，毋宁说是诸感受品的联想。"① 如果说直觉是沉默的持续性想象，那么，灵感（Inspiration）则是瞬间迸发的吟唱性想象。灵感是想象的高峰境界，是心灵潮汐的高涨时刻。艺术家没有灵感是不可能创造出诗意盎然和富有智慧与美感的经典之作的。德谟克利特认为："没有一种心灵的火焰，没有一种疯狂式的灵感，就不能成为大诗人。"② 又说："一位诗人以热情并在神圣的灵感之下所作的一切诗句，当然是美的。"③ 柏拉图在《伊安》篇以诗意的语言表述自己的观点：

> 诗神就象这块磁石，她首先给人灵感，得到这灵感的人们又把它递传给旁人，让旁人接上他们，悬成一条锁链。凡是高明的诗人，无论在史诗或抒情诗方面，都不是凭技艺来做成他们的优美的诗歌，而是因为他们得到灵感，有神力凭附着。科里班特巫师在舞蹈时，心理都受一种迷狂支配；抒情诗人们在做诗时也是如此……抒情诗人的心灵也正象这样，他们自己也说他们象酿蜜，飞到诗神的园里，从流蜜的泉源吸取精英，来酿成他们的诗歌。他们这番话是不错的，因为诗人是一种轻飘的长着羽翼的神明的东西，不得到灵感，不失去平常理智而陷入迷狂，就没有能力创造，就不能做诗或代神说话。④

灵感是想象力的突然爆发，也是智慧的畅通，类似于佛禅的"顿悟"。灵感的起因有可能是想象活动的时间积累，有可能是外在意象的突然激发，也可能是无意识的梦幻活动的直接结果，也可能是生活经验和以往记忆的间接唤醒。当然，也有可能是情绪处于高峰状态的突发体验。总之，灵感是想象力畅通和智慧之光闪现的结果。灵感决定着艺术创造

---

① ［意大利］克罗齐：《美学原理·美学纲要》，朱光潜译，外国文学出版社1983年版，第13页。
② 朱光潜：《西方美学史》上卷，人民文学出版社1979年版，第36页。
③ 伍蠡甫主编：《西方文论选》上卷，上海译文出版社1979年版，第4页。
④ ［希腊］柏拉图：《文艺对话集》，朱光潜译，人民文学出版社1963年版，第8页。

活动的成败得失，衡量着一个艺术家的天才、智慧和想象力。

艺术家的记忆（Remember）和想象存在非常重要的逻辑联系。正如弗洛伊德所指出，艺术家的童年印象构成永久的生命记忆，这种记忆不断被他本人所修改、涂抹、虚构，成为一种想象的精神对象。其实，包括艺术家在内的任何生命个体的"记忆"乃至一个民族或国家的集体"记忆"，在不间断地回首和追忆的过程中，都不同程度地被情感和想象力修改和变形。任何记忆都是历史的和想象的感性果实，不是理性和逻辑的事实。黑格尔、尼采、海德格尔的"希腊情结"，是一种文化崇拜的历史性集体记忆，他们显然以自我的崇拜情感和想象去复活、修改古希腊精神。因此，所有的记忆都必然是不可靠的虚构和想象，尤其是人文领域的记忆。当然，艺术家的"记忆"是所有记忆形式中的最富有想象力的追忆，并且是最唯美或最痛苦的"记忆"，它以夸张的艺术修辞可能走向不同的心理极端。

艺术家的想象类型可分为两类：一类是合乎逻辑的想象、现实性想象、再现想象、客观想象、非逻辑想象等。这类想象包含一定的理性成分，是依照亚里士多德的《诗学》所说的"可然律"和"必然性"的方式进行想象活动，传统心理学的"接近联想"、"类比联想"和"对比联想"的概念可以指称它们。另一类是虚构式想象、创造性想象、非客观想象、无意识想象、梦幻式想象等以非理性为主流的想象。艺术家的想象是以后者为主体的交叉两类想象的创造性心理活动。

艺术是智慧的敞开和结果，而智慧又是想象的延伸和结果，它具有存疑的否定的理性力量。智慧呈现"虚无"、"非逻辑"、"超越语言"、"关注过程"、"绝对自由"、"幽默"等特性。[①] 因为智慧和想象的逻辑关联，它们共同参与和引导着艺术家的创造活动。佛学尤其注重智慧的开启，所谓"戒、定、慧"的修行，"开慧"、"思慧"、"修慧"的智慧汲取方式，都重视智慧之于众生的重要意义和价值。中国佛教哲学对于智慧的阐发丰富而深刻，般若的"心境俱无"说，唯识宗的"心有境无"说、"阿赖耶识"说，华严宗的"如来藏"说、"事事无碍"说，禅宗的

---

① 颜翔林：《论想象与智慧——兼论美学的逻辑选择》，《学术月刊》2000年第8期。

"顿悟"说，法性宗的"离言绝待"说等，均从诸种佛学义理强调和阐释智慧的性质。宋代普济的《五灯会元》，汇辑不同时期的各派高僧有关教义辩论和生活故事，富有趣味地说明了智慧的超越性和否定性。中国艺术精神融入了佛学的智慧，古典诗人、艺术家都不同程度受惠于佛学的智慧熏陶。

第六章

审美情绪

第一节 孤独

海德格尔这位晚年陷入孤独、隐遁山林的思想家将语言、诗、哲学三位一体地等同起来,把西方传统的逻辑思辨和东方外来的玄鉴顿悟这两种不同的认识方法有机糅合统一,以"孤独"作为认知世界寻求"此在"(sein)的精神张力。同时,"孤独"又构成他哲学的对象,上升为本体论的范畴和概念。他认为人生与之俱来的畏、烦、死与事物的本真存在是联系在一起的,人是一种"被抛入的设计",是孤独的无家可归的现象界。只有借助于类似于神秘玄学的孤独体验去还原到"真"与"在",才能超越生死孤独以找到灵魂之家"此在"。在人类或个体寻找这种本真、此在的过程中,孤独是无时不在的。它又与言语、诗、哲学、生命处在精神性或生理性的统一场和相互作用的复杂结构中。在海德格尔的哲学意义上,孤独一方面是哲学的构件、对象、本体;另一方面又是哲学、诗、语言三位一体共同生成的逻辑动力。

以海德格尔这种诗意的思想作为本节的逻辑线索,我们开始描述和分析孤独的哲学意蕴以及与艺术创造的美学关系。

在古希腊哲学中,孤独只是作为一种被感知和认识的精神现象界,并未上升到哲学抽象或形成普遍意义的概念。古希腊哲学家们意识到这种心理现象的客观存在,同时他们中某些人就沉浸在深深的心灵孤独之中,从事哲学的思辨及其"智慧"活动,也包括艺术创造活动。"孤独"由一种心理情绪被提高到哲学高度,作为一个具有丰富规定性内涵的概念,应首推丹麦哲学家,存在主义思潮的发轫者克尔凯郭尔。他提出

"孤独个体"这个概念，认为这是人的真正存在，以此作为他哲学的逻辑起点和观念推演基质。"孤独个体"是克尔凯郭尔哲学的核心概念，是他哲学的重要对象和最高命题。徐崇温主编的《存在主义哲学》认为："克尔凯郭尔对存在主义哲学的最大贡献，就在于他把'孤独个体'看作是世界上的唯一实在，把存在于个人内心中的东西——主观心理体验看作是人的真正存在，看作是哲学的出发点，从而为存在主义哲学的最基本概念——'存在'概念奠定了理论基础。"[1] 这一描述是比较精当的。克尔凯郭尔"孤独个体"的内涵首先是指精神性的超物质存在，脱离感性生活的抽象的孤独个体，它具有哲学的普遍意义；其次，这个"孤独个体"是对自己的主观观照和心理体察，是主观思想者以非逻辑的直觉印象对自我的具有超验性质的神秘感受，是一种非语言、非概念、非思辨的自我与自我的心灵对话，是精神界、心理界对自我"存在"的寻找和"悟"；再次，这个"孤独个体"是超历史情境、超语境、超群体意识的自我存在，但它又是普遍的，绝对存在于人类的精神结构之中，是一种无意识的先天超时的稳定平衡结构和心理场，每个人都无法超出它的限定，它是一种神秘的无法把握、没有规律的精神力量；最后，这个"孤独个体"是绝对排他性的，"他人的存在就是自我的地狱"（萨特语），它是不依赖他人、群体的自我"存在"的发现与领悟。在这个意义上，克尔凯郭尔所言的"孤独个体"主要是个体的"孤独体验"，孤独性的直觉创造，这种体验与创造是在与超验性相关的个人知觉感应中领悟获得的，甚至于这种知觉感应都可不予依赖。因此，语言与逻辑是外在的东西和多余的附加物，可以抛弃至少极有限量地运用。克尔凯郭尔的"孤独个体"其起点是人，而终点是上帝，在它行进历程中经过美学阶段、论理学阶段、宗教阶段，最后达到与上帝合为一体，找到自我"存在"之家，而至这一境界"孤独个体"就解构了。海德格尔与克尔凯郭尔均将孤独作为哲学对象探讨，赋予丰富深刻的理论含义。卡尔·雅斯贝尔斯的"生存哲学"也涉及这个问题。他的"自由观念"在一定程度上是以个人为轴心的内心体验的自由，是精神个体通过与自然、现象的"孤独"交游而实现的。西方大哲学家之中、尽管有些人未将孤独上升到本

---

[1] 徐崇温：《存在主义哲学》，中国社会科学出版社1986年版，第46页。

体论高度，但多有零星、机敏的阐释。如叔本华说："生物愈高等，意志现象愈完全，智力愈发达，烦恼痛苦（孤独）也就愈显著。"① 尼采说："孤独有七重皮，任何东西都穿不透它"，"孤独像条鲸鱼，吞噬着我"，"我仍要重归于孤独，独与晴朗的天，孤临开阔的海洋，周身绕以午后的阳光"。② 而就个人的生活实际行为、心理倾向、个体情绪看西方思想家多有孤独癖。如叔本华独自终生，以狗为伴。康德也是孤独的自在心灵，整日独自一人沉醉于哲学思辨。尼采更是"孤独之狼"（lonely wolf）。正如陈鼓应先生所说："哲学家多半是孤独的，而尼采，更是孤独中的孤独者"，"明知孤独是可怕的，然而他终生沉浸在孤独里。"③ 萨特也常在孤独之中观察生活、人生，体验世界与自我的存在意义。"孤独"或"孤独感"在现代西方哲学上具有本体论含义，是决定个人意志、实践行为、文化创造的精神性存在。同时，就哲学家的现实生活个体而言，孤独是他们普遍存在的心理情绪、性格气质，构成了他们哲学创造与活动的某种心理驱力，成为心灵特有的内在机制与功能，推广而论，这种哲学意义上的孤独也构成了艺术创造与科学创造的内驱力和情绪媒介。以致有人断言："哲学家、科学家和艺术家都是一些大孤独者。"④

中国哲学对"孤独"的探讨甚早，以先秦老庄为开端，如同西方哲学一样，中国古典哲学于"孤独"历代均无逻辑相承的连续性和一致性，尤其是重玄觉直悟的东方认识论对孤独的探讨具有更广泛的丰富内涵和自由随意的无规定性，更多是心灵的静观、直觉"唯识"，把"孤独"视为主体的神秘体验，是认知万物、创造齐物化我境界的精神工具和心理方法。"孤独"在中国古典哲学上是超万物的虚无先验的本体，是独往独来具有绝对自由的非物质现象的存在，是一种观望万物，决定人生实践行为，伦理意志的神秘力量。实质上，"道"即是这种"孤独个体"，它凌驾所有之上又居于或超于每一存在物，也非语言、逻辑所能把握的东西，是"物自体"、"理念"，古希腊"逻各斯"（logos）的类相，在某种

---

① ［德］叔本华：《生存空虚说》，陈晓南译，作家出版社1988年版，第99页。
② 陈鼓应：《悲剧哲学家尼采》，生活·读书·新知三联书店1987年版，第68—69页。
③ 同上书，第67页。
④ 赵鑫珊：《哲学与当代世界》，人民出版社1986年版，第283页。

程度上都是有相通之处的哲学意义的"孤独体"。我们将"孤独"与"道"这个哲学范畴联系起来考察有一定的逻辑相关性。"道"独与天地精神往来，孤寂默识，与"孤独"是同义语。孤独在中国古代哲学已形成为范畴，是"前逻辑"的抽象规定，上升为本体论。另外，孤独也是一种唯识、玄鉴、静观的认识能力与功能，老庄都赋予它认识论的意义和地位。此外，孤独也作为识、鉴、览、悟的主体世界与客体世界相接触、沟通的桥梁，是"致虚极、守静笃"玄鉴式的方法论，是作为一种东方哲学有神秘色彩的认识方法。老子云：

　　道可道，非常道。（一章）①
　　我独泊兮，其未兆。（二十章）②
　　有物混成，先天地生。寂兮寥兮，独立而不改，周行而不殆，可以为天下母，吾不知其名，强字之曰道。（二十五章）③
　　大象无形，道隐无名。（四十一章）④
　　是以圣人不行而知，不见而明，不为而成。（四十七章）⑤

"道"在老子哲学中是个孤独本体，是非语言所能描述的先验存在，而只有少数具有"孤独"的精神特质的圣人才能以非感官、非思考的虚静独处的玄览方式去与之接近。"孤独"是通向"道"的唯一识知道路和感悟方法。庄子哲学之"道"与老子有相近的哲学意义。比起老子，庄周哲学更富诗意及灵性，是具有东方具象思辨色彩的诗化哲学。庄子对孤独的认识更富有哲学和美学的意蕴和内涵，在哲学意义上赋予"孤独"以更大的自由性、创造性、超越性、审美性。他将"孤独"与这四者等量齐观，全然不同于西方哲学意义上的"孤独"是痛苦、抑郁、绝望等心理构成。如《逍遥游》里所描摹的鲲鹏，一方面是"孤独个体"形象，另一方面，它们超脱天地万物之间，达到精神的绝对自由和心理感觉的

---

① 王弼：《老子注》，载《诸子集成》第3册，中华书局1954年版，第1页。
② 同上书，第10页。
③ 同上书，第14页。
④ 同上书，第26页。
⑤ 同上书，第29页。

至高愉悦，是审美的最高生成和自我价值的终极实现，是诗意与美学的哲学性"孤独个体"的升华。庄子所推崇的神人、真人、至人，均是一种超物质、脱俗念、同万象、齐生死的具有绝对自由意志和超识的"孤独"存在，甚至达到忘我、无我、超在的宗教化境界，契进现象界的本原和万物之"真在"，达到海德格尔所言"林中空地"，"澄明透彻"（Lichtung）的真善美统一。庄子本人也"梦为蝴蝶，栩栩然蝴蝶也"。"不知周之梦为蝴蝶与？蝴蝶之梦为周与？"这是孤独个体的自由体验和幻觉化的心理生成。在《秋水篇》，他又作为不以官爵相累、孤独往来、相忘于江湖的自由游鱼。他的孤独是诗意的与美学的，是古代人本主义哲学的自由观与价值观的映成。他的孤独意识是东方式的哲学概念与本体论，比起老子那种"小国寡民""民至老死不相往来"的自我封闭的小家子气的小农"孤独"意识远为豁达开朗、气度博大，因为庄周的孤独命题具有飞扬流动的艺术精神，既是哲学论题的心神观照和识知万物，又是美学意义的心理创造和艺术思维的活性的机制与内驱力。再看以后的王弼，他的"圣人体无"，也是一种"孤独个体"，代表真理与正义，是天才、英雄式的主体结构，具有改变社会和创造历史与艺术的特殊天赋。佛教的传入丰富了中国文化与哲学，它所追求的是"不以生累其神，则神可冥，冥神绝境，故谓之泥垣（又译'涅槃'）"。慧远《沙门不敬王者论》属于一种绝对安静、绝对心灵孤独、无思无欲的最高层次的神秘精神状态。"孤独"被注输了宗教化内容。僧肇提出"物不迁论"，认为"物不相往来"。动是幻想，孤独的静才是实质。"般若"是最高的智慧，而这种最高的智慧是在孤独的"般若无知"的独识或无知的情形下获得的。慧能所创立的中国化了的佛教——禅宗，舍弃烦琐的宗教仪式与心理，提倡顿悟，主张孤独的心灵个体可以通过内心的顿悟而成佛，达到真理与佛性的识知，主观永保独立自主的境地。只有这种虚谷孤独的心神状态才可悟道觉佛。他把内心的孤独看成是达到佛境的重要的精神内质和心理因素。往后的周敦颐的"太极"概念，陆九渊、王守仁的"心学"体系以及二程朱子的"理学"的逻辑范畴均不同程度涉及"孤独"这一命题。

在艺术意义和美学观念方面，中国文化视"孤独"为精神本体，是促进审美思维与触发艺术灵感的起始基质，是观照自然与人生的心灵方法，是主体生命与物质生命相沟通的神秘纽带，也是艺术家进行艺术创造的必备的心理素质，或者说孤独的气质、情绪是艺术创造主体进入审美观照、体验、想象、创造的必要条件。同时在艺术境界它又可建构一种风格、神韵，形成孤独美的意象。从审美接受讲，孤独的心境又易有一种对艺术"得意忘言"的审美体验感受，在凝虑静照中与艺术文本展开心灵对话，获得丰富而独特的审美价值感。

心理学将孤独界定为一种非正常的心理情绪，认为对人的意志实践行为起不良影响，属于"负价值"范畴，孤独是抑郁症的现象表现之一，它往往伴随一系列的心理异常状态，属于精神病态或者精神变态。中国台湾地区学者强赣生的《变态心理学》认为，在人格病理学这一角度看，只有"分裂性人物"表现为退缩、孤僻、胆怯、沉思和怪僻。[①] 美国女性心理学家考利·达琳在她所著《诱惑与孤独》一书中把"孤独"作为一种主要危害现代女性心理健全的精神因素，提出诸多对抗孤独的设想与方法。美国心理学家斯托曼的《情绪心理学》，认为抑郁症是变态情绪，由许多情况如疑痛症和焦虑而加重。它通常有这几种特征：悲哀、冷漠、孤独的心境，一种消极的自我概念，一种回避他人的期望。[②] 他也将孤独视为心理病态，规定在抑郁症范围。曹日昌主编的《普通心理学》也描述抑郁质是："孤僻、行动迟缓、体验深刻、善于觉察到细小事物等等。"[③] 但这种描述的不同之处在于将孤独具有的一些积极意义，之于人的认知能力的有益作用揭示出一部分。心理学家弗洛姆认为"孤独"是精神主体的异己力量和负面因素，他说："经历过孤寂的人必然会有恐惧感。实际上孤寂感是每种恐惧的根源。孤寂意味着与外界没有联系，不能发挥人的力量，意味着一筹莫展，不能把握世界、事物和人；意味着世界把我淹没，而我只能听之任之。所以孤寂是引起强烈恐惧感的根源，同时孤寂还会引起羞愧和负罪的感觉。"[④] 他又认为："作为孤立的个人，他完全无助，所以极为恐惧。同样由于他的孤立，他与世界的一体被打

[①] 强赣生：《变态心理学》，亚洲出版社1987年版，第2页。
[②] [美]斯托曼：《情绪心理学》，张燕云译，辽宁人民出版社1987年版，第326页。
[③] 曹日昌：《普通心理学》，人民教育出版社1980年版，第166页。
[④] [美]弗洛姆：《爱的艺术》，李健鸣译，商务印书馆1987年版，第8页。

破，也失去了方位感，怀疑自我，怀疑生命的意义，乃至指导他行动的所有原则，这些怀疑折磨着他。"① 这就是意味着孤独主体必须逃避或者反抗这种有害的孤独状态和孤独心境。然而，从美学角度来看，正是这种孤独的生存境域或一种艺术创造的心理契机，这种近于病态的情绪造成审美思维冲动。

美国心理学家阿瑞提说："在天才（或至少是智力超群者）与精神病之间确实存在着相互联系……著名的意大利精神病学家切萨雷·隆布罗索（Cesare Lombroso），一位坚信存在这种相关性的学者，他的观点获得了许多国家的精神病学专家的高度赞同。"② 隆布罗索试图证明：

1. 彼特拉克、莫里哀、福楼拜、陀思妥耶夫斯基等——癫痫
2. 孔德、塔索、牛顿、叔本华、卢梭等——精神病
3. 莫扎特、舒曼、贝多芬、佩尔、莱西等——抑郁症

而这三种症状都呈现孤独、妄想、幻觉综合征、躁狂等心理病态和精神变态的现象。从隆布罗索这个简明的排列表，我们可以发现天才与精神病的联系，估量出孤独之于艺术创造的正价值及其积极功用。

以下着重从艺术创造主体、艺术文本创造过程来考察孤独之于它们两者的联系及其内在功能、调节机制和动力效果。

弗洛姆说："人是孤独的，同时又处于一种关系之中。人之所以孤独是由于他是独特的存在，他与其他人都不相同，并意识到自己的自我是一独立的存在。当他依据自己的理性力量独立地去判断或作出抉择时，他不得不是孤独的。但他又无法忍受自己的孤独，无法忍受与他人的分离。"③ 人本主义心理学发现了主体孤独的二律背反和深刻矛盾。一方面主体是孤独的，甚至有意识或无意识去选择这种孤独的境界；另一方面他又处于群体的关系中，要逃离这种孤独状态与心境。这个分析对于艺

---

① ［美］弗洛姆：《逃避自由》，刘林海译，上海译文出版社2015年版，第172页。
② ［美］阿瑞提：《创造的秘密》，钱岗南译，辽宁人民出版社1987年版，第453页。
③ ［美］弗洛姆：《人的境遇》，载［美］马斯洛、弗洛姆等《人的潜能与价值》，林方主编，华夏出版社1987年版，第106页。

术家和艺术创造也是适用的。艺术家确属一个相对性的孤独个体,但他又无法超越社会历史、现实情境的限定。艺术家大都有抑郁的气质、孤独的心理结构。而探求形成这种孤独秉性的原因不外乎有两个:一个是社会历史现实,一个是个人的生活经历的心理气质构成,具有生理学和心理学的因素。因此,我们把艺术家的孤独形成原因分为"外我"、"内我"这两种。寻找"外我"的原因是不太复杂的,席勒较早发现社会分工的精密复杂,机器大生产的社会物质生产方式造成人格的分裂,形成种种精神分裂症状,造成内心不和谐和心境失调,导致心理的孤独、压抑、苦闷、失落等感受。马克思在《1844年经济学—哲学手稿》中深刻论述资本主义和私有制异化劳动问题,将之归结为人的本质异化的重要原因,它使人精神的肉体陷入孤独、痛苦、失望的困境。政治学、经济学、社会学等较容易地从现代资本主义社会中寻找到主体精神产生孤独感、悲观情绪的经济的和历史的原因。我们当然也不排除这种"外我"的原因造成艺术家的孤独意识这一客观现象的存在。但又要辩证地看到,有些艺术家的孤独感与其说是"外我"因素造成的,不如说是与生俱来或者后天自身原因而形成的特有心理结构。我们又无法无视于那种隐秘的较难把握的生理学、生物学、心理学的原因。艺术家的充盈孤独的心理结构有些是无意识的,而有些则表现为艺术家的癖好、有意识的寻求和对孤独的向往与沉迷。英美派的精神医学界将孤独感的个人形成原因或因素归结为十余种之多,这种罗列具有的理论意义不大。日本心理学家箱崎总一试图建立一门"孤独心理学",在他《孤独与人生》这个通俗的缺乏理论深度的小册里,他将孤独划分为"设法逃避的孤独"和"自己所需要的孤独"两种,他提出的"孤独复活法"与"孤独为原动力"等概念具有一定的参考价值。他初步分析了孤独的性质、种类及其在创造活动中的某些作用[①]。借鉴当代心理学的某些合理因素,我们将艺术家的孤独感的心理意向从"内我"原因分为:喜爱孤独、寻求孤独。"外我"原因分为:沉落孤独、逃离孤独。这种"外我""内我"造成的孤独意识并形成不同的态度,并不是绝对封闭孤立的,有时有所渗透,互为影响。但在普遍情况下,许许多多的艺术家因"外我"或"内我"造

---

① [日]箱崎总一:《孤独与人生》(出版社不详),1990年大陆翻印本,第1页。

成的孤独，无论他因社会历史现实、个人经历、心理情绪造成的孤独性格、气质、心境，也无论他是否迷醉酷爱这种孤独或厌恶、逃避、反抗这种孤独，但这种孤独的行为方式、心理活动、情绪心态都对他们的艺术创造起极大影响。赵鑫珊认为："在当代世界，孤独感是一个极重要的哲学概念。因为它涉及到现代人的根本处境，什么样的人，会体验到什么样的孤独。""对于人类文化创造，孤独并不是一件坏事。""从文本角度看，一部人类文化史，就是它的创造者们的内外孤独史。孤独感是文化创造的心理背景之一，是文化创造的投影。"他将"孤独感"界定在当代世界不免偏狭，同时也未进行心理学的阐释，但他看到了孤独对文化创造的积极意义和正价值是颇有见地的。我们认为，之于艺术创造主体和艺术创造过程，孤独是极为重要的心理元素、情感张力，是一种"构成力量"和精神内驱力。孤独是人类的情感，尤其是艺术家心理情绪的最深沉复杂的运动，"艺术使我们看到的是人的灵魂最深沉和最多样化的运动。"[①] 我们略微改造卡西尔这个看似平淡实则精湛之论，可以认为艺术家的生活行为、人生态度、思维情感等孤独的心理情绪，构成了最深沉、最多样化的灵魂运动。我们可以将此表述为一种孤独情结、孤独意向或孤独结构、孤独原型，这是艺术家所特有的文化心理结构和性格特征。我们从以下几个方面简要考察这种孤独情结或孤独意识之于艺术创造的功能与作用。

  首先，孤独观照艺术家的孤独情绪最初表现在孤立处世、卓荦超常，有离群索居的逃避社会群体的意向，孤独的心灵导致他在意志实践行为中孤独存在方式。庄周即是一个典型代表。他思想观念与客观世界、现实生活存在一定的矛盾或距离，他要逃避或者超越，寻求精神的绝对自由，通过"逍遥游"这种想象的心游万物之上，去齐物、超死，达到无己无欲的绝对孤独的境界。庄子"游"的思想内核是寻求孤独体验，而这种体验是自由的无掺杂欲念利害的审美观照。在虚静孤独的心境中既观照自然万象又观照澄明内心，这种双重的观照才使主客一体，物我两忘。在心理深层一方面获得审美的体悟，另一方面进行审美想象，完成直觉的意象，为艺术创造准备心理条件。

---

  ① ［德］卡西尔：《人论》，甘阳译，上海译文出版社1985年版，第189页。

其次，如果说孤独观照是创造主体侧重于外在现象的感悟的话，那么孤独体验更偏重于艺术家在"外观"的基础上将孤独观照获得的零星表象进行心理内省，对之进行适己化的排列组合，建构有机整体的活性意象。同时，艺术家的这种孤独体验，直契自然物象的内在结构，由主体经想象而转换为心灵境界的存在，按照自然的特征、形象去体验，在心灵界模仿一种类似自然的生存状态，生成一种类似自然表象又超越自然表象、更为完美和更为理想化的心境意象，或者生成一种更为丑陋、非理想和非理性的精神性存在，使之具有艺术意义和美学价值的潜在意象，这种意象一经传达即演变为现实性的艺术符号。

最后，孤独创造艺术家无论是性喜孤独或逃避、反抗孤独，他主要的手段是从事艺术创造，孤独是其艺术创作的心理动力场。艺术家在孤独中观照，体验自然与人生，最终须以艺术创造方式表现自我的孤独感受，或者以艺术活动宣泄孤独心绪，寻求心理的平衡，与艺术文本进行心神对话，消除自我孤独感。弗洛姆认为人处在孤独中会想方设法地逃避，孤独中的艺术家当然也是如此。他们最好的方式就是在孤独心境中从事艺术创造。所以说逃避与向往是艺术家对孤独的不同态度，但由于这两种心理动向所规定的艺术创作的必然趋势却是一致的。

孤独是艺术家的心理动力，也是艺术创造和审美冲动的必备情感和识悟条件，是来自心理深层的驱力。孤独是艺术之舟的风帆和灵感之车的转轴，孤独使艺术文本的生成由观照—体验—创作形成一个有机联系的艺术链条，尽管它们彼此具有独立性，但其内质是和谐统一的。

艺术史常常有意或无意呈现出这样一种现象：那些富有较高艺术价值的文本，似乎都负载着一颗孤独的心灵。这种心灵，既可能是个人无意识或集体无意识双向聚汇的内在心理结果，又可能是由外在的自然或社会的环境所影响而引发的一种主体的心理机能。这又规定它将非理性的先天的承续性和带有某种理性的后天选择性综合在一起，使"孤独"这一心理特质更为复杂。这种来自不同方面的心理内容聚集在一起，形成一簇心理丛，这就是荣格所说的"情结"（Complexes）。我们此处所言的情结便是"孤独情结"。这种情结居于艺术创造主体的内部，在艺术的生成过程，由观照、体验、传达这三个环节达到最终表现。而从文本的角度来观察，它主要从"孤独的生命意象"、"孤独的宇宙意识"、"孤独的人生意蕴"这三个方面而获得自我实现。以下我们试结合艺术史的某些事实予以阐释和分析。

第一，孤独的生命意象。自德国哲学家狄尔泰首将"生命"作为哲学命题来探讨，"生命"概念不断丰富发展，具有了本体论意义。柏格森提出"生命冲动"的概念是指自我延绵、自我作为生命的活动。德法等生命哲学观念均把生命现象神秘化，解说为只可意会不可言传的非语言、非逻辑的心理体验和本能冲动，是绝对自由的创造力量和最真实的最高存在体。这种哲学观念又推演到艺术领域，分析哲学家维特根斯坦将"生命"概念深化一步，与艺术发生联系，在他的"哲学的成熟术语"中，经常出现一个词组，即"生命形式"（form of life，lebens form）。在维特根斯坦看来，"艺术就是一种生命形式。"[①] 苏珊·朗格也将生命与艺术比较起来考察，概括生命形式的特征为有机统一性、运动性、节奏性、生长性，而艺术特征与此有相关性。的确将生命与艺术发生联系起来考察有一定意义，艺术和生命形式存在某种本质的必然的内在联系。生命一方面是艺术的表现对象、内容；另一方面又是艺术的本体、构件。我们认为：许多艺术家、艺术文本所完成的"生命形式"（艺术形式）就是孤独的生命意向，具有孤独美，富有孤独超越的生命意义。尤其是那些性善孤独的艺术家所创造的艺术形象。像凡·高的向日葵、毕加索的牛头、罗丹的沉思者，都属于孤独的生命意象，充盈着孤傲、脱俗、活性、迷幻的孤独生命之美；它们展示的是生命形式的膨胀扩张，也是生命欲望的艺术语言的表达和倾诉，回荡着孤独生命的呐喊与喧嚣，体现了艺术生命和人类生命的和谐骚动。它既是一种美之形态又是一个生命之场，是饱浸艺术家情感的生命体和灵魂的运动。八大山人的残荷翠鸟、怪石古松即体现这种孤独的生命意象，是孤独的生命气韵与格调借助水墨、光影、线条的显现，也是孤独心灵的诗歌和音乐，在倾诉生命的孤独情绪。在其他艺术文本方面，诗、小说、戏剧、影视所建构的"孤独的生命意象"也是十分丰富的，尤其是以诗歌见多。中国古代诗歌喜欢表现离情别绪、孤独哀愁，在艺术手法上多以隐喻、象征、比兴、移情等技

[①] ［美］乌尔海姆：《艺术及其对象》，傅志强、钱岗南译，光明日报出版社1990年版，第87页。

巧将自然生命的孤独与心灵的孤独进行比拟、参照，造成极富韵味妙趣的"孤独的生命意象"。如古典诗词中多有孤月、孤舟、孤泉、孤石、孤竹、孤寺、孤鸟、孤藤；有独舍、独鹤、独梅、独影、独木；有独行、独坐、独吟、独奏、独酌等艺术意象和审美符号、自然生命与个体生命的"孤独"相连，并经诗人巧妙、大胆想象组合为活的生命意象，显现的"孤独的生命意象"，其艺术韵致、美学价值还有待于我们进一步探索认识。

第二，孤独的宇宙意识。这是一种历史久远的延续在人类文化心理结构中的哲学意识，人类与宇宙空间、生存大地相比，总是孤独的与渺小的，在生存的广袤空间感到自我的孤独与空虚，意识到个体生命的有限而宇宙存在的无限，这使人主体的理性与感性均陷入茫然失落的孤独境地，这种孤独的宇宙意识不能不被艺术家所重视和表现。在中国的易经、老庄哲学较早地萌生了这种孤独的宇宙意识。从艺术性来看，庄子著作可以当作艺术文本来对待，无论内篇还是外篇、杂篇，都不同层面表现了这种孤独的宇宙意识。主体生活在一个被自然物质限定的生存空间，又只能将生命尺度规定在有限的时间段上，这是自然、宇宙法则对人生、生命的孤独性的限制和束缚。庄子在他的诗化哲学里体现了深入独识的宇宙孤独感，所以他要心游万物之外超越宇宙之限制，他所构想的鲲鹏这两个艺术生命体一方面体现了他深层的宇宙天地造成的精神孤独感，另一方面也透露了他反抗这"孤独的宇宙意识"的内在冲动。庄子艺术文本所折射的孤独的宇宙意识既富有哲学的深刻性、哲理性，也富有艺术的情致性、审美性。唐人陈子昂《幽州台歌》是较典型的"孤独的宇宙意识"的表现："前不见古人，后不见来者。念天地之悠悠，独怆然而涕下。"从时间维度上看，过去、现在、将来三个时态都造成了孤独的氛围；从空间维度上看，天地之间和宇宙本体的混沌无限使人知性无以把握，自形渺小与孤独。历史、现实、人生际遇抛弃主体至一个茫然无适的悲境之中，故"独怆然而涕下"的哀凉心态是极自然的结果了。这是一种诗歌意象创造的孤独的宇宙意识启人思考的哲学色调。张若虚的《春江花月夜》可以看作诗意的人生哲学、诗意的自然观和宇宙意识。诗歌文本以无限奥妙的时空变幻、季节转换、生命流逝的物质与心灵的运动过程中知觉到宇宙万物的神秘力量和深层寓意，从变幻美妙的景观里体悟出孤独的哀愁情绪。感叹人生的孤独有限而宇宙时空的无限博大；于天人相合的境界悟出孤独的滋味，体验到孤独的宇宙意识。现代诗人郭沫若的《凤凰涅槃》也不同程度流露一些这种宇宙意识使人自叹渺小孤独的情绪。

西方艺术所表现的"孤独的宇宙意识"，如但丁《神曲》之于三个世界的描绘，透露诗人对于混沌、阴森、神秘可怖的宇宙认识，人在宇宙中丧失自我，人本质力量被捉摸不定、神奇巨大的异己力量完全打垮，面对一个广大又充斥丑恶的世界，他理性陷入孤独，尽管有哲人和女神的引导和超度，但也无法摆脱由宇宙命定的孤独感和空虚感。至于西方现代诗作，如艾略特《荒原》、叶芝《茵纳斯弗利岛》、瓦雷里《风灵》等作品，其孤独的宇宙意识无论就自然大宇宙或心灵"小宇宙"而言，都呈现极孤独悲观的情调与意象。叶芝说："宇宙间的伟大精灵用永恒的力量支配着我们，精灵牵动着我们的心弦，我们就称它为'情绪'。"[①]这句话也许是对现代派艺术至少是对现代派诗歌一个艺术特质的精当论释。他所言的"情绪"，即可看成是西方现代社会普遍存在的孤独感，而叶芝所言的这种孤独感主要源于孤独的宇宙意识，这种意识转换到艺术文本中构成既非逻辑又非物质的艺术意象，既给人以艺术价值感又给人以哲学启迪。

第三，孤独的人生意蕴。艺术是人类精神结构有价值的自由象征，它以人的精神结构为逻辑起点和核心因素。如果说艺术的主要表现对象即精神主体是某个特定历史情境的"孤独个体"，或者说他是特定感性生活的"孤独个体"，那么艺术表现这个孤独个体就必须从他客观的历史情景和他特殊的现实境遇选择内容和确立对象，艺术也就不能不写主体"孤独的人生意蕴"，不能不写孤独个体与群体既联系又对立的孤独人生。屈原《离骚》是极富孤独的人生意蕴的诗章，诗人政治理想在现实中不能实现，与贵族阶层矛盾深重，又遭小人谗言，落得悲剧结局，《离骚》是他孤独人生的哀曲与挽歌，所体现的意蕴是个体与群体的分裂对立和深层的爱国忧民意识，也是孤独人生的写照。宋玉《九辩》、阮籍《咏怀》、陶潜《饮酒》、刘琨《扶风歌》、鲍照《拟行路难》、郭璞《游仙

[①] 《欧美现代派文学三十讲》，贵州人民出版社1981年版，第8页。

诗》、李清照《声声慢》、陆放翁《书愤》、马致远《天净沙·秋思》等诗词曲赋，皆或多或少地含有孤独的人生意蕴，是个体与群体的某种精神性分裂或差异，是历史情景与个人经历所造成的心灵孤独。这种孤独具有历史的和具体的人生态度、政治伦理观念、价值取向、审美经验，是用诗歌样式表现对人生的审视与思考，具有一定的超出逻辑概念和实证分析的理解、识知功用，因而有较大的认识价值和理性内容，浸润着较鲜明的人生观与政治观、伦理观与价值观，与另一些艺术文本相比其价值判断、社会历史内容则要深刻丰富得多。

西方文艺作品，如莎士比亚《哈姆雷特》，"孤独的人生意蕴"在主人公身上得到体现。其社会历史内容、人生价值观、人文主义思想均璀璨夺目地凭借艺术文本得以反映。雨果《海上劳工》中的吉利亚特，也呈现了孤独的人生意蕴。社会群体对他抱有偏见，认为他是个怪异之物，神魔式的独行者，但他心灵高尚、技艺超群，以伟大的超人力量与精神和自然搏斗，为了别人幸福而舍弃爱情，自沉海底。他是心灵的孤独者，人生的孤独者。小说所描写的这种孤独的人生意蕴，显示了极大的艺术魅力，提供了极丰富的审美信息量。至于西方现代派艺术，在总体方面更偏重写现代人的孤独感，反抗社会群体的行为，甚至写病态的孤独人生，将社会看作形成人生孤独的重要原因。社会成了人异己对象，造成人生的失落感、绝望感，艺术家表现这种孤独的人生意蕴，有助于我们对西方现代社会的政治经济结构、人的精神状况、价值尺度、伦理观念等有一些感知了解。从文本反映的因社会和个人共同造就的孤独，从而领悟与理解自我的存在究竟是什么、为什么或怎么办？艺术文本所描写的"孤独的人生意蕴"，具有社会学、政治学、伦理学、心理学乃至哲学的多重意义与价值。西方现代派艺术在对"孤独的人生意蕴"的开拓方面具有不可否定的地位，它们注重现代社会里的现代人的孤独感的揭示，探索形成孤独意识的社会历史原因、精神心理原因。尽管描写了大量精神病变或精神变态了的孤独个体，但始终将之置于一个具体人生的"情境"和"语境"中，一方面从外在因素寻找孤独个体的形成原因；另一方面又从内在因素（包括心理、生理、遗传方面以及个人经历方面）探索孤独个体形成的原因。在这个层面上看，西方现代派艺术所表现的孤独的人生意蕴不一定属于纯审美性质的，不能简单地界定在美感的范畴，而具有更广泛的含义和更深刻的内涵。带有这种"孤独的人生意蕴"的艺术文本所具有的价值既是哲学的、政治学的、法学的、经济学的、伦理学的、社会学的,又是美学的、艺术学的,它的价值内涵是多学科和多层面的,即便单纯从美学考虑,它也具有审美与非审美的双重价值。

现在我们再比较一下中西方表现"孤独"的艺术文本不同点,"同"我们已有所涉及,这里主要比较"异"。在此我们提出两个不同的参照和比较的概念:

西方:
一、文本
1. 孤独的悲剧意念——弃生向死(结局)
2. 风格——美学上崇高
3. 艺术呈现——心理学的精神病变或变态
4. 人物行为——伦理学的恶——反抗社会

二、创造者 艺术创造者——抑郁症,精神失常者居多
生命结局:较多自杀

三、审美接受 审美心理沉郁、痛苦、绝望等感觉

东方:
一、文本
1. 孤独的超越意向——求生逃死(结局)
2. 风格——美学上和谐
3. 艺术呈现——理学上的正常人格
4. 人物行为——伦理学的善——逃避社会

二、创造者 艺术创造者——孤独心态但少病症,精神健全者居多,以隐遁山林,好佛求仙,饮酒狎妓,沉醉书画金石者为多
生命结局:自杀极少,或被杀,或享天年

三、审美接受　审美心理和谐、宁静、淡泊等感觉

从宏观比较来看，在文本上，西方偏重于孤独的悲剧意念，孤独人物多有悲剧结局，是弃生向死，或被杀、自杀，呈现风格是美学的崇高（Sublime），其主人公在心理学上呈现较多的精神变态、病态（尤以现代派艺术为多）状况，人物的行为往往表现了伦理学的恶，是负价值，尽管有的人物可能是善，或无善恶之分，但他们的具体行为具有反抗社会的性质。从艺术家个人来看，西方艺术家的孤独抑郁症状况远多于东方艺术家，东方艺术家（主要指我国）由于受传统儒学精神影响、伦理观念制约，人格基本是健全的，中庸之道使他们心绪稳定，恪守礼仪。西方艺术家其生命结局也多为悲剧，自杀者较多。而东方艺术家则偏重于孤独的超越意向，这种孤独较少有悲剧性的结局，表现在戏剧中多有"大团圆"的理想化光环。孤独者多以求生逃死，只有屈原等极少数艺术家所呈现出的孤独者有自杀倾向。文本呈现的美学风格是和谐（harmony）。艺术文本中主人公在心理上较少精神变态、病态，人物行为表现为伦理的善。而艺术家本人较少有直接对抗社会之现象，即使对现实状况不满，也多以玄言清谈、著书解经、金石书画等消极的文化手段来消解，或隐居山林，寄情山水也为中国古代文士逃避现实与孤独的一大手段。中国古代艺术家的心理、人格相对健全，又有传统老庄哲学的超越性，或求道拜佛，或游山玩水、灌耕田园，或饮酒放歌、抚琴弈棋、吟诗作画、流连青楼瓦舍，在清静闲适、自我陶醉的境界保持生命的孤独个体的存在。在艺术接受方面，中国古典艺术的孤独意象给审美者以淡泊、舒缓、优柔的美感。

孤独是永恒的哲学命题，也是艺术的永恒母题，又是艺术家永恒的心理情结，它是心理学、哲学、美学的交叉点，也是审美情绪的重要构成之一。

第二节　忧愁

"愁"、"哀愁"、"惆怅"属于类同或接近的心理情绪，在主体的审美活动中时常存在。在中国古典诗词中，"忧愁"占据非常重要的位置，

甚至成为流行的语汇。辛弃疾《丑奴儿·书博山道中壁》词有如此感叹："少年不识愁滋味，爱上层楼。爱上层楼，为赋新词强说愁。而今识尽愁滋味，欲说还休。欲说还休，却道天凉好个秋。"显然，忧愁情绪和诗歌创造密切关联，它扮演着审美活动中的一个显著角色。

忧愁的感觉是个人与生俱来的情绪，在本质上它起源于主体的哲学性冲动。首先，生命活动中对时间与空间的意识决定着忧愁的逻辑起点。一方面，个体生命的有限性导致主体对时间的忧愁感。庄子《知北游》云："人之生，气之聚也。聚则为生，散则为死。"又云："阴阳四时运行，各得其序。……人生天地之间，如白驹之过郤，忽然而已。"① 《逍遥游》云："朝菌不知晦朔，蟪蛄不知春秋，此小年也。楚之南，有冥灵者，以五百岁为春，五百岁为秋；上古有大椿者，以八千岁为春，八千岁为秋。"② 时间的有序性和不可逆性决定了死亡的客观性和必然性，无论是生存时间的短（朝菌、蟪蛄）长（冥灵、大椿），它们终有一个行走的结束，这是绝对的和无情的。庄子的生命哲学表征着主体对时间的深切关怀，这一关怀转换着生命短暂的忧愁意识，这一忧愁意识也贯穿于审美活动之中。另一方面，生命空间的有限性和宇宙空间的无限性令主体产生忧愁和虚无的感觉。《逍遥游》云："北冥有鱼，其名为鲲。鲲之大，不知其几千里也。化而为鸟，其名为鹏。鹏之背，不知其几千里也。怒而飞，其翼若垂天之云。是鸟也，海运则将徙于南冥。南冥者，天池也。《齐谐》者，志怪者也。《谐》之言曰：'鹏之徙于南冥也，水击三千里，抟扶摇而上者九万里，去以六月息者也。'"③ 生命的空间运动极其有限，即使神话思维中的"寓言意象"——鲲鹏，它们的运动空间和自由程度也是有限的，任何生命形式均无法超越空间的制约。这构成了存在者的另一个忧愁缘由。张若虚的《春江花月夜》写道：

　　春江潮水连海平，海上明月共潮生。
　　滟滟随波千万里，何处春江无月明！

---

① 王先谦：《庄子集解》，载《诸子集成》第 3 册，中华书局 1954 年版，第 138、140 页。
② 同上书，第 11 页。
③ 同上书，第 1 页。

江流宛转绕芳甸,月照花林皆似霰;
空里流霜不觉飞,汀上白沙看不见。
江天一色无纤尘,皎皎空中孤月轮。
江畔何人初见月?江月何年初照人?
人生代代无穷已,江月年年只相似。
不知江月待何人,但见长江送流水。
白云一片去悠悠,青枫浦上不胜愁。
谁家今夜扁舟子?何处相思明月楼?
可怜楼上月徘徊,应照离人妆镜台。
玉户帘中卷不去,捣衣砧上拂还来。
此时相望不相闻,愿逐月华流照君。
鸿雁长飞光不度,鱼龙潜跃水成文。
昨夜闲潭梦落花,可怜春半不还家。
江水流春去欲尽,江潭落月复西斜。
斜月沉沉藏海雾,碣石潇湘无限路。
不知乘月几人归,落月摇情满江树。
……

这是一首经典的唯美主义和感伤主义的杰作,也是咏叹自然景观和离愁别绪以及表达人生无常的传世之作。然而,这一切都本源于诗人对生命存在的时间和空间的有限性忧愁,正是这一时空的忧愁意识激发了主体的审美体验和创作灵感,优美安宁的春江花月的夜色寄寓着绵绵无限的情思,极致的美感附丽着极致的忧愁,诗歌隐匿着绘画、音乐和哲学的韵味,传达着古典主义的和谐与感伤的美学理念。

苏轼的《赤壁赋》写道:

苏子愀然,正襟危坐,而问客曰:"何为其然也?"客曰:"月明星稀,乌鹊南飞,此非曹孟德之诗乎?西望夏口,东望武昌。山川相缪,郁乎苍苍;此非孟德之困于周郎者乎?方其破荆州,下江陵,顺流而东也,舳舻千里,旌旗蔽空,酾酒临江,横槊赋诗;固一世之雄也,而今安在哉?况吾与子,渔樵于江渚之上,侣鱼虾而友麋鹿，驾一叶之扁舟，举匏樽以相属；寄蜉蝣于天地，渺沧海之一粟。哀吾生之须臾，羡长江之无穷；挟飞仙以遨游，抱明月而长终；知不可乎骤得，托遗响于悲风。"

和《春江花月夜》作者的审美体验相同的是，苏轼感喟生命短暂和长江无穷，个体的有限自由和世界的无限自由，从而抒写出人生的空幻感和惆怅意识，但是，《赤壁赋》的后半段却传达出一种达观超脱的人生哲学。和男性文人有着迥异的审美趣味，《红楼梦》中林黛玉的《葬花词》表达的是极度的心灵愁思：

> 花谢花飞花满天，红消香断有谁怜？
> 游丝软系飘春榭，落絮轻沾扑绣帘。
> 闺中女儿惜春暮，愁绪满怀无释处，
> 手把花锄出绣闺，忍踏落花来复去。
> ……
> 试看春残花渐落，便是红颜老死时。
> 一朝春尽红颜老，花落人亡两不知！

美丽而敏感的才女感叹春花短瞬，凭借意识流的自由联想，以春花隐喻少女红颜，抒写生命的惆怅感和悲剧意识，营造出一种充满忧愁之美的诗歌意境。综上所述，对时间与空间的忧愁意识时常成为古典诗歌和其他艺术形式稳定的精神主题，也相应成为接受者的审美意象和美感来源。

其次，忧愁意识来源于主体对生活世界的直觉体验，最后上升为普遍的宗教意识或宗教教义。佛教"四苦说"和"四圣谛"说，基督教的"原罪"说和"救赎"说，即本源于人类对于现实生活的直觉体验和深刻运思，其核心内涵是精神对自身的忧思。换言之，生命之存在即包含忧愁和痛苦的种子，它们与生俱来并在后天的生活经验中得以萌芽和生长。佛教《金刚经》有"六如说"，东晋十六国时期后秦鸠摩罗什所译《金刚经·应化非真分》云："一切有为法，如梦幻泡影，如露亦如电，应作如是观。"① 文本以梦、幻、泡、影、露、电这六种自然现象,比喻世事的空幻无常,人生缥缈不定,虚无短暂。佛教的忧愁意识令主体放弃对现世的理想和快乐,而将精神寄托于来世和向虚幻的世界寻求快乐。佛教还有"无常"观。一是世事无常,二是人心无常。《易经》云:"上下无常,非为邪也。"孔颖达疏:"上而欲跃,下而欲退,是无常也。"佛教吸收了《易经》的无常概念并将之发扬光大,赋予新的意义。"无常"根据自身的变化,划分为"念念无常"和"一期无常"。在生活世界,事物变化如白云苍狗和沧海桑田,然而人心的变化如雷如电,如梦如幻,远远超越了事物的变化速度,心念之生灭,刹那如闪电。所以,《宝雨经》比喻心念如流水,生灭不暂滞;神思如闪电,刹那不止停。正是这世事无常和人心无常,牵引出主体的无限愁绪和派生出珠玉连篇的诗词歌赋。它们共同构成了惆怅的艺术和惆怅的美感。

再次,忧愁情绪来源于个体的人生经历和对未来命运的思索。存在于世,主体难以超越权力、知识、金钱、爱情、名位等对象的诉求,因此对这些因素的焦虑构成了心理忧愁的主要来源。被刘勰推崇为"观其结体散文,直而不野,婉转附物,怊怅切情,实五言之冠冕也"② 的汉代无名氏《古诗十九首》,文本弥散着生命个体的忧愁意识和淡雅惆怅的深刻美感,集中地表现出存在者对权力、爱情、利益、生死、名位等问题的诗意沉思。所以,毫无夸张地说,《古诗十九首》是古典诗歌中最典型的忧愁之作,也是最富有惆怅美的杰作。《今日良宴会》:

> 今日良宴会,欢乐难具陈。
> 弹筝奋逸响,新声妙入神。
> 令德唱高言,识曲听其真。
> 齐心同所愿,含意俱未申。
> 人生寄一世,奄忽若飙尘。
> 何不策高足,先据要路津。

---

① 《坛经·金刚经》,黄山书社2002年版,第200页。
② 刘勰:《文心雕龙·明诗篇》,载黄叔琳等注《增订文心雕龙校注》,中华书局2012年版,第66页。

无为守穷贱，轗轲长苦辛。

　　诗歌主要表现的是对名位和生命有限的惆怅。优雅动心的音乐和良辰美景的宴会给予主体以极大的欢乐，然而隐藏于内心的愁绪依然无法排遣。而《青青河畔草》以传神的技法，描摹女性对爱情的惆怅："青青河畔草，郁郁园中柳。盈盈楼上女，皎皎当窗牖。娥娥红粉妆，纤纤出素手。昔为倡家女，今为荡子妇。荡子行不归，空床难独守。"而《行行重行行》则异曲同工地抒写了女性的相思之情，字里行间充满了忧愁感，诗歌意境饱含着惆怅之美。《回车驾言迈》吟咏道：

回车驾言迈，悠悠涉长道。
四顾何茫茫，东风摇百草。
所遇无故物，焉得不速老。
盛衰各有时，立身苦不早。
人生非金石，岂能长寿考。
奄忽随物化，荣名以为宝。

　　诗歌表现对生命短暂、盛衰变幻的叹息和对"荣名"的追逐渴望。诗歌以内心独白的方式和意识流的手法，表达了充满悲剧意识的人生哲学，以一种艺术上的哀愁之美征服接受者的欣赏心理。《庄子·养生主》云："吾生也有涯，而知也无涯。以有涯随无涯，殆已！"对生命有限而知识无限的忧思，以有限的生命追逐无限的知识这本身就是一种生命的忧愁和知识的痛苦，也是人生悲剧的渊薮之一。人生于世，无法解脱权力、知识、金钱、爱情、名位等缰绳的束缚，它们构成主体忧愁的主要原因。换言之，每一个人都是一个程度不同的忧愁主体，是一个充满惆怅感的"小宇宙"。陈子昂《登幽州台歌》："前不见古人，后不见来者。念天地之悠悠，独怆然而涕下。"是一首富于哲学意味的诗歌。如果说首句是对历史的追思，次句是对未来的瞻望，再次句是对天地宇宙的提问，末句则是对自我存在的悲剧意识。短短的诗篇，灌注着诗人类似于高更绘画的哲学运思："我们从何处来？我们是谁？我们向何处去？"对于历史、人生和未来命运的忧思构成诗歌的主旨，惆怅成为诗歌艺术美的象征符号。艺术创造者将忧愁情绪表现于文本之中，更能触动鉴赏者的审美心理，从而造成惆怅的美感。

又次，从社会集体方面，主体的忧愁意识还包括乡愁意识和怀古意识这两类。童年的审美记忆是伴随任何一个主体的终生宝库，也是每一个人的最宝贵精神收藏。在某种意义上，乡愁意识构成了人类集体无意识的审美记忆。屈原可谓是最早歌吟乡愁的诗人之一，他在《离骚》中写道："奏《九歌》而舞《韶》兮，聊假日以偷乐。陟升皇之赫戏兮，忽临睨夫旧乡。仆夫悲余马怀兮，蜷局顾而不行。"在神话思维中漫游天地四方的诗人，在回归故乡的时候，产生无限的眷恋之情，浓郁的乡愁意识令诗歌笼罩着唯美纯粹的感伤色彩。《古诗十九首》之一《涉江采芙蓉》歌咏道："涉江采芙蓉，兰泽多芳草。采之欲遗谁，所思在远道。还顾望旧乡，长路漫浩浩。同心而离居，忧伤以终老。"相思与乡愁的彼此交融，萦绕诗人的心扉，漫卷愁绪令诗歌散发出销魂荡魄的美感。唐朝诗人崔颢的《登黄鹤楼》："昔人已乘黄鹤去，此地空余黄鹤楼。黄鹤一去不复返，白云千载空悠悠。晴川历历汉阳树，芳草萋萋鹦鹉洲。日暮乡关何处是？烟波江上使人愁。"元代马致远的散曲《天净沙·秋思》："枯藤老树昏鸦，小桥流水人家，古道西风瘦马。夕阳西下，断肠人在天涯。"它们是抒写乡愁的双璧。前者抒写历史的苍凉和空幻，以奇妙的神话传说和山川河流的美景交织，生成一幅唯美主义的绘画，诗人思念与追问内心深处的故乡，将满腔的愁绪挥洒于烟波浩渺的江水之上。后者以近似蒙太奇的手法，以空间写时间的技艺，将不同空间的物象组合成有韵味的象征符号，形成浑然一体的审美意象，末句画龙点睛，以夕阳之下的美景烘托无尽的乡愁意识。如果说乡愁意识是主体对于曾经的故乡的审美追忆，带着强烈的个体性色彩；那么，怀古意识及其对历史的愁绪，则是对人类共同体的审美记忆。人是记忆的动物，因此，也是饱含历史感和历史惆怅的动物。在这个理论意义上，它足以让我们理解中国古典诗歌中为什么存在一个传统的题材或文体：怀古诗。这一题材，集中地表现出诗人内心隐匿的历史感和历史哲学，也透露出创作主体对历史反思之后的忧愁感和审美判断。李白《月夜金陵怀古》写道：

苍苍金陵月，空悬帝王州。

> 天文列宿在，霸业大江流。
> 绿水绝驰道，青松摧古丘。
> 台倾鸠鹊观，宫没凤凰楼。
> 别殿悲清暑，芳园罢乐游。
> 一闻歌玉树，萧瑟后庭秋。

明月安静地抚慰着金陵山水，天宇中是永恒闪烁的星辰，然而帝王之州却权势易位，金陵王气如同滚滚流水一去不返。路径改道失修，青松古墓绵延，昔日的繁华景观凋敝为一片废墟，萧瑟秋风似乎飘散着陈后主的《玉树后庭花》曲调。诗人惊异历史的变幻无常，赞叹它冰冷的沧桑法则，无边惆怅寄托于对古都金陵的兴衰变迁之感悟中，化作对人类历史的审美追忆。刘禹锡的《金陵五题》怀古诗之二《乌衣巷》和李白的《月夜金陵怀古》有异曲同工之妙，隐藏着对历史的感慨和惆怅之思，刘禹锡的《西塞山怀古》同样是怀古的经典之作：

> 王濬楼船下益州，金陵王气黯然收。
> 千寻铁锁沉江底，一片降幡出石头。
> 人世几回伤往事，山形依旧枕寒流。
> 今逢四海为家日，故垒萧萧芦荻秋。

诗歌剪裁历史的片断，以传神的绘画语言描写人间的变化沧桑，在酣畅淋漓的叙事之中，展开对历史的纵横捭阖之思考，反讽那些割据一隅的统治者。"人世几回伤往事，山形依旧枕寒流。"在时间的长河中，万象变迁，世事无常，霸业与权力的更替不以人的意志为转移，人生无常，"今逢四海为家日，故垒萧萧芦荻秋"，历史最终留给后人的是无情的结局和无际的感慨。对历史的追忆留下的只是充满惆怅与感伤的审美记忆。

最后，忧愁的审美情绪在日本传统文化的"物哀"范畴也获得鲜明之显现。日本人迷醉"物哀"的审美境界，钟情于大自然的"物哀"之美。江户时期的国学家本居宜长首先阐明"物哀"这一审美范畴。依照他的阐释，在主体情绪中，忧愁、惆怅、苦闷、孤独、悲哀等才是审美记忆中最强烈的印象。孤独与静寂的心境中所滋生的悲剧感和美感才是最高和最富有价值的感觉,它就是"物哀"之美,也即"美之极致"。"物哀"之美构成了日本文化的传统和核心意义之一。一方面,日本"物哀"之美的象征品是樱花:樱花素朴淡雅之中不乏绚丽灿烂,绽放如云,飞英如雨。樱花短暂而美丽,空灵而纯粹,一朝飘散零落,如诗如画,将"物哀"的审美内涵诠释得淋漓尽致。另一方面,"物哀"在日本文学中成为永恒的母题。《源氏物语》开创了日本文学的"物哀"美学传统,镰仓时代的《方丈记》、《徒然草》等继承光大,直至现代的新感觉主义代表川端康成的一系列小说,诸如《雪国》、《古都》、《千鹤》、《睡美人》等,令"物哀"之美提升到唯美主义的又一高峰。

必须补充论述的是,如果说忧愁是轻度的痛苦,那么,痛苦则是重度的忧愁。或者说有些忧愁导致一定程度的痛苦。于是合乎逻辑的推论是:痛苦或悲剧是忧愁的必然结果。深度的忧愁最终转换为痛苦或悲剧的情绪,它具有了悲剧的审美意义与价值。忧愁是主体重要的情绪之一,也是普遍的审美现象和审美意象,它和艺术创作和欣赏均有密切的关联。然而,以往美学没有将之提升为审美范畴,没有对它进行理论的描述与探究,不得不说是一个小小的"美学遗憾"。

第三节 喜悦

柏拉图在《会饮》篇以诗意的语言说:

> 他应该受向导的指引,进到各种学问知识,看出它们的美。于是放眼一看这已经走过的广大的美的领域,他从此就不再象一个卑微的奴隶,把爱情专注于某一个个别的美的对象上,某一个孩子,某一个成年人,或是某一种行为上。这时他凭临美的汪洋大海,凝神观照,心中起无限欣喜,于是孕育无量数的优美崇高的道理,得到丰富的哲学收获。如此精力弥满之后,他终于一旦豁然贯通唯一的涵盖一切的学问,以美为对象的学问。[①]

[①] [古希腊]柏拉图:《文艺对话集》,朱光潜译,人民文学出版社1963年版,第272页。

在柏拉图的眼界里，理想的人生状态是追求各种学问知识的"美"，也即是追求精神世界的美，而这属于最高的人生喜悦。他在喜悦和美之间寻找到深切的逻辑关联。杜甫在《闻官军收河南河北》中写道："剑外忽传收蓟北，初闻涕泪满衣裳。却看妻子愁何在？漫卷诗书喜欲狂。白日放歌须纵酒，青春作伴好还乡。即从巴峡穿巫峡，便下襄阳向洛阳。"和柏拉图著名的《会饮》对话一样，杜甫这首经典的"快诗"，同样表达出喜悦和美之间的直接联系。伯克也讨论了快乐与审美的潜在关系。显然，喜悦是审美活动中的重要心理因素之一，它也理应成为审美范畴之一。

我们结合喜剧这一概念，来运思审美活动中的"喜悦"问题。作为悲剧的对应者，喜剧（Comedy）以它的逻辑否定性和情感的距离为艺术特性。笑作为喜剧的象征性的接受标志，无论是表现为开怀大笑或会心的微笑，都是喜剧的必然结果，没有"笑"的喜剧则必然是拙劣的或失败的作品。

亚里士多德在《诗学》中写道："喜剧是对于比较坏的人的模仿，然而，'坏'不是指一切恶而言，而是指丑而言，其中一种是滑稽。滑稽的事物是某种错误或丑陋，不致引起痛苦或伤害，现成的例子如滑稽面具，它又丑又怪，但不使人感到痛苦。"[①] 他将喜剧作为悲剧的衬映和逻辑对照，并且标画为滑稽可笑的事物，它们由错误或丑陋所构成，但是并不引起痛苦的情绪反应。亚里士多德的喜剧概念只限于戏剧形式，而没有推广到普遍人生领域，并且从价值形态规定喜剧的对象为"比较坏"或"丑"的人，使喜剧的逻辑范围相对狭窄，这不能不说是一种遗憾。康德从哲学视角分析"笑"的原因以揭示喜剧由主体规定的特性："在一切引起活泼的撼动人的大笑里必须有某种荒谬背理的东西存在着。（对于这些东西自身，悟性是不会有何种愉快的。）笑是一种从紧张的期待突然转化为虚无的感情。正是这一对于悟性绝不愉快的转化却间接地在一瞬间极活跃地引起欢快之感。"他进而举例说明："一个印地安人在苏拉泰（印度地名）一英国人的筵席上看见一个坛子打开时，啤酒化为泡沫喷出，

[①] ［古希腊］亚里士多德：《诗学》，罗念生译，人民文学出版社1962年版，第16页。

大声惊呼不已，待英人问他有何可惊之事时，他指着酒坛说：我并不是惊讶那些泡沫怎样出来的，而是它们怎样搞进去的。"① 康德认为笑的原因在于一种期待突然转化为虚无。应该说康德发现了笑的一个重要原因，但仅以"紧张的期待突然转化为虚无的感情"这个单一的阐释还不足以从普遍意义上给出令人信服的结论。即使那个经典的例证，也不能完全印证康德的结论，尽管他否认"并不是认为我们自己比这个无知的人更聪明些，也不是因为在这里悟性让我们觉察着令人满意的东西"这样的原因，客观上它们都是造成笑的共同原因。黑格尔在《美学》中深入分析喜剧性的原因，得出如此的结论：

> 喜剧性却不然，主体一般非常愉快和自信，超然于自己的矛盾之上，不觉得其中有什么辛辣和不幸；他自己有把握，凭他的幸福和愉快的心情，就可以使他的目的得到解决和实现。……第一，喜剧的目的和人物性格绝对没有实体性而却含有矛盾，因此不能使自己实现。……其次是一种与此相反的情况：个别人物们本想实现一种具有实体性的目的和性格，但是为着实现，他们作为个人，却是起完全相反作用的工具。因此那种具有实体性的目的和性格就变成一种单纯的幻想，对他们自己和对旁人却造成一种假象，仿佛所追求的确有实体性的外貌和价值。但是正因为这是假象，它就造成了目的和人物以及动作和性格之间的矛盾，这就使所幻想的目的和性格不能实现。……此外还有第三种情况，即运用外在偶然事故，这种偶然事故导致情境的错综复杂的转变，使得目的和实现，内在的人物性格和外在的情况都变成了喜剧性的矛盾而导致一种喜剧性的解决。②

黑格尔的喜剧理论代表古典美学之于喜剧思考的高峰，尤其是对喜剧原因的分析闪烁着超乎寻常的眼光。依照黑格尔的分析，喜剧性自始

---

① ［德］康德：《判断力批判》，宗白华译，商务印书馆1964年版，第180页。
② ［德］黑格尔：《美学》第3卷下册，朱光潜译，商务印书馆1979年版，第291—293页。

至终要涉及目的本身和目的内容、主体性格和客观环境这两方面之间的矛盾对立，因此矛盾性构成喜剧的一个本质特性。然而，喜剧的矛盾性和悲剧的矛盾性不同，前者之间构不成激烈的冲突和悲惨的结局，喜剧性的矛盾是可以调和和消解的矛盾，矛盾之间的逻辑关系不是真实性关系，而是虚假的设定。喜剧人物的目的和行动、行动和结局之间构成虚假的矛盾，由此引发笑的欣赏效果。依照黑格尔的分类逻辑，第一类型喜剧的精神价值比较有限，第二类型喜剧构成基本的和重要的美学价值。如阿里斯多芬（Aristophanes，约前446—前385）的《妇女专政》、《鸟》，莎士比亚的《温莎的风流娘们》、《威尼斯商人》，塞万提斯（Miguel de Cervantes Saavedra，1547—1616）的《堂·吉诃德》，莫里哀（Molière，1622—1673）的《伪君子》、《太太学堂》，博马舍（Pierre-Augustin Caron de Beaumarchais，1732—1799）的《塞维勒的理发师》、《费加罗的婚姻》等作品，属于这样的喜剧范畴。第三类型喜剧和第二类型喜剧没有本质的差异，就在于它常常凭借于偶然事件导致情境的错综复杂和转变，从而引发笑的效果。诸如莎士比亚的《仲夏夜之梦》、莫里哀的《司卡班的诡计》、卓别林（Charles Spencer Chaplin，1889—1977）的《大独裁者》等。从具体的艺术现象考察，不少喜剧可以包括黑格尔所区分的第二类和第三类的共同特性。

车尔尼雪夫斯基在《论崇高与滑稽》一文中涉及"喜剧"的内涵，他的一个值得关注的论点是："我们觉得丑是荒唐的，仅仅是在那个时候，即当它不得其所而想表示自己并不丑之时；只有在那个时候它才以其愚蠢的妄想和失败的企图引起我们的笑。质言之，丑不过是不得其所的东西罢了，否则，一个东西可能是不美，但并不就是丑。所以，只有当丑力求自炫为美的时候，那个时候丑才变成了滑稽。"[1] 这和黑格尔论述的喜剧矛盾性在逻辑上存在一致性，也令人信服地证实喜剧是一种"智慧痛苦"的审美形式，它表现为被嘲讽的对象以看似聪明的逻辑而招致愚蠢的结果。

如同人类永远无法摆脱悲剧的阴影一样，喜剧是人类与生俱来的本

---

[1] ［俄］车尔尼雪夫斯基：《美学论文选》，缪灵珠译，人民文学出版社1957年版，第111页。

质性诉求。存在主体的天性，潜藏着笑的本能冲动，它是不能泯没的生命势能。柏格森（Henri Bergson，1859—1941）在《笑之研究》中认为："笑首先是一种纠正手段。笑是用来羞辱人的，它必须给作为笑的对象的那个人一个痛苦的感觉。社会用笑来报复人们胆敢对它采取的放肆行为。"① 他还认为，笑是生命运动的机械性所引起的必然生理反应。弗洛伊德从精神分析的意义上划分人的心理结构，认为存在"生的动向"（Necr ophilious orientation）和"死的动向"（Biophilious orientation）。如果说死的动向代表着悲剧的冲动或悲剧意识，那么，生的动向则象征着喜剧冲动或喜剧意识。它们构成了生命存在的两极，隐喻着人类历史的悲喜交替和转化的命运无常。马克思在《黑格尔法哲学批判·导言》中认为："世界历史形式的最后一个阶段就是喜剧。"② 其实，人类历史形式只存在物理时间意义的终结，不存在精神逻辑上的最后阶段。和悲剧一样，喜剧贯穿于人类历史的始终。马克思是从理想主义和历史理性的视角上言说喜剧的历史意义，他的喜剧意义已经超越了美学范畴。如他在《路易·波拿巴的雾月十八日》开头所言："黑格尔在某个地方说过，一切伟大的世界历史事变和人物，可以说都出现两次。他忘记补充一点：第一次是作为悲剧出现，第二次是作为笑剧出现。"③

在美学的范畴探究喜剧的内涵，可以做出如此的逻辑推导。首先，喜剧是喜剧主体对于自我的逻辑否定。诚如黑格尔所论，任何喜剧人物都表现目的和行动、行动和结果的矛盾性，这种逻辑的矛盾性表现为存在者的自我否定性。然而，自我否定性不是以有意识的方式呈现出来，也不是被喜剧人物自我意识到的，而是自然地隐蔽地流露出来，它是被接受者所意识到的矛盾性和否定性。否则，喜剧就不能达到笑的效果，这就是为什么极少数精妙的喜剧不能被绝大多数观众所接纳从而达到笑的效果的原因。换言之，也就是为什么缺少趣味和洞见的观众难以对某些意蕴含蓄和思想曲折的喜剧难能发笑的缘故。其次，喜剧呈现非价值和非意义的思想特性。鲁迅所言喜剧"将那无价值的撕破给人看"，喜剧

---

① 参见马奇主编《西方美学史资料选编》下卷，上海人民出版社 1987 年版，第 905 页。
② 《马克思恩格斯选集》第 1 卷，人民出版社 1972 年版，第 5 页。
③ 同上书，第 603 页。

的对象体现为价值丧失和意义消解的特质，喜剧的对象往往沦落为被讽刺或嘲讽的对象。必须区分的是，这里包括"被嘲"和"自嘲"两种形态，而且自嘲往往比被嘲显得更具笑的可能。再次，虚构式的夸张构成喜剧的艺术特性。喜剧是夸张的艺术，然而这种夸张在性质和程度上要超越一般的艺术文本，它的艺术特性只有置放在虚构的场景中才能获得相对合理的解释。卓别林的喜剧电影，体现虚构式夸张的美学原则，《摩登时代》、《大独裁者》、《寻子遇仙记》等都是虚构式夸张的典范。最后，逻辑的重复和突转构成喜剧表现的策略。重复的艺术手法在喜剧中获得广泛的运用，它包括话语的重复和动作的重复。喜剧人物往往表现为喋喋不休地机械重复自我的特定话语和表演重复的动作、细节，以达到引人发笑的目的。喜剧的突转和悲剧的突转一样，是构成情节发展和性格变化的必要方式，但是，喜剧的突转更体现偶然性和错中错的作用，如莎士比亚的《仲夏夜之梦》、《皆大欢喜》、《错中错》等剧目。

我们在此提出一个概念：喜剧的禁忌。在人类的理性世界里，有些严肃对象是不能作为喜剧的对象或嘲讽的对象，因为它们象征和代表人的尊严和价值，作为信仰的偶像和伦理准则，诸如宗教崇拜的对象、民族的祖先和图腾、基本的道德原则等。黑格尔曾经做出这样的阐述：

> 因为作为真正的艺术，喜剧的任务也要显示出绝对理性，但不是用本身乖戾而遭到破坏的事例来显示，而是把绝对理性显示为一种力量，可以防止愚蠢和无理性以及虚假的对立和矛盾的现实世界中得到胜利和保持住地位。例如亚里斯陀芬[①]对雅典人民生活中真正符合伦理的东西，真正的哲学和宗教信仰以及优美的艺术，从来就不开玩笑，他开玩笑的对象只是雅典民主制度下的一些流弊，例如古代信仰和古代道德的败坏，诡辩，悲剧中的哭哭啼啼，无聊的闲言蜚语和争辩之类。这些正是与当时政治，宗教和艺术的真理相抵触的。亚里斯陀芬所描绘出来的也正是这些东西，他使我看到这类蠢人所干的蠢事，以自作自受的方式而得到解决。只有到了我们这个时代才有考茨布这样的喜剧家把卑鄙写成美德，使应该毁灭的东

---

① 亚里斯陀芬（Aristophanes，约前446—前385），古希腊喜剧作家，又译阿里斯托芬。

西得到涂脂抹粉而维持住地位。①

黑格尔对于不同的喜剧作家的赞赏和批判的态度，表明他价值分明的喜剧立场，其中值得今天依然思索和遵循的美学原则之一就是，喜剧必须有基本的禁忌原则，必须守护人类的基本价值和信仰。在后现代的历史语境中，必须警惕喜剧对于人类的基本的尊严、崇高、正义等原则的任意败坏和不负责任的解构。

和喜悦密切关联的审美情绪是幽默（Humour）。换言之，幽默是高级的喜悦，也是富于智慧与哲学意味的喜悦。

幽默在逻辑上可能表现为矛盾和悖论。有些美学著作对笑和幽默作了逻辑等同。笑是幽默的结果，然而，笑不能等同于幽默，就像鸡蛋是鸡产的卵而不能等同于鸡本身一样。西方美学史上，里普斯（Theodor Lipps，1851—1914）和弗洛伊德这两位人物对于幽默曾经发表过比较深刻的论述。里普斯在美学上的贡献除了被熟知的"移情说"之外，对于幽默的思考也是组成部分之一。里普斯认为，喜剧性在幽默中吸收了具有肯定价值的要素时，它便获得审美的意义。幽默是喜剧感被制约于崇高感的情况下产生的混合感情，这是喜剧中的并且通过喜剧产生的崇高感。他将幽默划分为三个阶段：

首先，假如我看到世界上渺小、卑贱、可笑的事物，微笑地感到自己优越，假如我尽管这样，仍然确信我自己；或者确信我对世界的诚意，那么，我是在狭义上幽默地对待世界。

其次，假如我认识到可笑、愚蠢、荒谬事物的卑劣性、荒谬，把我自己、把我对于美好事物以及对它们的理想的意识和这些事物相对立，并且坚持和这些事物相对立，那么，我借以观照世界的幽默，是讽刺性幽默。"讽刺"就意味着这种对立。

最后，假如我们不仅认识到可笑、愚蠢、荒谬的事物，而且同时还意识到这些事物本身已经归结为不合理，或者终将归结为不合理，意识到一切"不合理"归根到底不过"聊博宙斯一笑"，那么，

---

① ［德］黑格尔：《美学》第3卷下册，朱光潜译，商务印书馆1979年版，第293页。

我这时借以观照世界的幽默,是隐嘲性幽默。这里,应有的前提是,"隐嘲"以"不合理"的自我否定为特征。①

里普斯对于幽默的分析和阶段划分,对于幽默特性的揭示主要从分析主体的感受出发,从价值立场和认识态度为幽默感的形成寻找原因,以对不合理现象的自我否定性为逻辑前提。弗洛伊德从心理深层寻找幽默感的动因,他试图从"感情消耗的节约"的角度考察幽默的性质。他在《论幽默》中说:"幽默的本质就是一个人免去自己由于某种处境会得到自然引起的感受,而用一个玩笑使得这样的感情不可能表现出来。"他进一步阐述幽默的特征:"幽默具有某种释放性的东西;但是,它也有一些庄严和高尚的东西,这是另外两条从智力活动中获得快乐的途径所缺少的。……幽默不是屈从的,它是反叛的。它不仅表示了自我的胜利,而且表示了快乐原则的胜利,快乐原则在这里能够表明自己反对现实环境的严酷性。最后这两个特性——拒绝现实要求和实现快乐原则——使幽默接近于回溯的或反拨的过程。"② 依照弗洛伊德的阐释,幽默是幽默者处于窘迫处境采取阿Q式的"精神胜利法"的摆脱,它试图获得一种优越的地位来战胜自己的悲哀和恐惧。因此,幽默和喜剧的本质不同是,幽默可以包含自我的窘迫、悲哀和痛苦,然而,主体可以依赖自我的智慧和勇气克服它,从而赢得假定性的优越地位,因此,超越原则是形成幽默感的逻辑前提和心理保证,也是推动幽默感焕发的精神工具。弗洛伊德由此巩固自己对于幽默的结论:幽默是通过超我的力量对喜剧作出的贡献。他进而将幽默和喜剧作出区分:幽默的快乐永远不会像在喜剧或玩笑中达到那样强烈的快乐,它永远也不会在发自心底的笑声中得到发泄。因此,幽默是轻度的喜剧,有理性节制的笑。

我们从幽默和他者的相互结构中,进一步分析幽默的存在性和美学特质。

---

① [德]里普斯:《喜剧性与幽默》,载马奇主编《西方美学史资料选编》下卷,上海人民出版社1987年版,第834页。

② [奥地利]弗洛伊德:《弗洛伊德论美文选》,张唤民、陈伟奇译,知识出版社1987年版,第143页。

幽默是哲学化的喜剧。从幽默和哲学的历史渊源考察，幽默在天然形态上和哲学存在密切的联系，古希腊的哲学充满幽默的智慧或智慧的幽默。苏格拉底和柏拉图的"对话录"文体，以人物之间的提问与解答、诘问与争辩、立论与反驳等充满机锋的言谈，淋漓尽致地展示出哲学的魅力，挥洒着幽默的光彩。先秦哲学中，孔子与弟子、庄子与惠子、孟子与梁惠王之间的对话，哲思之中发散着智慧和幽默。魏晋的清谈风气和玄学兴起，"竹林七贤"的旷达闲散和诗意情怀，使哲学、文学、幽默三位一体的交融达到前所未有的境界。如果说《世说新语》中有诸多精彩的哲学与文学相互渗透的幽默，那么，禅宗中不少的语录、灯录、公案、话头、机锋等，呈现出佛教哲学的智慧和幽默。《五灯会元》、《高僧传》等典籍中记载丰富的佛学幽默，弥散着宗教的智慧和灵感，启思人生和艺术。从哲学和幽默的逻辑联系看，幽默是超越喜剧的"哲学喜剧"和"智慧喜剧"，幽默带来富有哲学意味的笑和智慧的笑。

从幽默和逻辑的关系看，幽默体现为逻辑的悖论、矛盾或荒谬，它常常打破和颠覆日常的逻辑经验。古希腊哲学家芝诺（Zenon，约前490—前436）的"飞矢不动"命题，是古老的反逻辑命题，也是充满幽默感的哲学命题。孔子有关"夔一足"争论，庄子的"一尺之捶，日取其半，万世不竭"①的论题，惠施的"合同异"等命题，公孙龙的"坚白论"和"白马非马论"，西方哲学史上罗素（Bertrand Russell，1872—1970）的"罗素悖论"等，这些哲学命题或论争呈现反逻辑的特征，具有幽默趣味。在日常生活和艺术作品中，那些有意背离逻辑和逻辑混乱的语言、行为，以及与此相关的人物形象，都可以造成幽默情境而引人发笑。

幽默是虚构的寓言。和喜剧相比，幽默有更大自由的虚构空间。如果说寓言的审美特性就在于它的假托和虚拟的叙事，那么，幽默往往从寓言中得以生成。这在先秦寓言中，尤其在庄子的寓言中表现得尤为充分。先秦是中国思想的黄金时代，留下包括寓言在内弥足珍贵的哲学与

---

① 《庄子·天下篇》，见王先谦《庄子集解》，载《诸子集成》第3册，中华书局1954年版，第224页。

诗的丰厚遗产。《孟子·公孙丑》中的"揠苗助长",《韩非子·外储说左上》中的"郑人买履"、"买椟还珠"、"卖不死之药"、"画鬼"、"郢书燕说",《韩非子·难势》中的"自相矛盾",《韩非子·五蠹》中的"守株待兔",《吕氏春秋·去尤》中的"亡鈇者",《吕氏春秋·察今》中的"刻舟求剑",《列子·天瑞》中的"杞人忧天",《列子·黄帝》中的"朝三暮四",《列子·汤问》中的"两小儿辩日",《战国策·齐策二》中的"画蛇添足",《战国策·楚策一》中的"狐假虎威",《战国策·魏策四》中的"南辕北辙",《战国策·燕策二》中的"鹬蚌相争"等,这些寓言以虚构的叙事创造风趣的幽默而成为"典故"或"成语",深刻地影响着华夏的文化传统。庄子"以谬悠之说,荒唐之言,无端崖之辞,时恣纵而不傥,不奇见之也。以天下为沈浊,不可与庄语。以卮言为曼衍,以重言为真,以寓言为广。独与天地精神往来,而不敖倪于万物"①。庄子的寓言蕴含丰富的幽默情趣,《秋水篇》的三则寓言:

  庄子钓于濮水。楚王使大夫二人往先焉,曰:"愿以境内累矣!"庄子持竿不顾,曰:"吾闻楚有神龟,死已三千岁矣。王巾笥而藏之庙堂之上。此龟者,宁其死为留骨而贵乎?宁其生而曳尾于涂中乎?"二大夫曰:"宁生而曳尾涂中。"庄子曰:"往矣!吾将曳尾于涂中。"②

  惠子相梁,庄子往见之。或谓惠子曰:"庄子来,欲代子相。"于是惠子恐,搜于国中三日三夜。庄子往见之,曰:"南方有鸟,其名为鹓鶵,子知之乎?夫鹓鶵发于南海而飞于北海,非梧桐不止,非练实不食,非醴泉不饮。于是鸱得腐鼠,鹓鶵过之,仰而视之曰:'吓!'今子欲以子之梁国而吓我邪?"③

---

① 《庄子·天下篇》,见王先谦《庄子集解》,载《诸子集成》第3册,中华书局1954年版,第222页。
② 《庄子·秋水篇》,见王先谦《庄子集解》,载《诸子集成》第3册,中华书局1954年版,第107—108页。
③ 同上书,第108页。

庄子与惠子游于濠梁之上。庄子曰:"儵鱼出游从容,是鱼之乐也。"惠子曰:"子非鱼,安知鱼之乐?"庄子曰:"子非我,安知我不知鱼之乐?"惠子曰"我非子,固不知子矣;子固非鱼也,子之不知鱼之乐,全矣!"庄子曰:"请循其本。子曰'汝安知鱼乐'云者,既已知吾知之而问我。我知之濠上也。"①

再如《庄子·列御寇》云:

庄子将死,弟子欲厚葬之。庄子曰:"吾以天地为棺椁,以日月为连璧,星辰为珠玑,万物为赍送。吾葬具岂不备邪?何以加此!"弟子曰:"吾恐乌鸢之食夫子也。"庄子曰:"在上为乌鸢食,在下为蝼蚁食,夺彼与此,何其偏也。"以不平平,其平也不平;以不徵徵,其徵也不徵。明者唯为之使,神者徵之。夫明之不胜神也久矣,而愚者恃其所见入于人,其功外也,不亦悲夫!②

庄子的寓言以深邃的人生哲理和空灵飞扬的智慧给予后世无限的启迪和想象,让人理解幽默的真谛和美感,体悟到幽默之中所隐藏的诗意和精神价值。西方寓言中同样包含妙趣横生的幽默和寄托一定的思想观念。伊索(Aisopos,约前6世纪)寓言中"狐狸和葡萄"、"乌龟和兔子"、"夜莺和鹞子"、"狐狸和伐木人"等篇目,拉封丹(Jean de La Fontaine,1621—1695)寓言中的"乌鸦和狐狸"、"青蛙想长得和牛一样大"、"鹤和狐狸"、"狮子和驴去打猎"、"群鼠的会议"等,克雷洛夫(1769—1844)寓言中的"执政的象"、"四重奏"、"驴子和夜莺"等,克尔凯郭尔(Soren Aabye Kierkegaard,1813—1855)寓言中的"末日的欢呼"、"忙碌的哲学家"、"新鞋子"、"教授的答辩"等篇目,都是富有幽默感和智慧的文学杰作。寓言和幽默的相辅相成的逻辑关系,只有在

---

① 《庄子·秋水篇》,见王先谦《庄子集解》,载《诸子集成》第3册,中华书局1954年版,第108页。

② 《庄子·列御寇篇》,见王先谦《庄子集解》,载《诸子集成》第3册,中华书局1954年版,第215页。

虚构的美学意义上才能寻找到合理的解释。幽默除了和寓言这种文学形式相联系之外，它的另外一个密友就是漫画（Cartoon）。漫画成为最适合于担当幽默感的绘画种类，一度风靡全球的卜劳恩（E. O. Plauen, 1903—1944）的《父与子》漫画就是典型的例证之一，中国现代漫画家丰子恺的《护生画集》也是堪称经典的幽默杰作。

幽默是承担痛苦的微笑，它和悲剧、痛苦存在潜在的联系。而正是这一点构成和喜剧之间鲜明的差异性。这在庄子的幽默中表达得十分显著：

> 庄子送葬，过惠子之墓，顾谓从者曰："郢人垩慢其鼻端若蝇翼，使匠人斲之。匠石运斤成风，听而斲之，尽垩而鼻不伤，郢人立不失容。宋元君闻之，召匠石曰：'尝试为寡人为之。'匠石曰：'臣则尝能斲之。虽然，臣之质死久矣！'自夫子之死也，吾无以为质矣，吾无与言之矣！"[①]

> 庄子妻死，惠子吊之，庄子则方箕踞鼓盆而歌。惠子曰："与人居，长子、老、身死，不哭亦足矣，又鼓盆而歌，不亦甚乎！"庄子曰："不然。是其始死也，我独何能无概！然察其始而本无生；非徒无生也，而本无形；非徒无形也，而本无气。杂乎芒芴之间，变而有气，气变而有形，形变而有生。今又变而之死。是相与为春秋冬夏四时行也。人且偃然寝于巨室，而我噭噭然随而哭之，自以为不通乎命，故止也。"[②]

幽默能够将痛苦转化为淡淡的快乐，它能以微笑抗拒痛苦和悲哀，这既需要内心的勇气，也需要生命的智慧。从这个意义讲，幽默在哲学层面和美学层面上，它的价值和境界是高于喜剧的。鲁迅的《阿Q正

[①] 《庄子·徐无鬼篇》，见王先谦《庄子集解》，载《诸子集成》第3册，中华书局1954年版，第159页。

[②] 《庄子·至乐篇》，见王先谦《庄子集解》，载《诸子集成》第3册，中华书局1954年版，第110页。

传》,无疑具有悲剧的美学性质,但是,它完全可以称之为经典的幽默作品,它是面临痛苦和死亡的幽默,也是所谓"含泪的笑剧"或"含泪的微笑"。所以,后形而上学美学把幽默表述为:"精致之喜剧"或者"喜剧之喜剧"。它是智慧的会心一笑,惊鸿一瞥,也是轻度的笑,无言的笑,沉默的笑,是消解痛苦和恐惧的笑。这种笑是哲学化的,也是诗意的和美学化的。近代以来,流行一种中国人缺乏幽默感的说法,无疑是偏颇和片面之论。从历史上,华夏民族是最富有幽默感的民族之一,先秦典籍里珠散玉落的寓言故事,司马迁《史记》里的"滑稽列传",魏晋时代刘义庆的《世说新语》、邯郸淳的《笑林》,而后世的幽默性的著述更为兴盛。林语堂在《生活的艺术》中竭力推崇中国人的幽默感,认为华夏民族在本质上是富有诗意感和幽默传统的民族。华夏民族的幽默感逐渐降低和幽默趣味的世俗化也是客观的事实。这一方面归结为近代几百年的历史,这个灾难深重的民族承载了过多的悲剧和痛苦,专制和意识形态的双重压抑,幽默感必然在历史和现实的重轭之下归于潜藏和消解;另一方面,随着国家状况的改观和文化语境的变迁,幽默感逐渐恢复和增强。但是,经济原则和欲望意志却悄悄改变文化传统中富有哲学意味和诗意情怀的幽默感,而代之以粗俗和无聊、消解正义和价值的变态幽默或病态幽默。这是必须正视和警惕的另一种倾向。

　　幽默对于痛苦的承担和转换莫过于现代主义的"黑色幽默"(The Black humour)。黑色幽默又被称之为大难临头的幽默或者绞刑架下的幽默,也有人描述为"绝望的喜剧"。海勒(Joseph Heller,1923—1999)的《第二十二条军规》和冯内古特(Kurt Vonnegut,1922—2007)的《第五号屠场》,可谓黑色幽默的经典之作。黑色幽默小说具有寓言的风格,采取极度夸张和虚构的手法写作,故事的离奇编造性却建立在对现实世界的批判和反思的基石之上,时间与空间的自由切换,消解崇高和英雄的冷峻叙事方式造成独特的审美效果,这一切都使黑色幽默更呈现别具一格的艺术魅力。

第三编 本体范畴

第七章

审美主体

第一节 追询主体

"主体"（Subject）是西方传统形而上学的核心范畴和关键词。然而，"诗性主体"却是一个无论在历史或现实都被缺席的美学概念。诗性主体是以审美活动为主导的具有无限可能性的精神形式。它以精神的虚无化为前提，以想象为动力，直觉和体验为辅佐，寻求自我意识对于现实的审美超越。在后现代语境，迫切需要重建诗性主体，抗衡消费社会的感性诱惑和技术工具的压抑以及摆脱知识与权力的宰制，由此达到相对理想的精神生存状态，使审美活动和文化创造得以可能。

西方传统形而上学和美学一个最根基的遗忘是对于"诗性主体"（Poetic subject）的遗忘，这不能不说是一种历史性缺憾。传统哲学的主体对象和存在形式，从不同的逻辑和视角予以考量，它们可以被划分为不同的类型并蕴藏着各自的存在特性，当然它们相互之间存在内涵渗透和逻辑交叉的关系。在本体论和存在论的意义上，它们包括身体主体、本能主体、感性主体、理性主体、道德主体等结构。在认识论和价值论的意义上，包括认识主体、知识主体、话语主体、实践主体、信仰主体、消费主体等内容。在审美论和艺术论意义上，包括审美主体、想象主体、情感主体、创造主体等形式。当然，还可以依据不同的逻辑标准和功能需求方面，对主体形式进行其他类型的区分和界定。

我们提出"诗性主体"这一概念，既是出于弥补传统形而上学和美学的缺憾之目的，也是从建构性意义出发，所进行的确立新的美学原则和价值准则的理论努力之一。在这个理论意义上，诗性主体即等同于审美主体，换言之，诗性主体即是逻辑上外延更宽泛的审美主体。

亚里士多德最早使用了"主体"这一术语，表达存在者的属性、状态和功能承担。在西方哲学史上，"主体以及与之相关联的客体在认识论上，是从17世纪开始使用的"①。启蒙时期的笛卡儿以传统形而上学的二元论思维，区分了主体意识和客观世界的本质差异，以"我思故我在"的命题强调了主体性原则。古典哲学集大成者黑格尔的精神现象学为主体确立了一个"理念"的逻辑依据，主体和绝对精神成为同一性概念。叔本华和尼采从意志论、生命冲动的视角，阐释了主体的存在意义。弗洛伊德的精神分析理论，从心理本能方面确立对主体的理解，显然他的主体理论属于"本能主体"的范畴。现象学代表胡塞尔在《笛卡尔的沉思》中创立"交互主体性"（Intersubjectivity）这一概念，认为现代性的理想主体，在生活世界应该建立平等交互的关系，在多项交往的主体之间获得相互平等的主体存在形式。当然，这一主体形式并不意味着消解自我的纯粹意识。哈贝马斯渴望在公共空间的交往活动中，建立主体的自由、平等、宽容的对话关系，理想的主体形式应该是"对话主体"。福柯从历史本体论、权力谱系学、知识考古学等方面，从知识、话语、权力、性等结构性关联上，以辩证和综合的思维策略，诠释了主体的复杂内涵。波德里亚从消费理论的视野，呈现社会结构中消费主体的客观存在，揭示出消费主体的运动逻辑和内在特性。西方传统形而上学、现代哲学和后现代哲学，对主体进行了多视角的深刻运思和精湛阐释，令人遗憾的是却没有对"诗性主体"进行直接言说和深入论证。

当然，西方不少哲学家和美学家对诗性主体及其相关问题有所涉及。古希腊时期的德谟克利特和柏拉图对诗人和诗歌的相关论述，触摸到"诗性主体"的边缘。他们认为激情和灵感以及对美的追求与信仰等因素是存在者的重要价值，它们关涉到生命存在的重要内容，客观上成为诗性主体的生成前提。中世纪的神学哲学，从宗教意识出发，规定理想化的"诗性主体"，它被赋予了神性目的和道德内容。奥古斯丁和托马斯·阿奎那认为，神性规定了诗性，主体只有排斥身体的欲望和世俗的功利目的才使诗性的存在成为可能。席勒从"游戏"的概念论述了主体的诗

---

① 《中国大百科全书·哲学卷》第2卷，中国大百科全书出版社1987年版，第1240页。

性生存的价值，谢林则从本体论意义上提出"神话"的概念，认为神话对于文明或文化的诞生与发展起到决定性作用。因此，神话是诗性生成的逻辑前提和精神文化创造的源泉。西方现代哲学家叔本华从生活意志为诗性主体寻找合理的解释，尼采则从古希腊悲剧中发现狄俄尼索斯精神，认为它构成人类理想的诗性精神和审美精神。显然，叔本华的生命意志和尼采的悲剧精神在一定程度上关系到诗性主体的部分精神结构。海德格尔依据对荷尔德林的诗歌阐释，呼吁人应该诗意地栖居于大地，希望建立"天地人神"四重根的存在方式。虽然海德格尔没有直接使用"诗性主体"这一概念，然而他是西方当代思想家对于诗性主体最为心仪和致力运思的人物。

和西方相比，中国传统哲学和美学尽管也没有直接讨论诗性主体的问题，然而，对于诗性主体的相关问题也进行了多方位的沉思，以充满想象力的生命智慧和精湛的逻辑思辨，提出一些甚启人思的观念。

老子提出"人法地，地法天，天法道，道法自然"[①]的命题。"自然"在老子的哲学中，成为先验的存在本质，一切存在的"逻各斯"（Logos），也是最完美的生命状态，它构成诗性主体的必然条件。庄子扬弃了老子的自然范畴，一方面保证了自然的客体内涵，另一方面将之改造成为自然人性和自然主体，为诗性主体奠基了逻辑起点。依照庄子的美学观念，"诗性主体"只能由真人、神人、至人等担当，他们"逍遥以游"，具有超越时空和历史限制的绝对自由，也具有超越一般社会意识限定的绝对自由。显然，诗性主体不属于现实存在的主体，它由理想状态和理论状态的超人才能担当。魏晋时期的嵇康在《释私论》里提出"越名教而任自然"和"越名任心"的命题，向往自然和自觉的生命存在方式。在他心目中，只有超越"名教"和"越名任心"的生存状态，才能保证诗性主体获得现实性。

孔子是儒家文化的奠基者，也是华夏精神的创始者之一，他建立了仁学哲学。孔子理想的主体形式就是"仁"，"君子"则是"仁"的具体化呈现。换言之，"仁"在生活世界的感性实践由"君子"承担。因此，

[①] 王弼：《老子注》（《老子·二十五章》），载《诸子集成》第3册，中华书局1954年版，第14页。

也只有"君子"才可能担当诗性主体的重任,符合诗性主体的精神诉求。《论语》中有109处论述"仁"这一核心范畴,有108处言及"君子",将之视为理想的人格象征和诗意存在的保证。孔子认为:"质胜文则野,文胜质则史。文质彬彬,然后君子。"(《论语·雍也》)① 梁启超说:"孔子有个理想的人格,能合这种理想的人,起个名叫做'君子'。"② 君子是最高和最根本的人格要求,也是伦理学意义上的价值标准,当然也是诗性主体的标准。孔子主张人与自然的融合,《论语·先进》篇写孔子赞赏"莫春者,春服既成,冠者五六人,童子六七人,浴于沂,风乎舞雩,咏而归"。孔子非常心仪古典的《诗经》,对诗歌及其诗性精神充满了赞赏和沉醉的美感。子曰:"诗三百,一言以蔽之,曰'思无邪'。"(《论语·为政》)③ "兴于诗,立于礼,成于乐。"(《论语·泰伯》)④ "不学诗,无以言。"(《论语·季氏》)⑤ "小子!何莫学夫诗?诗,可以兴,可以观,可以群,可以怨。迩之事父,远之事君。多识于鸟兽草木之名。"(《论语·阳货》)⑥ 孔子非常推崇"诗"这一重要的审美形式和文学体裁,他对于"诗"的沉迷和推崇,从一个侧面规定了诗性主体的基本的美学要求。

唐代禅宗思想家慧能提出:"无念为宗,无相为体,无住为本"⑦ 的哲学本体论和存在论。慧能主张主体追求绝对虚无化的存在状态。所以,诗性主体应该沉醉"自性真空"的存在方式。与此相关,诗性主体在虚无化的前提下,凭借"顿悟"的方式获得生命智慧。从禅宗的意义上讲,诗性主体不依赖外在的力量得以可能,只来源于内在的心性和佛性,不

---

① 刘宝楠:《论语正义》(《论语·雍也》),载《诸子集成》第1册,中华书局1954年版,第125页。

② 梁启超:《儒家哲学》,上海人民出版社2009年版,第139页。

③ 刘宝楠:《论语正义》(《论语·为政》),载《诸子集成》第1册,中华书局1954年版,第21页。

④ 刘宝楠:《论语正义》(《论语·泰伯》),载《诸子集成》第1册,中华书局1954年版,第160页。

⑤ 刘宝楠:《论语正义》(《论语·季氏》),载《诸子集成》第1册,中华书局1954年版,第363页。

⑥ 刘宝楠:《论语正义》(《论语·阳货》),载《诸子集成》第1册,中华书局1954年版,第374页。

⑦ 慧能:《坛经》,郭朋校释,中华书局2012年版,第39、71页。

需要外在的修炼和仪式。慧能说:"故知一切万法,尽在自身中,何不从于自心顿现真如本性。"① 他还认为,"菩提只向心觅,何劳向外求玄?"(《坛经·疑问品》)"一切般若智,皆从自性而生,不从外入。"(《坛经·般若品》) 明代李贽建构"童心"概念,上升为美学的核心范畴,"童心"也成为诗性主体的逻辑基础。李贽在"童心"和"真心"之间作出逻辑关联,认为童心肯定是真心。然而,真心未必等同童心。童心既具有"真心"形态的主体结构,又包含着澄明纯粹的诗性内容。换言之,只有"童心"才能保证诗性主体的可能性。显然,李贽的"童心说"具有理论假设的乌托邦色彩。近代的王国维在《三十自序》中提出"可信"与"可爱"的美学范畴。② 虽然他认为在哲学上难以达到可信与可爱的和谐统一。然而,从内心诉求上,他守望着可信与可爱相统一的美学信念。倘若从人生境界和伦理学的范畴进行分析与阐释,它同样具有一定的思想意义。可以允许在一定程度上超越"可信"走向"可爱"。然而,在实践理性的范畴,在人生境界,对于"可信"的坚守就是一个不可放弃的道德律令,也是生命中必须承受的美学准则。唯有可信,才能可爱。前者构成后者必要的逻辑前提,后者是前者的必然结果。在生活世界,主体存在除了禀赋纯粹理性的认识能力,还需要实践理性的道德律令。显然,在王国维的理论意义上,只有"可信"与"可爱"和谐统一的主体才契合诗性主体的尺度。

第二节 诗性主体

在追溯思想史线索的前提下,我们提出"诗性主体"(Poetic subject)③ 这一概念,旨在建立理想状态的主体形式,走向精神存在的无限可能性。有关诗性主体的逻辑界定和理论阐释,主要包括这几个方面:

第一,与其他主体形式的逻辑关系。诗性主体不是依附性的主体形

---

① 慧能:《坛经》,郭朋校释,中华书局2012年版,第71页。
② 颜翔林:《可信与可爱:王国维美学范畴之诠释》,《文艺理论研究》2011年第4期。
③ 本人于2002年之春在湖南师范大学文艺学学科研讨会提出有关"诗性主体"这一概念,也是国内学术界首次提出这一概念,在此之后发表的一系列论文和出版的专著中,陆续使用和阐述了这一概念。

式，而是统摄性的主体形式。诗性主体具有精神的自主性、自由性和独立性，不受其他任何主体形式的制约。诗性主体和其他主体形式存在辩证的逻辑关联，一方面，诗性主体和本能主体、感性主体、知识主体、道德主体、理性主体、实践主体、消费主体等其他主体形式有着潜在的关联，它依赖于其他主体形式得以可能；另一方面，诗性主体必须摆脱其他主体形式的束缚，以求证自己的差异性存在和澄明本身的独特意义。一方面，诗性主体在和其他主体的关联之中呈现为具体价值；另一方面，诗性主体又超越其他主体形式的限定获得自我的抽象价值。因此，诗性主体具有统摄其他各种主体形式的综合功能。从逻辑上，诗性主体既具有对其他主体形式的肯定意向，又有对其他主体形式的否定冲动。必须强调的是，和肯定性相比，诗性主体对其他主体形式的逻辑否定和价值否定更为重要。因此，诗性主体只有在对其他主体形式的否定活动之中，才能获得自身的意义和价值。福柯说："我的想法就是以笛卡尔为标志（当然，这是一系列复杂变迁的结果），出现了一个主体能够达到真理的时期。非常清楚的是，科学实践的范式是有巨大作用的：睁开双眼，一直用自明的方式（决不放弃）进行健全的推理，就足以让人达到真理了。因此，主体是不必改变自己的。只要主体在认识上获得通向真理的途径（而且真理之路是通过主体自身的结构向他敞开的），就可以了。……神学就是一种理性结构的认识方式，它让主体可以——作为、也只是作为理性主体——达到上帝的真理，而无需什么精神条件。"[1] 在福柯看来，主体的认识功能使其获得接近真理的条件，主体在一定程度上是理性活动的逻辑结果，即使在宗教领域中，如神学也是依赖于主体的理性能力得以确立的。而宗教活动中的各种主体形式，无论是信仰主体、理性主体还是情感主体，它们都服从于精神的认知能力。显然，福柯理论意义上的主体，是由多种主体形式交织和相互依赖得以形成的精神结构。然而，诗性主体与此不同。它与其他主体形式存在必然的差异在于，诗性主体不是纯粹建立在认识论和知识论基础上的精神形式，尽管它需要以认识和知识作为依托，但它必须超越单纯的认识活动和知识形式。因此，诗性主体不是真理的仆役，既不仰慕真理，也不发现和证明真理。诗性主体甚至认为真理是

---

[1] ［法］福柯：《主体解释学》，佘碧平译，上海人民出版社2005年版，第205页。

可疑的，是虚假的意识形态的幻象。诗性主体对宗教信仰和宗教情感既予以尊重和有限度地认同，又保持一定的精神距离和理性的警醒。因此，诗性主体与其他主体形式之间存在既关联又疏离的辩证关系和内在矛盾。

第二，诗性主体的逻辑规定。对于诗性主体的运思是一件困惑的劳作。我们认为：诗性主体是存在者的虚无化。如果说美是虚无，那么，诗性主体则是虚无的必然性结果。所以，诗性主体必然以审美作为自己的核心结构。

唯有存在才能自我虚无化。因此，无论如何，为了自我虚无化，就必须存在。然而，虚无不存在。我们之所以能谈论虚无，是因为它仅仅是一种存在的显象，有一种借来的存在，这一点我们在前面已经注意到了。虚无不存在，虚无"被存在"（estété）；虚无不自我虚无化，虚无"被虚无化"（est néantisé）。因此无论如何应该有一种存在（它不可能是"自在"），它具有一种性质，能使虚无虚无化、能以其存在承担虚无，并以它的生存不断地支撑着虚无，通过这种存在，虚无来到事物中。……使虚无来到世界上的存在应该在其存在中使虚无虚无化，即使如此，如果它不在自己的存在中相关于它的存在而使虚无虚无化，它还是冒着把虚无确立为一种位于内在性核心中的超越物的风险。使虚无来到世界上的"存在"是这样一种存在，在它的存在中，其"存在"的虚无成为问题：使虚无来到世界上的存在应该是它自己的虚无。[①]

"虚无"在萨特（Jean Paul Sartre，1905—1980）的哲学中显然是一个核心概念，它被规定为先于存在而派生存在的"存在"，虚无构成了存在的意义和现象界得以可能的先验逻辑。尽管萨特的虚无被赋予了本体论和存在论的形而上学意义，然而，它并非被确定为主体的结构。因此，萨特的虚无不具有诗性主体的规定性。中国古典哲学推崇"无"的概念，老子和庄子都强调"无"构成现象界和精神界的根基，他们认为理想的主体形式必然要具备的虚无品质。老子主张："致虚极，守静笃。"（《老子·十六章》）[②] 庄子向往"若夫乘天地之正，而御六气之辩，以游无穷

[①] ［法］萨特：《存在与虚无》，陈宣良等译，生活·读书·新知三联书店1987年版，第53页。

[②] 王弼：《老子注》，载《诸子集成》第3册，中华书局1954年版，第9页。

者，彼且恶乎待哉"的境界，认为"至人无己，神人无功，圣人无名"（《庄子·逍遥游》）。① 显然，"无"和虚无化的生存成为他们共同推崇的生命境界，而唯有守护着"虚无"的主体才可能属于诗性主体。承袭老子和庄子的思想，王弼认为"天下之物，皆以有为生；有之所始，以无为本"②。郭象也认为"造物者无主，而物各自造"③，也就是"无无"。"无"既不派生"有"，"有"也不能制造"有"。万物均是"自生"。佛教哲学对于"虚无"尤为青睐。慧能的《坛经》主张"自性真空"，崇尚心性的"虚无"，提倡主体走向一种绝对澄明的顿悟境界。心学代表王阳明提出"无我"的概念，追求虚无化的精神境界，认为"无我"是获得精神的无限可能性的途径之一。

诗性主体被规定为虚无化的主体形式，一方面表明主体保持对于生活世界的存疑和否定的冲动，拒绝单向度地沦为现实世界的逻辑结果和知识工具。所以，对现象界的"虚无化"姿态是诗性主体的一个精神内核。另一方面，诗性主体必须和实用功能、工具理性、欲望渴求等世俗化的目的保持距离。所以，诗性主体是"无己，无功，无名"的超然存在，类似于庄子哲学的"逍遥"主体和"无待"主体。再一方面，这一主体形式坚守着对现象界所有表象与结构、符号形式、社会意识形态等存在方式的超越性和批判性。"若夫乘天地之正，而御六气之辩，以游无穷者，彼且恶乎待哉。"诗性主体将追求时间和空间的自由作为自我的目标，但是，它更高的精神境界在于"神游"和"心游"，追求心灵和思想的绝对自由。因此，虚无构成主体对现象界的在时间上没有终止、空间上没有边缘的反思和批判、存疑和否定的精神活动，它构成诗性主体的重要内涵之一。

诗性主体必然属于审美活动的主体。美是虚无化的无限可能性的存在，也是精神最高的存在对象之一，它必然性构成诗性主体所渴慕的理想境界，成为诗性主体的终极精神家园、情感的信仰对象和梦幻乌托邦。所以，诗性主体在本质上属于审美主体。换言之，审美活动内化为诗性

---

① 王先谦：《庄子集解》，载《诸子集成》第3册，中华书局1954年版，第3页。
② 王弼：《老子注》，载《诸子集成》第3册，中华书局1954年版，第25页。
③ 郭象、成玄英：《南华真经注疏》上册，中华书局1998年版，第57页。

主体的必然性诉求。然而，诗性主体是必然的审美主体，而审美主体却不一定符合诗性主体的内在尺度。两者之间不是逻辑的等同关系，只能是逻辑的交叉关系。审美主体只能作为诗性主体的生成条件和组成结构之一，但是，它距离诗性主体还有一定的精神路程。因此，在逻辑形态上，诗性主体包括和涵盖审美主体，诗性主体统摄和引导审美主体。在价值形态上，诗性主体高于审美主体。在意义形态，诗性主体比审美主体更为深刻、复杂和丰富。

与此相关，诗性主体必然是以想象活动和智慧领悟作为自己重要的心灵构成。诗性主体应该具备饱满的想象力，它包括追忆性想象和虚构性想象、类比想象和再创想象、合乎逻辑的想象和非理性想象等多种方式。一方面，想象是对现实性的怀疑、否定和超越，是精神追求无限可能性的宝贵努力，也是心灵对于理想、美与爱、永恒和无限的渴慕途径；另一方面，想象是为存在者获得最高和最纯粹之自由的方法与策略。主体采取其他方法获得的自由都是有限度的，无论是时间自由和空间自由、知识自由和认识自由，都无法媲美于想象活动所带来的自由。胡塞尔的现象学认为，想象也是重要的认识活动，是纯粹意识的意向性活动之一，它构成知识的来源之一。在《纯粹现象学通论》中，胡塞尔强调"自由想象的优先性"，他指出："几何学家在研究和思考时，在想象中远比在知觉中更多地运用图形或模型。"① 他认为想象性的"虚构""构成了现象学的以及一切其它本质科学的生命成分，虚构是'永恒真理'认知从中汲取滋养的源泉"②。在哲学活动中，想象可以借助于假定的方法使新的知识得以可能。思想者在一定范围和程度上，凭借想象活动提出概念、范畴、命题，展开分析、判断、推理等逻辑活动，以丰富哲学之思。从这个意义上讲，想象和逻辑之间并非存在绝对的对立关系。在特定的境域，两者可以携手联袂，达到知识或艺术文本的生成。因此，科学活动在一定程度上也可以借助于想象力作用，以获得认识和创造的灵感，形成新的知识形式。当然，尤其在艺术活动中，无论是艺术创造还是艺术欣赏，都要依赖于想象力参与。显然，没有想象力就没有灵感，而没有

---

① ［德］胡塞尔：《纯粹现象学通论》，李幼蒸译，商务印书馆1992年版，第173—174页。
② 同上书，第174页。

想象力和灵感，艺术活动必然缺乏生气和活力。

　　与想象力密切相关，诗性主体也是智慧主体，或者说诗性主体必须借助于生命智慧来保障自己的价值和意义。由于智慧是超越知识的精神形态，所以诗性主体显然高于知识主体。在特定的境况下，诗性主体必须超越知识形式和知识限定，走向具有创造性的智慧形态。知识由于自身的客观性和普遍性的本质特性，它是非自由和非主观的形态，同时隐藏着积累性和重复性的惰性。因此，知识寄寓着逻辑和理性的目的，沾染着效用和实证的尘埃，它与诗性和审美存在一定的距离。显然，诗性主体必须超越知识走向智慧，因为智慧建立在直觉领悟、生命体验的基础上，智慧更多依靠自我的想象力和创造力获得对现象界的发现与改造的可能，获得对历史、现在和未来的洞察与预见。知识满足于解答问题，而智慧擅长不断地提问。和智慧相比，智慧更多蕴藏着反思和批判的冲动，知识沉醉于结果，而智慧除了关注结果之外，更眷注心灵创造的过程。知识总是守护着现实性，而智慧追求无限的可能性。这是知识和智慧的差异，也客观地构成了诗性主体和知识主体的本质性不同。所以，诗性主体必然是智慧创新的主体，当然，它也有限度地尊重知识和逻辑、实践和科学等现实性因素。

　　综上所述，我们认为：诗性主体是以虚无为前提，以想象为动力，以审美活动为中心的具有无限可能性的精神形式。

第三节　意义与功能

　　探究诗性主体的意义、价值和功能构成了我们相应的一个重要职责。显然，由于诗性主体的内在规定性和精神特性，它的意义、价值与功能是密切关联和有机一体的。

　　首先，诗性主体呈现为它具有超越本能、功利、道德、意识形态等意义。诗性主体能够摆脱本能主体的控制，抗衡生活意志的诱惑，和流行的历时性的道德观念保持适度距离，摒弃虚假的意识形态，因此它潜藏着超越性的精神价值，隐含着否定性和批判性的理性功能。诗性主体具有精神无限可能性的意义与价值，体现为不断存疑和否定、提问和反思的理性冲动。所以，诗性主体包含着一定的理性精神和哲学向度，它一方面斥拒旧的理性另一方面又建构新的理性。因为，诗性主体追求精神无限可能性的存在形式，永不满足现存的理性方式，而不断地追寻新的理性形式。在这个意义上，诗性主体信奉无限可能性的精神形式，它绝不沉醉于过去和现在的既定的理性结构之中。当然，诗性主体又不等同于理性主体，它与理性主体一个最鲜明的差异在于，诗性主体以想象和体验作为自己的思维方法与存在状态，以智慧超越知识，以无限超越有限，以可能性抗衡现实性，它在时间性上，更多追寻过去和期待未来，更多地反思和批判现在。

所以，诗性主体是一个敞开的蕴藏更新之机能的精神本体，它是一个包含无限可能的意义存在，它体现一种永恒沉思和追求生命智慧的精神价值，它具有不断走向心灵领悟的功能。亚里士多德认为主体有三种主要的生活："享乐的生活、公民大会的或政治的生活，和第三种，沉思的生活。"① 一般的主体形式沉溺于前两种生活方式，而诗性主体更为沉醉于第三种生活方式。

其次，诗性主体的重要意义还在于，它保持纯真的"童心"，也就是李贽所渴望的"童心"。"夫童心者，真心也；若以童心为不可，是以真心为不可也。夫童心者，绝假纯真，最初一念之本心也。若失却童心，便失却真心；失却真心，便失却真人。人而非真，全不复有初矣。"② 诗性主体在生命的整个过程自始至终地守护着童心，使自我不被世俗尘埃所沾染，保持心灵的澄明和纯粹。和童心密切相关，诗性主体应该始终保持着对世界万象的敏锐感觉和感性。诚如马克思在《1844年经济学—哲学手稿》里所论：

> 眼睛对对象的感觉不同于耳朵，眼睛的对象是不同于耳朵的对象的。每一种本质力量的独特性，恰好就是这种本质力量的独特的本质，因而也是它的对象化的独特方式，它的对象性的、现实的、活生生的存在的独特方式。因此，人不仅通过思维，而且以全部感

---

① ［古希腊］亚里士多德：《尼各马可伦理学》，廖申白译，商务印书馆2003年版，第11、20页。

② 李贽：《焚书·续焚书》，中华书局2011年版，第146—147页。

觉在对象世界中肯定自己。①

诗性主体理应是富有敏锐感觉和感性直观的主体，一方面，必须"以全部感觉在对象世界中肯定自己"；另一方面，以丰富敏锐的感觉去肯定自然万象，体悟大自然的生生不息的生命活力和隐藏的智慧。所以，诗性主体的感性更多是审美的感性和诗意的感性。拥有这种审美感性和诗意感性的主体形式，必然性地滋生对自然的热爱和敬畏意识，这是诗性主体合乎逻辑的精神维度。老子云："人法地，地法天，天法道，道法自然。"（《老子·二十五章》）② 王安石的《临川集》解释道："本者，出之自然，故不假于乎人之力而万物以生矣。"《庄子·应帝王》载："无名人曰：'汝游心于淡，合气于漠，顺物自然而无容私焉，而天下治矣。'"这里的"自然"，一方面是指客观的事物存在及其存在法则和规律，另一方面它也是指万物的本源和事物存在、变化的前提条件和逻辑依据。因此，自然具有的意义是本体论性质的。所以，诗性主体对自然的崇尚和热爱就被赋予了至少两种内涵：一是关涉于大自然，二是关涉于自然本性，后者还包括自然人性，当然这里的自然人性剔除了非理性的欲望和本能。从这个理论意义上看，诗性主体既包含着对大自然的热爱和敬畏，又包含着对自然人性和自然法则的尊重和敬畏。与此相关，诗性主体必然保持着对于自然中各种生命形态和形式的尊重和敬畏。老子、庄子、墨子、孔子、孟子等先秦轴心时代的思想家无不有尊重生命的意识，先哲们主张所有生命的平等齐一，人应该担当对自然万象中所有生命的敬重和热爱的伦理责任，法国思想家施韦泽在《敬畏生命》中赞叹"中国伦理学的伟大在于，它天然地、并在行动上同情动物。"③ 孔子呼吁仁者"爱人"（《论语·颜渊》）。④ 古代先贤们主张热爱自然中所有的生命形式，认为生命的价值平等，要求每一个主体敬畏不同的生命形态，更强调对人的生命的尊重和同情。显然，这一生命意识必然性地成为诗性主

---

① ［德］马克思：《1844年经济学—哲学手稿》，人民出版社2000年版，第87页。
② 王弼：《老子注》，载《诸子集成》第1册，中华书局1954年版，第14页。
③ ［美］施韦泽：《敬畏生命》，陈泽环译，上海社会科学院出版社2003年版，第75页。
④ 刘宝楠：《论语正义》，载《诸子集成》第2册，中华书局1954年版，第278页。

体的逻辑构成。在此意义上，诗性主体应该具有历史感和历史意识，应该是"历史主体"。诗性主体必须秉承敬畏古人和敬畏祖先的意识，而不是采取对历史的非理性否定的方式，不是采取对古人轻视和冷漠的态度，而是建立对历史和对历史人物的同情意识与悲悯情怀，建立对历史的辩证理性，能够以审美和诗意的方式理解历史。然而，诗性主体应该在对古人和祖先敬畏的前提之下，必须保持对历史的存疑与反思、否定与批判的意识，作为诗性主体，它更应该具有对于历史的想象力和领悟力，不断地赋予历史以新的理解和洞见。

再次，诗性主体是仁爱主体、良知主体和德性主体。亚里士多德在《尼各马可伦理学》强调"德性"对生命存在的重要意义，他说："人的活动是灵魂的一种合乎逻各斯的实现活动与实践，且一个好人的活动就是良好地、高尚［高贵］地完善这种活动；如果一种活动在以合乎它特有的德性的方式完成时就是完成得良好的；那么，人的善就是灵魂的合德性的实现活动，如果有不止一种的德性，就是合乎那种最好、最完善的德性的实现活动。不过，还要加上'在一生中'。"[①] 仁爱和德性是诗性主体的逻辑前提和精神保证。如果诗性主体没有这几个因素作为基石，它可能隐藏着巨大的危机和面临着走向危险的渊薮。无论是孔子论述的"仁爱"与后世儒家阐释的良知，还是亚里士多德推崇的德性，它们都高于具体的道德概念。因为，仁爱、良知和德性是具有普遍性的共时性的伦理原则，而道德只是具体的和有限度的历时性概念，或者说道德是历时性的良知。从这个理论意义说，诗性主体不一定是道德主体，但是，它必须建立在仁爱、良知和德性的逻辑基础之上。我们强调诗性主体必然建立在良知的基础上，旨在说明没有良知的依附，诗性主体一方面可能走向精神的危险和堕落，另一方面直接走向自我的反面，成为危害自我、毁灭生命和杀戮理性的恐怖势能，历史上的一些暴君和恶人，主体之内不乏诗性的结构，最终因为缺乏良知的保证而走到戕害人类的黑色结局。因此，没有良知的主体必然被诗性主体所鄙弃，它们也必然成为罪恶的悲剧性主体。马基雅维里认为："一位英明的统治者绝不能够，也

[①] ［古希腊］亚里士多德：《尼各马可伦理学》，廖申白译，商务印书馆2003年版，第20页。

不应当遵守信义。……一位君主必须有一种精神准备，随时顺应命运的风向和事物的变幻情况而转变。然而，正如我在前面说过的，如果可能的话，他还是不要背离善良之道，但是如果必须的话，他就要懂得怎样走上为非作恶之途。"① 马基雅维里所崇尚的君主，他们其中一部分可能包含有诗意的成分，但是，他们绝对不能够达到诗性主体的标准，因为他们背离了良知和丧失德性，何谈仁爱和伦理。从这个意义上考量，历史上也许没几个君主符合诗性主体的要求。从伦理学视界考察，诗性主体也是保证生命的幸福感、美感和快乐，保证爱与仁的精神要素，它属于极高的生命境界和理想化的人生目标。

最后，诗性主体在当代语境的重构。后现代社会以消费为主导为核心，建构以商品、经济、货币、权力为欲望叙事的无限"文本"，形成以知识、技术、话语、信息等相互交织的网络，社会发展的原动力在于主体不断膨胀的消费欲望和占有冲动。另外，来自政治、经济、文化等方面的冲突和国家、地域之间博弈，令人们对这个世界更加失望。因此，诗性主体的当代重构依然是一个沉重和艰辛的话题。诗性主体的重构，牵涉到诸多方面。前面我们相应地作了一些论述和探讨。它包括在本体论意义上，主体建立虚无化的存在方式，追求精神的无限可能性。在具体形态上，要求主体建立敏锐的感觉与感性，敬畏自然和生命，开启想象力与智慧，守护良知、仁爱、德性等伦理原则。这里主要强调话语问题。

海德格尔说，语言是存在之家。主体在一定意义上也是一个话语主体。福柯认为："语言的基本问题，不是语言本身的形式结构，而是它在社会实际应用中同社会因素的实际关联。正是在这里，集中体现了社会权力同知识之间的紧密而复杂的勾结，隐藏着解决整个西方社会文化奥秘的钥匙。"② 其实，福柯所言的情形存在于不同的社会形式之中。在后现代语境，知识和语言的关联形成隐蔽的权力结构，构成对主体的严密宰制和无形操控。每一个说话的主体在本质上已经不属于自我，他们已经沦落成为异己的话语主体。一方面，因为他们所说的语言是被严格按

---

① ［意大利］马基雅维里：《君主论》，潘汉典译，商务印书馆1985年版，第84—85页。
② 冯俊等：《后现代主义哲学讲演录》，商务印书馆2003年版，第406页。

照正统的或流行的社会意识形态所过滤、修饰、加工、伪装过的规范形式,也是违背事实和隐藏许多虚假意识的成分。人从出生,尤其是受教育以来,权力系统无不控制其语言和话语,社会意识形态通过对话语的规训达到对心理和精神的制约,在国家权力所操纵的语言"教育"和话语"培养"之下的主体形式,显然距离诗性主体越来越遥远。所以,建构诗性主体意义的"话语主体",必须抗衡权力系统和社会意识形态结盟所生产的话语结构。另一方面,科学语言、知识语言、政治语言、经济语言等语言形式,基本上左右了绝大多数主体的语言与思维方式,语言已经扮演着被制度化和模式化的固定符号系统,它们成为机械刻板的表达样式,沦落为话语霸权和精神僵化的象征。在这种语言系统中浸泡成长的主体,其诗性只能越来越稀薄和被窒息。再一方面,社会公共空间的语言,包括网络、电视、电影、广播、娱乐等传播方式的语言和话语,是流行意识形态和日常生活的交流工具,它们具有官方与民间、正统和非主流、机械与鲜活的相互交织的二重性。它们更多体现了语音中心主义,也就是表音主义的逻各斯中心主义(Logocentrisme)。[①] 它们虽有少量的诗意话语,却更多表现为对主流话语或权力话语的屈从。另外,民间的流行语言在时间上呈现暂时性,充满变异和怪诞的色调,各种拼凑、剪贴、生造的时尚词汇和反语法、反修辞的话语表达,甚至表现出对审美的反叛和蔑视。毫无疑问,这样的语言是非诗性的和消解诗性主体的。因此,诗性主体的重构,一个重要努力就在于建立具有审美感受力和美感特性的话语体系,建立个性化表达的符号和修辞策略,这样的话语应该富有想象力和生命体验,也就是维柯所向往的诗性语言,也就是尼采所渴望的充满华彩的以古典语言为样本的话语方式。从这个意义上说,诗性主体的话语结构,它来源于这样几个方面:其一是来源于古人及其古代典籍,其二是来源于对异域语言的吸收和扬弃,其三是来源于对大自然的领悟和心灵内部的想象力,其四是来源于个性化的修辞等。

因此,从这一点考察,诗性主体必须具有诗意的言说方式,而缺乏诗意的话语方式,无法获得诗性主体的存在资格。

福柯说:"理论应该有用。理论不是为了自身而存在。如果没有人出

[①] [法]德里达:《论文字学》,汪堂家译,上海译文出版社1999年版,第3页。

于使用理论的目的先去成为不再是理论家的理论家,那么理论就一文不值,或者是使用它的时机未到。人们不会回到一种理论上,而是创造其他的理论。"[1] 我们提出诗性主体的理论,旨在寻求新的理论方式,而不是仅仅回到以往美学有关主体的理论形态。从这个意义上,我们担负着解构和建构的双重责任。

---

[1] [法]《福柯集》,杜小真编译,上海远东出版社2003年版,第206页。

第 八 章

审美信仰

第一节 何为"信仰"？

传统美学在运思"美"的问题的时候，遗忘了"信仰"的要素，造成一个极其重要的精神结构的缺席和被遮蔽。如果说神话思维寄寓了对神灵、上帝、英雄、永生等信仰，那么，同样作为人类精神活动的审美活动，它无疑也包含了一定的信仰的因素。我们正是在这个理论意义上建立了美与信仰的逻辑联系，并且试图从神话信仰和审美信仰的有机联结上提出美学的新思维。

"信仰主义"，传统哲学上又称之为"僧侣主义"。在我国一度产生较大影响的由苏联罗森塔尔、尤金编纂的《简明哲学辞典》将之视为"重信仰而轻科学的反动理论"[①]。列宁将信仰主义称为："一种以信仰代替知识或赋予信仰以一定意义的学说。"[②] "信仰"（Fides），体现为超越知识和实证的情感活动，然而又不单纯由情感的因素所组成，有时它也带有一定的理性成分，所以它高度地将情感和理性糅合在心理结构之中。在本体论意义上，信仰是人类精神超越现实性的情感假定，是可能性高于现实性的虚假承诺。换言之，信仰是非理性的人类精神的异化，是理想化和虚无化的心灵幻影。它以极少数创造主体的心理偶然性来开辟道路却以广大接受者的必然性选择作为归宿，这本身就隐匿着逻辑与经验的

[①] ［苏联］罗森塔尔、尤金主编：《简明哲学辞典》，生活·读书·新知三联书店1978年版，第308页。

[②] 《列宁全集》第37卷，人民出版社1957年版，第361页。

双重荒谬。从历史主义视角考察，信仰既成为人类历史文化中最早的"图腾"对象，也成为一种绝对的精神偶像。在迄今为止的历史进程中，信仰在赋予生活世界积极意义的同时，也导致无数的历史悲剧和人生灾难。信仰在逻辑上可以划分为宗教信仰、政治信仰、道德信仰等，它们尽管在外延上有所差异，但是存在论意义上都具有本质的同一性，都以概念的假定方式达到对主体意志的绝对支配。

信仰在人生价值方面具有明显的二重性：一方面可以确立主体的终极关怀，顽固地守望着生命的道德意志和神圣理想；另一方面，蒙昧的信仰可以引诱存在者陷入一个危险的精神泥潭，使自我被虚幻的意识所欺骗，从而丧失掉生命的智慧和清醒理性。然而，就传统神话的"信仰"而言，它往往没有什么负面的因素，因为神话思维它本身就拒绝科学和实证的观念，它更大程度上是趋向于艺术和审美的层面。

第二节　神话信仰

神话的特征之一是它呈现出精神的信仰性，这种"信仰"的心理原因主要是情感，理性只起到辅助性功能。神话的信仰从内容上考察，主要包括有对于上帝、神灵、英雄、正义、永生等方面。这里仅涉及相关于美学的方面。

1. 永生的信仰。神话思维首先关涉到对于生命循环即永生的信仰。卡西尔认为神话："对生命的不可毁灭的统一性的感情是如此强烈如此不可动摇，以至到了否定和蔑视死亡这个事实的地步。在原始思维中，死亡绝没有被看成服从一般法则的一种自然现象。"[①] 列维－布留尔在《原始思维》中说："生和死的观念对我们来说只能由生理的、客观的、实验的因素来确定，但原始人关于生与死的观念实质上是神秘的，它们甚至不顾逻辑思维非顾不可的那个二者必居其一。对我们来说，人要不是活着，就是死的：非死非活的人没有。但对原逻辑思维来说，人尽管死了，也以某种方式活着。死人活人的生命互渗，同时又是死人群中的一员。"[②]

[①]　[德] 卡西尔：《人论》，甘阳译，上海译文出版社1985年版，第107页。
[②]　[法] 列维－布留尔：《原始思维》，丁由译，商务印书馆1981年版，第298页。

马林诺夫斯基更为深入地论述了这一问题：

> 不死的信仰，乃是深切的情感启示底的结果而为宗教所具体化者；根本在情感，而不在原始的哲学。人类对于生命继续的坚确信念，乃是宗教的无上赐予之一；因为有了这种信念，遇到生命继续底希望与生命消灭底恐惧彼此冲突的时候，自存自保的使命才选择了较好一端，才选择了生命底继续。相信生命底继续，相信不死，结果便相信了灵底存在。构成灵的实质的，乃是生底欲求所有的丰富热情，而不是渺渺茫茫在梦中或错觉中所见到的东西。宗教解救了人类，使人类不投降于死亡与毁灭；宗教尽这种使命的时候，只利用关于梦、影、幻像等观察以为助力而已，有灵观的核心，实在是根据人性所有的根深蒂固的情感这个事实的，实在是根据生之欲求的。①

马林诺夫斯基所论述的宗教对于生命永恒的信仰，实际上和神话思维的生命循环意识属于同一性的问题。从文化哲学意义考察，人类信仰的起源的根本性原因就是对于死亡的畏惧心理，悲剧意识与生俱来地沉积于人类的心理结构之中。原始心灵对于生存所面临的第一个畏惧对象就是——死亡，它也构成了人类精神的最高的和最本源性的痛苦。海德格尔以哲学语言勾画了灰暗生命背景：

> 向死亡存在奠基在烦之中。此在作为被抛在世的存在向来已经委托给了它的死亡。作为向其死亡的存在者，此在实际上死着，并且只要它没有到达亡故之际就始终死着。此在实际上死着，这同时就是说，它在其向死亡存在之中总已经这样那样作出了决断。日常沉沦着在死亡之前闪避是一种非本真的向死亡存在。②

---

① ［英］马林诺夫斯基：《巫术、科学、宗教与神话》，李安宅译，中国民间文艺出版社1986年版，第33页。
② ［德］海德格尔：《存在与时间》，陈嘉映、王庆节译，生活·读书·新知三联书店1987年版，第310页。

海德格尔将死亡设定为存在者的存在的起点并且视之为时刻伴随此在的压抑性势能,他试图由此唤醒此在对于生命存在的价值与意义的领悟,这似乎为生命存在灌注于一种哲学的蕴含,然而毕竟无法排遣对于死亡的随时袭来的畏惧感。莎士比亚戏剧中的丹麦王子对死亡之思似乎比海德格尔更有着诗人的敏感,他的"生存还是毁灭"(To be or not to be)的独白成为文学史的经典台词之一。对于生命与死亡的永恒论题,任何的理性思考都显得苍白和脆弱,对于死神的黑色阴影,生命中所有的智慧和意志必将有如秋天里的面临萧瑟西风的枯叶。而唯一能够救度人类的工具只能是神话的永生信仰,它以想象力和情感来克服精神对于死亡的极度恐惧。神话以神灵、上帝、英雄的生命循环的故事模式使我们确信,永生是客观的毋庸置疑的事实存在,而且死亡的生命还可以复活,因为生与死之间并非存在一条不可逾越的界限。C. G. 荣格以现代人的观念深刻地觉察神话的永生信仰的存在意义:"'你脑子里关于上帝的影像或你对灵魂不朽的观念已经消失了,这造成了你的心理新陈代谢功能失常了。'古代的长生不老药,实际上比我们所想的不知道要深奥多少倍,要有意义多少倍!"[①] 神话的永生信仰构成人类精神的首要信仰,这种信仰以情感抗拒经验和以想象力抗拒逻辑实证,它具有原始思维的特征和诗意的倾向。当然它也具有某些潜在的美学特性,只是美学的信仰排斥它所隐含的功利和欲望的成分。

2. 神灵的信仰。传统神话信仰的另一个构成对象是神灵、上帝、英雄等方面,如果说神灵或上帝具有超越现实的想象因素,为人类精神的异化形式,而英雄则由现实性的人物演变与提升而来。他们共同构筑了神话信仰的偶像。无论是对神灵、上帝或者英雄的信仰,其同一性都在于:首先,神话意识都将他们看护为自己的神圣偶像,他们是一种真理与正义的象征,代表了一种完善的道德走向和伦理价值。其次,他们是救世主,担负着拯救世界、历史、人类的神圣使命和责任,同时也往往能够实现人类所赋予的重任。再次,他们集中了人类所有的智慧和预见性,甚至具有超越人类所有经验和智慧的神秘力量。最后,他们都属于

---

① [瑞士] C. G. 荣格:《人·艺术和文学中的精神》,卢晓晨译,工人出版社1988年版,第19页。

永生的存在，无论是神灵、上帝还是英雄，他们生命循环不息，即使死亡也可以复活。正像神话学家所说：

> 英雄崇拜几乎和人类文明一样悠久。甚至原始人就已经认识到，他之所以能够在异己的和经常是敌对的世界中生存下来，全靠其杰出首领的英勇和足智多谋。于是就有了各个部落所尊敬的一系列文化英雄，人们在故事、舞蹈、歌唱中赞美这些人物的技能和勇敢。当这些文化发展得比较成熟，其历史演变较为复杂时，那些熟记本部落大量口头传说的长者，就开始巩固和充实他们的历史，从而使某些前辈完全具有神话的性质。久而久之，这种进程就把英勇的斗士变成战无不胜的半人半神，并把贤哲尊奉为偶像化的圣人。这种圣人包括世界三大宗教（佛教、基督教、伊斯兰教）的创立者在内。佛陀、基督和穆罕默德都是真实的历史人物，但经过数百年的历史演变，他们自身的个性特征已被纯粹神话的气氛所湮没。……10世纪宋代的一幅中国画所示，佛祖已经舍弃世俗人格的一切痕迹，具有纯属神话的品格。①

神话思维中对于神灵的信仰，其实属于神、上帝、英雄乃至于祖先的综合体信仰，他们成为同一逻辑的不同存在形式而已。他们构成神话意识中最普遍的崇拜对象和信仰对象，在一定程度上具有了审美的意味。然而，他们作为神话思维的产品，附属一定的欲望目的和利益动机，从而限制了审美活动所应该具备的自由品质，使自己不可能获得超越性的主体功能。同时，又因为依赖对外在事物的信仰导致自我的无限可能性的消解，促使自我意识的萎缩，使功利性的信仰妨碍于诗性精神之飞扬，由此使审美活动不可能具有独立性和自由性。

神话的神灵信仰往往消解了存在者自身意义与价值，使人异化为神灵的附属品，人的自由意志被束缚在神灵的压抑性力量之中而不能发挥自主的作用，主体成为神灵的奴役和陪衬而无法成为历史舞台上的主角。

---

① ［美］戴维·利明、埃德温·贝尔德：《神话学》，李培茱等译，上海人民出版社1990年版，第37页。

其次，人在精神活动中由于处于边缘的地位，必然丧失自己的话语权力，他不可能去自由言说，当然也无法倾听到自己的声音。因为神已经作为人的代言人。尤其是随着这种信仰的权威被稳固，人的无限可能性只能逐渐地被削弱，直至丧失人的想象力和创造灵感。神灵的信仰最终导致人类审美精神的失落。

3. 正义的信仰。传统神话的信仰从抽象的观念形态来考察，还包含着真理和正义的信仰。有关真理问题，我们已经作了一定程度的探究，这里主要就"正义"问题进行简要辨析。

传统神话像信奉"真理"一样信奉一种叫作"正义"的东西。"正义"在传统形而上学里，被抽象为和上帝同样神圣的存在，柏拉图信奉不移的"理式"，黑格尔迷恋的"理念"以及康德所推崇的永恒的道德律令，乃至于叔本华的"生命意志"和尼采的"权力意志"，等等，都可以看为哲学家所守护的"正义"的东西。神话思维同样规定了"正义"的存在的合法性和合理性，将之视为纯粹的、抽象化的信仰对象。神话意识中的正义信仰，首先是借助于神灵或上帝来得以体现的。因为在原始人类看来，只有神灵或上帝才有资格充当"正义"的代表者或裁判者。其实，我们仔细地辨析"正义"的内涵，就会发现它不过是"真理"这一虚假意识在道德领域的变形而已，如果说真理象征为一种普遍的合理性和神圣性的存在对象，那么，正义则被隐喻为在道德层面的"真理"仆人。黑格尔在《美学》中设定了一个可以实行对两种片面性的历史力量进行和解的超然存在——历史的永恒正义。他以古希腊悲剧《安提戈涅》为例证进行解说，认为悲剧中冲突的双方均有合理的一面，但是都有片面的不合理的一面，冲突的双方最终导致一个悲剧性的结局，而这种结局则体现了历史的永恒正义的和解和胜利。[①]"正义"被规定为一种道德和伦理的力量，亲情和法律的冲突，唯有依赖于"正义"来衡量，而"正义"恰恰来自神话意识的信仰，这似乎构成一个悖论或循环论证。事实上，传统神话所信仰的"正义"依然是逻各斯中心主义的产物，它假定一个驱逐于自我或者使自我无法出场的境域，在这个境域里有一个

[①] 黑格尔有关《安提戈涅》的悲剧见解，可参见其《美学》第1卷第3章的相关论述，也可参见朱光潜的《西方美学史》下卷的"德国古典美学"里"黑格尔"一节。

端庄的偶像，它就叫"正义"。它既代表着道德也代表着法律、习俗，当然也象征一种合理的美的事物。因此，神话思维所信仰的"正义"一直在历史上被供奉了虚假的偶像，并深刻地影响了迄今为止的哲学、政治、法律、经济等方面。怀疑论美学认为，传统神话思维所构想的"正义"概念，和柏拉图"洞穴幻象"没有本质的差异。从美学视角上，这种"正义"只能成为一种虚假的审美抽象，而不可能成为审美活动的真正构成。

第三节　审美信仰

美从神话意义上看，它具有信仰的相似性质，它构成人类的终极的精神家园之一。传统美学一个重要的思维误区就是遗忘了信仰在审美活动中的重要功能和地位。怀疑论美学试图恢复信仰在审美活动的应有地位，同时将它与神话信仰作出必要的逻辑区别。

1. 自我信仰。传统的神话信仰是遗忘了自我存在或自我缺席的信仰，信仰对象由神灵、上帝或非人的英雄来担当。怀疑论美学所推崇的审美信仰，它将神灵、上帝、英雄从审美活动中驱逐出去，而将自我接纳为审美活动的主体并且将之安置到这一舞台的中心。或者说，将神灵、上帝、英雄还原为自我的象征体，他们转化为人的现实性存在，仍然获得在当今语境中的权力，然而仅仅作为一种精神性的抽象的或虚假的象征品而存在。神灵、上帝、英雄成为自我心灵的符号和存在的感性模式，自我精神的无限可能性取代他们成为审美活动的真正主角。

怀疑论美学的自我信仰首先清洗掉"本我"（Id）和"自我"（Ego）的因素，因为它们禀赋着潜意识本能的欲望，容易将审美活动引导到一个生命的享乐场所，从而构成对审美活动的破坏性力量。然而它接受"超我"（Super-ego）的入场。因为"超我"不仅仅限于道德的结构，它还可以引导存在者走向一个高尚的审美目标。其次，怀疑论美学的自我信仰排斥道德戒律，认为自我信仰不是道德信仰而是诗意信仰，因为道德自律与他律都不能解决审美的问题，道德倾向和美没有任何本质性的必然联系。关于这一点克罗齐有过精湛之论。最后，怀疑论美学的自我信仰抛弃实践意志的因素，认为存在主体所具有的日常经验与生活目标并不意味着和美之间有什么关系，相反，它们恰恰有可能形成对审美体验的障碍和遮蔽。

在这样一个前提之下，自我信仰，首先就属于纯粹意识的自我确立，也就是自我心灵对于自我存在的直接"阅读"或直接领悟，自我就是自己的摊开着的"书本"。"自我"为生活世界"立法"，为生命存在的意义与价值确定一个标准，并由此圈定一个"世界"中心。其次，所谓的自我信仰，就是自我对自我的怀疑与否定、提问和回答、批判与重建。它不仅仅是获得一种"自恋欲"（Narcissism）显明，而是集聚了自我信仰和自我批判的精神对立，正是在这种对立中使"信仰"得以可能，由此也表明，传统神话的信仰基本由情感所构成，这里的审美信仰却导入了理性的因素。最后，自我信仰，仅仅限于审美活动和艺术活动之中，并且这种信仰不构成话语垄断和权力意志，它只是独立自足地不妨碍他人存在和自由的自我意识。自我信仰也不是真理信仰或者科学的、实证的信仰，它仅仅是虚拟的、幻觉的、假定的信仰形式，并且自我也时刻意识到这种信仰的"虚无"性质，它仅仅是把它作为一种形而上的超越性存在而守望着。犹如神话思维中守望那个永远不会出现的"太虚幻境"或者屈原《九歌》中的湘水女神，然而这种以自我信仰作为图腾崇拜的心灵活动，为审美活动打开一扇惊鸿一瞥的窗口。

2. 虚无信仰。无论是传统的神话信仰还是宗教信仰、政治信仰，它们无一例外地确定了一个理性的或感性的功利主义的目标，至少是为某一种社会意识形态或者某一个社会集团所役使，它们无法超越工具性质的范畴。除此之外，其他信仰均有现实性的目的和具体的物质对象。即使是神话信仰和宗教信仰，它们都设定了神灵和上帝的存在。而怀疑论美学意义的自我信仰的这个"自我"，既不是弗洛伊德精神分析理论上的"本我"和"自我"，也不是现实存在中的那个物质化生存和工具化生存的那个"自我"，它严格过滤掉了本能欲望和实践意志等因素，它仅仅作为精神的无限可能性的象征品，作为纯粹的审美抽象的存在，然而它却是充满悟性和生命智慧的此在。这个"自我"，就是高度虚无化了的自我，它排除了种种本能的、实践的、工具化的、功利主义的外在因素，而只作为诗意的和智慧的生存方式而存在，它只是一个悬浮的、空灵的、幻觉化的自我，类似于庄子哲学中的"真人"境界，或者是秋水游鱼的绝对自由和澄明的境界。与其说是对自我的信仰，还不如说对自我所想象的生命的理想境界的沉迷。然而，正是这种对于自我的虚无化的信仰，可以将自己从现实世界的身"累"和心"累"中解救出来，同时使自己置身于审美欢愉和艺术创作的宁静之中，当然不是走向宗教的"寂灭"或"轮回"，不以毁灭生命的应有权力为代价。审美的虚无信仰也不是颜回式的自我受难和自我摧残，否定所有应有的物质享乐，甚至连生命的基本存在都不能保护，它仅仅是在诗意的原则上撇弃单纯对于物质享乐的迷恋，而引导心灵飘逸到一个更空灵、更自由、更澄明的精神目标。

　　虚无信仰肯定了精神的超越性和诗性，撇弃对于物质的追逐，但是肯定了生命的基本的感性权力。另外，虚无信仰也排斥意识形态对于审美活动的否定侵占和腐蚀。审美信仰的虚无性必须否定任何意识形态对于自己的渗透，它才可能保持自我的纯粹性和独立性。虚无信仰或者表述为对"虚无"的一种信仰态度，它唯有悬置意识形态才可能保证自己获得一种纯粹意识和诗性精神，回到最高的澄明状态。意识形态作为理性化的存在方式，它必然以逻辑化的方式、强制的社会力量迫使心灵活动服从于它的存在，从而使精神的自由被剥夺，由此丧失审美活动的主体性和想象力。同时，任何一种意识形态都是具有功利性的或者潜藏一定欺骗性的精神存在，它也必然使心灵活动陷入功利目的性和虚假意识的泥潭，无法获得对美的领悟。由此，审美主体唯有守护着对虚无的信仰，才可能使审美得以可能。这构成我们又一个基本的理论原则。

　　3. 直觉的信仰。我们放弃对于知识、理性、经验、实践、真理等的信仰，转而趋向于对直觉的信仰。因为只有凭借直觉（Intuition）活动我们才可能接近美的本身，或者更确切地说，从自我意识中获得美的领悟。克罗齐将直觉看作知识的构成之一：

> 知识有两种形式：不是直觉的，就是逻辑的；不是从想像得来的，就是从理智得来的；不是关于个体的，就是关于共相的；不是关于诸个别事物的，就是关于它们中间关系的；总之，知识所产生的不是意象，就是概念。①

---

① ［意大利］克罗齐：《美学原理·美学纲要》，朱光潜译，外国文学出版社1983年版，第7页。

和克罗齐的这一看法不同，我们将直觉理解为非知识形态的精神活动。尽管直觉活动可能符合于知识形式，但是在美学意义上，我们将它和知识严格区分开来。同时，我们也不接受克罗齐的直觉即是表现的观点，而认为直觉就是未经过表现也不必经过表现的心灵活动。然而，克罗齐关于直觉具有联想的特性这一看法我们予以采纳，因为它符合于实际。怀疑论美学认为，在审美活动中，主体不依赖于逻辑形式把握世界和认识自我，既不赋予现象界以客观形式，也不以自我情感去征服对象，它仅仅以直觉的方式去想象化地领悟世界和阅读自我，或者说是对自我进行提问和回答，由此直觉被设定为精神的信仰之一。然而，直觉仅仅存在于心灵的隐秘之处，它不能被表现或被形式化，因为它一旦被"表现"，就必然被改变为一种逻辑化的和观念化的东西，带有工具理性和目的性。并且这种"表现"使其堕落为现实性的"话语"，成为非我的东西或异化的东西。从"表现"的形式来看，它往往借助于语言或者其他感性符号得以呈现，而这些形式仅仅揭示美的外象不能呈现美的本真存在。

对于直觉的信仰旨在于表明这样的姿态，那就是美仅仅在直觉活动中可能属于澄明的或者本真的存在，它才是原初状态的未被变形或异化了的自我，同时也因为对于直觉的信仰，才排斥了逻辑工具和其他功利性目的对于美的侵蚀。因为知识形式对于审美活动是不可靠的，它容易以概念和逻辑的方式来切割世界和心灵，由此破坏审美的完整性和有机统一性。还因为直觉活动潜在地和诗意的想象相沟通，对直觉的信仰也就是意味着对于诗意超越的向往和守望。在庄子哲学里，充满智慧和幽默的审美活动都是借助于直觉得以展开的，它放弃语言、逻辑、知识、经验、情感等理性与感性的因素，在最大限度上衍射想象力和体验的功能，以直觉去承担审美智慧的开启和发挥诗意的创造，才保证了心灵的自由和完整，获得了精神的无限可能性的展开。所以，审美活动对于直觉的信仰就是对自我的信仰的直接延伸。

怀疑论美学的审美信仰和传统的神话信仰既有联系又有区别，它以自我的超越现实欲望和否定知识形式的魅力获得独特的存在方式。当传统神话被现代心灵逐渐消解的今日，我们必须看到，神话思维依然存在于我们的文化心理结构之中,同时现代心灵仍然在制造新的神话和神话信仰。怀疑论美学有限度地规定自己的审美信仰,并打通和神话思维的潜在联系,希冀承认和设定一种当今文化语境之中的审美神话和审美信仰。

第 九 章

审美神话

第一节　神话的探询

"神话"（Myth）也许是人类精神最早的自我觉醒的标志之一，尽管这种觉醒带有幻象性特征。"神话"在词源学上，它来自希腊语"Myth-os"，词根为"mu"，是使用嘴发出声音的意思。这意味着神话隐含着和语言的联系。人作为"符号的动物"（Animal symbolicum），"符号化的思维和符号化的行为是人类生活中最富于代表性的特征，并且人类文化的全部发展都依赖于这些条件，这一点是无可争辩的。"[①] 神话的确是人类最早的以语言为核心的符号化活动的结果，它奠定了人类文化发展的一个重要基础。

1. 神话逻各斯和神话诗学

德国浪漫派的代表人物之一——谢林，对神话表现出一种形而上的沉迷和推崇，他在《艺术哲学》中认为："神话乃是任何艺术的必要条件和原初质料。""神话乃是犹为庄重的宇宙，乃是绝对面貌的宇宙，乃是真正的自在宇宙、神圣构想中生活和奇迹迭现的混沌之景象；这种景象本身即是诗歌，而且对自身来说同时又是诗歌的质料和元素。它（神话）即是世界，而且可以说，即是土壤，唯有根植于此，艺术作品始可吐葩争艳、繁茂兴盛。"[②] 谢林在艺术本体论的着眼点上，规定了神话的逻各斯中心地位。在他看来，神话象征最高的美学意义和包含所有的艺术特

[①] ［德］卡西尔：《人论》，甘阳译，上海译文出版社1985年版，第35页。
[②] ［德］谢林：《艺术哲学》上册，魏庆征译，中国社会出版社1996年版，第64页。

征，它是审美活动和艺术活动的起始原因。不仅如此，神话还被他转喻为哲学和伦理观念诞生的源泉：

> 神话既然是初象世界本身、宇宙的始初普遍直观，也就是哲学的基础，而且不难说明：即使希腊哲学的整个方向，亦为希腊神话所确定。最古老的希腊自然哲学，便是最先从中产生者；当阿那克萨哥拉（"诺斯"）尚未赋之以，以及继其后的苏格拉底尚未以尤为完满的形态赋之以理性主义因素之时，它依然是纯属现实主义的。而神话又是哲学伦理部分的初源。伦理关系的始初观念（Ansichten），而首先是为一切希腊人所共有者（迄至以索福克勒斯为代表的文化高峰），以及深深地铭刻于他们所有作品中的、世人依附于神的情感、同样见诸伦理问题的节制和适度、对于飞扬跋扈和恣意妄为的厌恶，如此等等，——索福克勒斯的著作中的这些美德懿行，仍然来源于神话。①

这位对神话强烈偏爱的思想家，表现出哲学视野上的"神话至上论"。他为人类的文化起源确立了一个唯一性动因——"神话"，它被规定为人类精神的图腾与偶像，甚至被抽象成了宇宙的本质或本源，构成为世界的终极意义和精神存在的最高价值，它已经和柏拉图的理式、黑格尔的理念和绝对精神成为同一性质的存在，提升为形而上的具有普遍哲学意义与伦理价值的"逻各斯"。谢林的"神话哲学"，其本身就是一个虚构的"哲学神话"，是凭借浪漫派的虚假的主观逻辑所建构的一个思想楼阁，尽管它不乏哲学和美学的价值，然而终归只限于希腊文化或希腊神话的范畴，还难以具有适用于人类不同文化的普遍意义。

像他的德意志同胞谢林一样，尼采同样表现出对希腊神话的哲学的和美学的双重迷醉。他在一系列的著述中，推出所构想的"酒神精神"（阿波罗精神）和"日神精神"（狄俄倪索斯精神），认为前者象征了梦幻和理想，后者隐含着欲望和放纵。而两者的结合就导致希腊悲剧乃至整个艺术的诞生。在尼采看来，阿波罗和狄俄倪索斯这两种神话精神的

---

① ［德］谢林：《艺术哲学》上册，魏庆征译，中国社会出版社1996年版，第76页。

汇合就构成了整个西方艺术乃至于整个西方文明的诞生。他在《悲剧的诞生》中说：

> 这是一个无可争辩的传统：希腊悲剧在其最古老的形态中仅仅以酒神的受苦为题材，而长时期内唯一登场的舞台主角就是酒神。但是，可以以同样的把握断言，在欧里庇得斯之前，酒神一直是悲剧主角，相反，希腊舞台上一切著名角色普罗米修斯、俄狄浦斯等等，都只是这位最初主角的面具。在所有这些面具下藏着一个神，这就是这些著名角色之所以具有往往如此惊人的、典型的"理想"性的主要原因。①

姑且不论尼采这样的论断是否符合古代希腊艺术的实际，然而至少可以认为是对古希腊悲剧乃至整个古希腊艺术的起源的一种美学阐释。尼采的神话理论更重要的内容在于，感伤于神话意识或神话精神的衰微，竭力阻止神话的消亡趋势，对科学精神进行"审美"批判，试图重建一个当时历史语境里的希腊神话的乌托邦，从而复活德意志民族的神话精神：

> 只要想一想这匆匆向前趱程的科学精神的直接后果，我们就立刻宛如亲眼看到，神话如何被它毁灭，由于神话的毁灭，诗如何被逐出理想故土，从此无家可归。只要我们认为音乐理应具备从自身再生出神话的能力，那么，我们就会发现科学精神走在反对音乐这种创造神话的能力的道路上。②
>
> 谁也别想摧毁我们对正在来临的希腊精神复活的信念，因为凭借这信念，我们才有希望用音乐的圣火更新和净化德国精神。否则我们该指望什么东西，在今日文化的凋蔽荒芜之中，能够唤起对未来的任何令人欣慰的期待呢？

---

① ［德］尼采：《悲剧的诞生》，周国平译，生活·读书·新知三联书店1986年版，第40—41页。

② 同上书，第73页。

……悲剧端坐在这洋溢的生命、痛苦和快乐之中，在庄严的欢欣之中，谛听一支遥远的忧郁的歌，它歌唱着万有之母，她们的名字是：幻觉，意志，痛苦。——是的，我的朋友，和我一起信仰酒神生活，信仰悲剧的再生吧。苏格拉底式人物的时代已经过去，请你们戴上常春藤花冠，手持酒神节杖，倘若虎豹讨好地躺在你们的膝下，也请你们不要惊讶。现在请大胆做悲剧式人物，因为你们必能得救。你们要伴送酒神游行行列从印度到希腊！准备作艰苦的斗争，但要相信你们的神必将创造奇迹！①

　　尼采运用富有情感诱惑力的诗歌语言，表达对复活古希腊神话精神的坚定信念，而音乐作为一种复活希腊神话精神和净化德国精神的首要选择的工具。尼采也许没有意识到，当他在企图复活古典神话的同时，他恰恰又在虚构一种在新的历史语境里的新的神话，这就是尼采式的"神话"和具有普遍性的德意志民族精神的"神话"。无疑，尼采的神话理论具有二重性：一方面它关切传统神话意识和神话精神的衰微，认为客观上导致艺术创造力和生命激情的萎缩，而科学精神的日趋强化则加剧神话的消亡，进一步逼迫"诗"离开理想的故土。这种对待神话眷恋的怀旧情结反映了尼采古典主义的人文精神，在一定程度上具有历史的合理性和美学价值。另一方面，尼采的神话理论，弥散着浓厚的种族主义的谬误和文化偏执的情绪，包含着德国学者普遍存在的希腊情结和德意志情结，当然，储藏这两种情结也无可厚非，不过它们常常作为西方中心论的精神本源和狭隘民族主义信仰的心理基础，甚至还被利用作为后来的"纳粹神话"的思想资源，这就是一个值得深思的问题了。其实，尼采的神话理论所隐含的负面内涵是不能忽视的，它甚至构成对美学的一种无意识的危害和对世界普遍价值的明确颠覆，它事实上也是一个彻头彻尾的种族神话的象征品，因此隐蔽着"反美学"的特征。任何一种神话均包含着"欺骗"的双重性：它既主动性地"欺骗"别人，同时又被动性地"自欺"。当然，尼采的"神话"也不例外。

---

① ［德］尼采：《悲剧的诞生》，周国平译，生活·读书·新知三联书店1986年版，第88—89页。

2. 神话的诗性之思

列维-斯特劳斯对神话研究做出了一定的贡献,他的《结构人类学》、《神话学》、《野性的思维》、《忧郁的热带》等都是堪称经典的神话理论著作。列维-斯特劳斯从结构主义的观点展开对神话的探索,着重探究了神话思想的特征。在《野性的思维》里,他认为:

> 神话思想的特征是,它借助于一套参差不齐的元素表列来表达自己,这套元素表列即使包罗广泛也是有限的;然而不管面对着什么任务,它都必须使用这套元素(或成分),因为它没有任何其它可供支配的东西。所以我们可以说,神话思想就是一种理智的"修补术"——它说明了人们可以在两个平面之间观察到的那种关系。①
>
> ……
>
> 实际上,产生神话的创造行为与产生艺术作品的创作活动正相反。对于艺术作品来说,起始点是包括一个或数个对象和一个或数个事件的组合,美学创造活动通过揭示出共同的结构来显示一个整体性特征。神话经历同样的历程,但其意义相反:它运用一个结构产生由一组事件组成的一个绝对对象(因为所有神话都讲述一个故事)。因而艺术从一个组合体(对象+事件)出发达到最终发现其结构;神话则从一个结构出发,借助这个结构,它构造了一个组合体(对象+事件)。②

列维-斯特劳斯认为神话是借助一套参差不齐的元素表列来表示自己的意识,也就是说,神话的基本元素(神话素)是不变的,而且众多神话故事都隐含着基本相同的结构。另外,区别了神话与艺术的不同,认为神话有着相同的稳定的无意识结构,由于相同的故事元素构成不同的组合体。而艺术则由一个或数个对象与事件的组合,以不同的结构和

---

① [法]列维-斯特劳斯:《野性的思维》,李幼蒸译,商务印书馆1987年版,第22—23页。

② [法]列维-斯特劳斯:《结构人类学》,陆晓禾等译,文化艺术出版社1989年版,第33—34页。

方式来显示一个整体性特征。像西方许多的神话学家一样，列维－斯特劳斯将神话思维看作土著民族或未开化民族的"野性的思维"，而这种思维无疑属于低级的思维形式，它与科学思维或逻辑思维形成一个明显的对照。他还认为："神话（它一直在逃避历史的乌托邦梦想中汲取养料）在一贯地与意指作用的缺乏进行着斗争，而科学（它限于通过无止境的校正来进行）则渴望知识，而不渴望意指作用。"① 这些看法，既包含着合理性成分，但是也存在一定的谬误。尤其是将神话思维看作"野性的思维"，可以说是对神话思维的误解。因为神话思维一直作为人类的重要的思维方式而存在，并且迄今为止仍然在发挥着它积极的功能，而且随着历史文化语境的变化，它继续施展着它的精神魅力，尤其对人类的审美活动和艺术活动产生着巨大而深刻的影响。

另一位法国文化人类学家列维－布留尔写作的《原始思维》，也对神话做了深入的研究。他仍然没有摆脱将非西方的民族视为野蛮人的思想窠臼，将他们的思维称为"原始思维"或"原逻辑的思维"（Prélogical thought）。这种思维体现为拥有世代相传的神秘性质的"集体表象"，并且这些集体表象之间的联系超越一般的逻辑形式，它们凭借存在物与客体之间的神秘的互相渗透而产生联系。例如，他通过对丧葬仪式的研究，揭示了某些原始部落对待死者的心理状态，显现了在他们的信仰中，生与死被消解了逻辑界限。他还通过对原始部落的某些巫术、习俗以及他们神秘梦幻的研究，阐述了原始思维具有人神互渗、生者与死者互渗、超越因果律、时间逻辑等特点。他认为：

> 相应地说，神话则是原始民族的圣经故事。不过，在神话的集体表象中神秘因素的优势甚至超过我们的圣史。同时，由于互渗律在原始思维中还占优势，所以伴随着神话的是与它所表现的那个神秘的实在的极强烈的互渗感。……这里，问题在于在神话中也如同在圣史中一样，原始人获得社会集体与其自身的过去的互渗，他感到社会集体可以说是实际生活在那个时代，他感到他与那个使这部

---

① ［法］若斯·吉莱莫·梅吉奥：《列维－斯特劳斯的美学观》，怀宇译，中国社会科学出版社1990年版，第109页。

族成为现在这样子的东西有一种神秘的互渗。简而言之，对原始人的思维来说，神话既是社会集体与它现在和过去的自身和与它周围存在物集体的结为一体的表现，同时又是保持和唤醒这种一体感的手段。①

列维-布留尔对于神话思维所具有的构成集体意识的积极作用有着比较清晰的认识，他所认为的原始思维的"互渗律"也客观地存在于某些民族的文化心理之中。然而，必须指出的是，列维-布留尔像许多西方学者一样，也是欧洲中心主义的信奉者，他以"地中海文明"作为人类文明的最高形式，而其他文明都是低级形态的文明，与此相对应，非"地中海的文明"的思维方式都是原始思维的方式。据说，列维-布留尔因为阅读了法译本的《史记》产生了探究原始思维的冲动，但是他的《原始思维》中有关对中国人的思维研究所援引的材料仅仅限于德·格鲁特（der Groot）这位曾经生活在中国的传教士写作的《中国人的宗教》（The Religion of the Chinese）一书。而德·格鲁特的《中国人的宗教》以及他的《中国的宗教体系》（The Religious System of China）均是充满了偏见和谬误的著述，而且所考察的历史对象和文化背景不能全面和客观地反映中国的思想文化的状况。其实，无论是列维-布留尔还是德·格鲁特，都表现出对于中国的思想传统和文化传统的无知与偏见。列维-布留尔所讨论的有关中国人的"原始思维"也限于当时历史条件下的某些原始部落的文化心理状况。

3. 神话的无意识张力

像弗洛伊德发现"无意识"对于个人的精神存在所具有的重要意义一样，荣格提出的"集体无意识"学说则具有理解人的普遍存在的精神结构的理论意义。荣格的"集体无意识"的主要内容是"原型"，"原型"则属于原始意象储藏，而这些原始意象又往往来源于神话思维或神话意识。这样，我们就看到了荣格的集体无意识的理论和神话的逻辑联系。荣格在《集体无意识的概念》一文中写道：

---

① ［法］列维-布留尔：《原始思维》，丁由译，商务印书馆1981年版，第437—438页。

集体无意识是精神的一部分。它与个人无意识截然不同，因为它的存在不象后者那样可以归结为个人的经验，因此不能为个人所获得。构成个人无意识的主要是一些我们曾经意识到，但以后由于遗忘或压抑而从意识中消失了的内容；集体无意识的内容从来就没有出现在意识之中，因此也就从未为个人所获得过，它们的存在完全得自于遗传。个人无意识主要是由各种情结所构成的，集体无意识的内容则主要是"原型"。

原型概念对集体无意识观点是不可缺少的，它指出了精神中各种确定形式的存在，这些形式无论在何时何地都普遍地存在着。在神话研究中它们被称为"母题"；在原始人类心理学中，它们与列维－布留尔的"集体表现"（此概念一般译为"集体表象"。引者注。）概念相契合；在比较宗教学的领域里，休伯特与毛斯又将它们称为"想象范畴"；阿道夫·巴斯蒂安在很早以前则称它们为"原素"或"原始思维"。①

美国学者 C.S. 霍尔和 V.J. 诺德贝对荣格的集体无意识的概念作了这样的阐释："集体无意识是一个储藏所，它所储藏着所有那些被荣格称之为'原始意象'（Primordial images）的潜在的意象。原始（Primordial）指的是最初（First）或本源（Original），原始意象因此涉及到心理的最初的发展。人从他的祖先（包括他的人类祖先，也包括他的前人类祖先和动物祖先）那儿继承了这些意象。"② 集体无意识的"原型"无疑是神话的象征品，或者说由它建构了神话思维和神话意识。如果说"集体无意识"隐喻着整个人类的精神存在的本质，集中地体现了人类普遍存在的思维方式；那么，"原型"（Archetypes）也不仅仅作为某个民族或者某个原始部落的集体经验和思维样式，扮演为一个特定的蒙昧心理的角色，而是作为人类所共有的精神结构而普遍地存在于每一个人的心理深层之

---

① ［瑞士］荣格：《心理学与文学》，冯川、苏克译，生活·读书·新知三联书店1987年版，第94—95页。

② ［美］C.S.霍尔、V.J.诺德贝：《荣格心理学入门》，冯川译，生活·读书·新知三联书店1987年版，第40—41页。

中。无疑，荣格对神话思维的理解不仅具有形而上的眼光和超越民族偏见的襟怀，更呈现出一种对人类心理结构的深刻洞见。更进一步，荣格从"集体无意识"的"原型"概念出发，探讨了文学与心理学的关系，认为文艺创造与"原型"存在密切联系，"艺术创作和艺术效用的奥秘，只有回归到'神秘共享'的状态中才能发现"，因此，神话思维构成艺术诞生和发展的重要因素，而且仍然影响着现代文艺的走向。

4. 神话的文化功能

作为文化人类学的功能学派的代表人物马林诺夫斯基也对神话发表了独到的看法，在《巫术、科学、宗教与神话》一书中批评了历史派神话学将一切神话都看作历史的观点，他说："我们不能否认，历史与自然环境的必然要在一切文化成就上留下深刻的痕迹，所以也在神话上留下深刻的痕迹。然将一切神话都只看作历史，那就等于将它看作原始人自然主义的诗词，是同样错误的。"① 他注重从神话对于社会功能的角度探究其存在的意义与价值：

> 我们就要见到，研究活着的神话，神话并不是象征的，而是题材底直接表现；不是要满足科学的趣意而有的解说，乃是要满足深切的宗教欲望，道德的要求，社会的服从与表白，以及甚么实用的条件而有的关于荒古的实体的复活的叙述。神话在原始文化中有不可必少的功用，那就是将信仰表现出来，提高了而加以制定；给道德以保障而加以执行；证明仪式底的功效而有实用的规律以指导人群，所以神话乃是人类文明中一项重要的成分；不是闲话，而是吃苦的积极力量；不是理智的解说或艺术的想象，而是原始信仰与道德智慧上实用的特许证书。②

马林诺夫斯基未免过于强调了神话所具有的现实作用和社会功能，而忽视了它对于审美和艺术的积极作用，并且否定了神话的象征功能以

---

① ［英］马林诺夫斯基：《巫术、科学、宗教与神话》，李安宅译，中国民间文艺出版社1986年版，第83页。
② 同上书，第86页。

及想象性的创造活力。这使得他的神话观念难免存在实用主义和保守倾向的弊端。

5. 神话本质的美学运思

能够同时对"传统神话"和"现代神话"这两种不同类别的神话形式都进行深入探讨的理论家为数稀少,而恩斯特·卡西尔可谓当之无愧的一位。他的有关神话的思考丰富而独特,笔者仅就他的神话与情感、神话与语言这两个环节进行描述。卡西尔批评了使神话理智化的企图——将它解释为理论真理或道德真理的一种寓言式的表达,认为这样做必然会彻底失败。他指出:

> 神话的真正基质不是思维的基质而是情感的基质。神话和原始宗教决不是完全无理性的,它们并不是没有道理或没有原因的。但是它们的条理性更多地依赖于情感的统一性而不是依赖于逻辑的法则。这种情感的统一性是原始思维最强烈最深刻的推动力之一。
> ……
> 神话是情感的产物,它的情感背景使它的所有产品都染上了它自己所特有的色彩。原始人绝不缺乏把握事物的经验区别能力,但是在他关于自然与生命的概念中,所有这些区别都被一种更强烈的情感湮没了:他深深地相信,有一种基本的不可磨灭的生命一体化(Solidarity of life)沟通了多种多样形形色色的个别生命形式。原始人并不认为自己处在自然等级中一个独一无二的特权地位上。所有生命形式都有亲族关系似乎是神话思维的一个普遍预设。①

卡西尔揭示出神话或神话思维的一个隐秘,那就是它更多地依赖于情感的信仰而不是依赖于逻辑与经验。尤其是体现在关于生命存在的观念上,神话思维认为生与死之间不存在一条明显的分界线,世界上的任何生命形式都是一体化的可以互相沟通或者相互转移的循环性质的存在,它们之间结成了神圣的亲族关系,哪怕是人与动物、植物之间也不例外。诚如卡西尔所论,神话和神话思维呈现出超越理性和逻辑的特性,它们

---

① [德]卡西尔:《人论》,甘阳译,上海译文出版社1985年版,第104—105页。

更凭借于情感信仰而发挥社会功能,然而,卡西尔有所忽略了神话的另一个事实,就是神话往往也包含着理性思维和理性精神,只不过它们以潜藏的方式存在于神话意识之中。卡西尔对于神话的另一个独特思考是揭示了语言与神话的潜在联系。在其《语言与神话》里,睿智地指出:

> 语言意识和神话——宗教意识之间的原初联系主要在下面这个事实中得到表现:所有的言语结构同时也作为赋有神话力量的神话实体而出现;语词(逻各斯)实际上成为一种首要的力,全部"存在"(Being)与"作为"(Doing)皆源出于此。在所有神话的宇宙起源说,无论追根溯源到多远多深,都无一例外地可以发现语词(逻各斯)的至高无上的地位。①

卡西尔在语言与神话之间寻找到一种密切的本质性关联,那就是语言与神话都作为构成人类精神本质的基本存在,它们不仅充当人类思维的工具而且本身就作为一种本体性结构而发挥强大的符号功能。在他看来,语言、神话、艺术构成人类精神三位一体的同一性的文化活动的要素,它们是精神存在同一本质的不同存在方式而已,而它们所共同具有的一个特征就是"隐喻"性和"隐喻思维"(Metaphorcal thinking)。卡西尔揭示了语言、神话、艺术之间的深层隐秘。

神话也许是当今思想黄昏中的最后一丝的夕阳余晖,因为随着实用理性的日臻强化和科学技术的飞速发展,它曾经拥有的美好时光似乎是黄鹤一去。马克思在《政治经济学批判·导言》中写道:

> 希腊神话不只是希腊艺术的武库,而且是它的土壤。成为希腊人的幻想的基础、从而成为希腊神话的基础的那种对自然的观点和对社会关系的观点,能够同自动纺织机、铁道、机车和电报并存吗?在罗伯茨公司面前,武尔坎又在哪里?在避雷针面前,丘必特又在哪里?在动产信用公司面前,海尔梅斯又在哪里?任何神话都是用

---

① [德]卡西尔:《语言与神话》,于晓等译,生活·读书·新知三联书店1988年版,第70页。

想象和借助想象以征服自然力，支配自然力，把自然力加以形象化；因而，随着这些自然力之实际上被支配，神话也就消失了。①

这段话为无数学者耳熟能详并且援引过无数次，作为"神话消亡论"的理论依据，马克思在当时历史语境中对于神话本质的阐释包含着一定的合理性。然而，在当今历史语境中，不能满足于仅仅把马克思的这段话作为思考"神话"的逻辑前提，而忽视对"现代神话"的深入探究。在后现代的历史语境里，科学技术的发展已经远远超越了马克思的工业时代的所见所闻，然而是否意味着"神话"和"神话思维"的彻底解构和消亡呢？答案是否定的。神话学家列维－斯特劳斯说：

> 我们知道，神话本身是变化的。这些变化——同一个神话从一种变体到另一种变体，从一个神话到另一个神话，相同的或不同的神话从一个社会到另一个社会——有时影响构架，有时影响代码，有时则与神话的寓意有关，但它本身并未消亡。因此，这些变化遵循一种神话素材的保存原则，按照这个原则，任何神话永远可能产生于另一个神话。②

在列维－斯特劳斯看来，神话仅仅在空间上消亡，而在时间上则不会消亡。因为神话的基本元素和基本结构是恒定的，一则神话在进入不同的地理环境和人文背景后，它的构架、代码、寓意必然发生变异，但是神话的基本要素、结构不会发生质的变化，所以它在历史时间中不会消亡，仅在某个地域会消亡。

第二节 与以往神话观念的差异

无论是传统的神话观念还是现代的神话观念，它们都试图在审美活

---

① 《马克思恩格斯选集》第2卷，人民出版社1966年版，第113页。
② ［法］列维－斯特劳斯：《结构人类学》，陆晓禾等译，文化艺术出版社1989年版，第259页。

动、艺术活动和神话之间建立一种逻辑关联，也的确可以看到它们潜在的或间接的联系。然而，怀疑论美学通过对不同的神话观念的考察研究后认为，它们都没有形成一种严格意义上的"美学神话"和"审美神话"的范畴，而怀疑论美学试图建构一种"美学神话"（The Myth of Aesthetics）和"审美神话"（Aesthetic Myth）的概念，本着理论研究的"辨异"和"求同"双重展开，首先寻找出"美学神话"与"审美神话"和传统的神话概念的区别，其次在"神话"概念和美学、审美之间建立一种较为清晰的理论意义上的逻辑关联，最后使自己的概念得以确立。

"美学神话"和"审美神话"的概念的确立，首先在于寻求和以往神话观念的差异性。这两个概念应该说是对"神话"的转喻而来，它保留了以往"神话"的某些特征，然而更多地赋予怀疑论美学的理论内涵。

1. 本质之差异。"美学神话"和"审美神话"的概念，和传统神话的本质性差异在于：传统神话在原初意义上是"神的故事"，像卡西尔所指出："对谢林而言，一切神话本质上都是诸神的理论和历史。谢林的神话哲学，就像安德鲁·朗、威廉·施米特和威廉·科珀的人种学理论一样，假设在多神教神话之前，有一个最初始的原始神教。"[①] 总之，神话中的神灵属于人类早期心理经验的幻想或幻觉的产物。像费尔巴哈在《基督教的本质》中论述宗教里的"上帝"不过是人的精神的异化一样，神话里的"神"也是人的自我精神的异化。费尔巴哈说：

> 上帝之意识，就是人之自我意识；上帝之认识，就是人之自我认识。你可以从人的上帝认识人，反过来，也可以从人认识人的上帝；两者都是一样的。人认为上帝的，其实就是他自己的精神、灵魂，而人的精神、灵魂、心，其实就是他的上帝：上帝是人之公开的内心，是人之坦白的自我；宗教是人的隐秘的宝藏的庄严揭幕，是人最内在的思想的自白，是对自己的爱情秘密的公开供认。[②]

---

① ［美］大卫·比德内：《神话、象征与真实性》，载约翰·维克雷主编《神话与文学》，潘国庆等译，上海文艺出版社1995年版，第180页。
② ［德］费尔巴哈：《基督教的本质》，荣震华译，商务印书馆1984年版，第42—43页。

和上帝一样，神在本质意义上也是人的精神异化或人的自我意识。但是，与宗教里的上帝有所不同的是，人主要凭借理性信仰来确立上帝的存在和价值，而神话中的"神"则更多属于人的精神的幻象性存在，主要依赖于心理的幻想或幻觉乃至梦幻而存在。美国神话学家约瑟夫·坎贝尔在《生物与神话：神话学导论》中写道："神话如梦如幻，而且像梦一样，它也是心灵的自发产物，它像梦一样也揭示了人的心理，从而揭示了人类的整个本质及其命运，像梦一样——像生活一样——对于未开启的自我而言，它是不可思议的，然而它又像梦一样保护了那个自我。"① 约瑟夫·坎贝尔的论述显然在神话与梦之间找到了一种相似性的精神特性，却忽略了"梦幻"往往是构成神话和神话意识的重要因素。弗雷泽、列维-斯特劳斯、列维-布留尔、马林诺夫斯基、卡西尔等人都不同程度地涉及了原始思维或神话思维和梦幻之间的密切关系。如果说梦幻或幻觉构成了传统神话的一个本质特征，而作为神话的主体——"神"必然属于幻想或者梦幻的产物。与此存在差异的是，"美学神话"和"审美神话"恰恰拒绝了神的存在，"神的故事"不再作为"神话"的主要内容，"神"也不再充当神话主体。那么，它就将人的自我存在接纳为这种神话的主要内容，人的精神的自由活动成为神话的主体。同时，"美学神话"和"审美神话"放弃传统神话的以信仰情感的方式确立梦幻或幻觉的合理性和真实性，从而确立"神"的合理性和真实性的思维规则，转向为清醒地意识到梦幻或幻觉的虚拟性或假定性，当然，也不完全否定它们在审美活动和艺术活动中的积极作用和潜在功能。

2. 生存功能之差异。"美学神话"与"审美神话"和传统神话存在生存功能的差异。传统神话和梦幻存在一定的联系，梦幻在精神分析理论的意义上，象征着某种潜意识的欲望的满足，弗洛伊德认为："梦是一种完全合理的精神现象，实际上是一种愿望的满足。梦可能是清醒状态的明白易懂的精神活动的延续，也可能由一种高度复杂的智力活动所构成。"② 既然神话在一定程度上和梦幻存在逻辑联系，梦幻是潜意识的欲

---

① ［美］约瑟夫·坎贝尔：《生物与神话：神话学导论》，载约翰·维克雷主编《神话与文学》，潘国庆等译，上海文艺出版社1995年版，第66页。

② ［奥］弗洛伊德：《梦的释义》，张燕云译，辽宁人民出版社1987年版，第114页。

望的满足，那么，也就意味着传统神话无法摆脱本能性的生物欲望以及功利性的目的追求，事实也如此。正像弗雷泽在《金枝》里所揭示的那样，神话与氏族社会的仪式、巫术、古代制度、历史事件、历史人物、宗教信仰、自然现象、地理名称等存在密切的联系。其他一些神话学家也论述了神话具有论述现存体制的作用，体现出隐喻历史事实和解释人性的功能，神话在古代社会还担负娱乐的责任，等等。这就意味着，传统神话在生存意义上，既表现着个体潜意识本能的欲望，又负载着集体无意识的原型所体现的群体意志，因此它具有许多实用性的社会功能，在当时的社会生活中起着一定的功利性的作用。怀疑论美学所界定的"美学神话"和"审美神话"，在生存功能上，它既排斥个体的本能欲望的存在，承诺审美活动必然是对生物性的潜意识本能的清除和过滤，而只有这样才可能保证主体的精神自由和展开心灵世界的无限可能性；又拒绝社会群体的感性的和理性的功利性因素进入精神自律的活动，因为任何一种对现实性的功利目的的介入活动都可能破坏审美活动的自由性和纯粹性，从而导致美的被遮蔽和被颠覆。其次，传统神话在生存功能上，由于处于特定的历史文化语境，必然体现社会的意识形态，如道德感和价值准则、民族主义、种族主义、国家主义等观念，因此它必然地破坏审美活动的超越性和自主性，使美屈从于其他意识形态的价值杠杆，因此无法获得存在的澄明和空灵。而怀疑论美学所言说的"美学神话"和"审美神话"，就在于它们攫取于传统神话所禀赋的想象力和领悟力的活性因素，借鉴了它的梦幻方法和幻觉的自由性，从而为审美活动开辟了一条绝对自由和自主的理想道路。但是它们对传统神话所原初包含的欲望本能、功利目的、价值准则、道德意识等妨碍审美的因素尽量剔除，以保证主体存在对美的自我发现的可能性。

3. 具体形式之差异。从结构形式上考察，传统神话作为"神"或"英雄"的故事，必然表现出一个相对完整的叙事结构，列维－斯特劳斯就是通过对不同的神话元素的研究，从语言学的结构原理上受到启发，揭示不同神话所具有的同一性的完整的无意识的结构模式，他在《结构人类学》中说："不论神话是个人的再创造，还是来自传统，它从其个人的抑或集体的源泉中（在这二者之间不断地进行着互相渗透和交换）汲取它使用的形象材料。但是结构保持不变，而象征功能则是通过结构来完成的。"① 而"美学神话"和"审美神话"，则放弃这种结构的整体性，它也不采取叙述故事的方式来呈现自我，而以想象的碎片和幻象的组合表现某种精神的象征和理念的隐喻，揭示心灵的某一瞬间的生命体验和智慧领悟，就算是完成了自我的使命。

传统神话思维必然依赖于符号活动而得以可能，列维-斯特劳斯认为："神话思维，是伴随着符号进行的，这就是说伴随着一些其可能的组合是有限的构成单位；科学是伴随着概念进行的，这就是说伴随着一些更为'自由的'表现进行的，因为这些表现具有理想的无限的指代能力。"② 同时，神话思维还注重于符号的连续性和象征的具体性。任何一种神话故事或英雄传说，都借助于一连串的符号象征活动得以表达某一种主题和意义，尤其是这些符号被赋予强烈的情感色彩和道德观念，每一个神话故事的符号都蕴含着情绪化的色彩。卡西尔曾深刻地揭示出神话的基质就是"情感的基质"这样的事实。"美学神话"和"审美神话"对符号性不表现太多的兴趣，无论是感性符号还是抽象符号，都不能构成对美的决定性意义，因为"美"作为人类精神的虚无化存在，它的特征之一就在于其对于符号活动的缺席。符号化活动可以表现出美的存在，然而这并非意味着可以推导出美之本源在于符号化活动的结论。因此，传统神话必然呈现出符号性，"美学神话"和"审美神话"表现为对于符号的悬搁和漠视。

传统神话在感性形式上都表现出一定的象征性质，它总是当时现实生活的直接和间接的象征，总是服从某种社会性的功能。"美学神话"和"审美神话"保持和现实存在的一定距离，基本上不承担社会责任和道德义务，所以它放弃任何的象征功能，仅仅作为纯粹的自律的存在，只是澄明自我和领悟自我，象征对它来说是多余的工具和符号。

4. 文化语境之差异。传统神话的文化语境中，当时历史背景下的存

---

① [法]列维-斯特劳斯：《结构人类学》，陆晓禾等译，文化艺术出版社1989年版，第40页。

② [法]若斯·吉莱莫·梅吉奥：《列维-斯特劳斯的美学观》，怀宇译，中国社会科学出版社2003年版，第17页。

在者，对于神话保持着坚定的理性信念和感情信仰，认为神话就是历史与现实的客观而真实的摹本，他们毫不怀疑神话的真实性和权威性，神话对于他们来说就意味着是真理和准则，神话构成他们的历史观和世界观，成为判定道德意识和衡量价值观念的神圣尺度。所以，传统神话必然设定一个终极的道德目标和恒定的真理标准。"美学神话"和"审美神话"不再信奉这样一个精神的终极存在或者永恒的真理标准，认为它们和虚假的"上帝"没有什么本质的区别。"美学神话"和"审美神话"存在于一个理性主义和科学主义的文化语境，存在者清醒意识到"神话"的虚拟性和幻觉特性，因此解构所谓的终极世界和永恒的真理与价值。存在者仅仅是在审美活动中凭借超越一般的实证观念和科学态度的诗性思维去领悟美的存在，以想象力和智慧去阅读现实世界的审美现象，或者虚拟一个超越实证眼光的非现实世界，去获得审美的诗性体验。因此，两种神话的承载者所具有不同的文化眼光也决定各自神话的不同特征。

第三节　"美学神话"与"审美神话"

怀疑论美学试图提出一种新型的神话观念，这就是"美学神话"和"审美神话"不是对于传统神话的一种简单的话语或思维的模仿，也并不企图复活古典的神话精神或者重建一种古典神话的结构图景。而仅仅是借助于一种对传统神话"转喻"，截取它们特殊的精神方法，尤其是想象力和诗性智慧，呈现自己的独特的存在方式和精神内涵。"美学神话"和"审美神话"的基本内涵为：

1. 对终极的假定。传统神话假定一个终极的道德世界和真理世界，因为神话思维的一个基本特征就是设定一个终极性的存在，例如设定一个至尊神，它是至高无上的天神，作为最高权力偶像的化身，象征着法律和公正。如《楚辞·九歌》里的"东皇太一"，希腊神话中的"宙斯"（Zeus），古罗马神话中的"朱必特"（Jupiter），他们代表了一种绝对的权力和终极的信念。传统神话设定终极的真理和永恒的道德原则，它以彼岸世界作为这种真理和道德的象征。如屈原《天问》中的"天"，就被设定为代表终极真理和永恒道德的超现实的存在。怀疑论美学也假定了一个美学的"终极"：它就是——美。它是心灵守护的终极家园，寄寓着人类精神的永恒迷恋和热爱。这个终极，也就是——虚无。它类似于庄子的道，象征着一种最高的精神悬浮状态，隐喻着生命存在的无限可能性和寄寓着空灵的智慧和诗性的幻觉。如果传统神话设定的终极具有某种实在性和物质性的因素，怀疑论美学所设定的这个"终极"则排斥了所有实在性的和物质性的东西，它表征为一种纯粹心灵性的结构，和任何功利性的目的划清界限。怀疑论美学的这个"终极"，没有时间和空间概念的限制，因此它是无终极的"终极"，它与人类精神并存。这个终极，当然属于神话意识的乌托邦，或者说是美学意义上的乌托邦，然而它却真实地蕴含了人类精神的无限向往和迷恋，因为它可能把存在者的心灵从烦琐庸碌的日常生活中救赎出来，使其诞生一种诗性的眼光和超越命运之负累的勇气。这个终极，同时也象征着纯粹的爱，这种"爱"就是对美的迷狂的热恋。然而它和马尔库塞理论意义上的"爱欲"有着本质的区别，马尔库塞在《审美之维》和《爱欲与文明》中，都从弗洛伊德的精神分析理论角度强调了人的本能的爱欲对审美活动的决定性作用：

> 美作为一个可欲的对象，它与原初的本能相关，即同爱欲与死欲相关的领域。这两个对立的东西，在神话中，通过快慰与恐惧的表现而连接在一起。美具有扼止攻击性的力量：它阻止和牵制着攻击者。[1]
>
> 俄耳浦斯和那喀索斯爱欲的目的是要否定这种秩序，即要实行伟大的拒绝。在以文化英雄普罗米修斯为象征的世界上，这种否定乃是对一切秩序的否定。但在这种否定中，俄耳浦斯和那喀索斯揭示了一种有其自身秩序、为不同原则支配的新的现实。俄耳浦斯的爱欲改变了存在，他通过解放控制了残酷与死亡。他的语言是歌声，他的工作是消遣。那喀索斯的生命是美，他的存在是沉思。这些形象涉及到审美方面，它们的现实原则必须在这个方面寻找和证实。[2]

---

[1] [德] 马尔库塞：《审美之维》，李小兵译，生活·读书·新知三联书店1989年版，第109页。

[2] [德] 马尔库塞：《爱欲与文明》，黄勇、薛明译，上海译文出版社1987年版，第125页。

弗洛伊德更是直接地在美与性本能之间建立了逻辑关系，他在《论升华》一文中说："对于美的爱，好象是被抑制的冲动的最完美的例证。'美'和'魅力'是性对象的最原始的特征。"[1] 马尔库塞将美与主体存在的爱欲本能密切地联系起来，认为爱欲具有否定现存秩序的功能，它可以对现实存在进行审美化的"大拒绝"。也就是意味着爱欲可以改变非人道的异化存在，对存在者进行审美的救赎。与马尔库塞的观念不同，怀疑论美学这个"终极"的爱，过滤了所有本能的爱欲，它抽象为纯净的精神向往，有如神话意识中对虚幻世界的沉迷，对上帝与神灵的信仰，对传奇故事的热恋和对英雄的崇拜一样，其迷恋的性质相同，只不过"美学神话"和"审美神话"的拥有者在理智上意识到这种"爱"的虚拟性，他们仅仅在想象力的驱使下和在诗性智慧的作用下去接受这种终极的爱的对象，然而它同样具有对现实秩序的否定功能和对功利准则的拒绝作用。

2. 无限可能性。传统神话思维倾向于假定"无限"性质的存在对象，它既可能是一个无限性的实体存在，也可能是一种无限性的信仰或情感。如神话思维诞生出的天堂与地狱，妖魔与仙女，英雄与恶人，正义与邪恶，真理与谬误，等等，这些二元对立结构在神话中被设定为超越历史时间的趋于无限的存在，具有不可更改性质。例如，传统神话思维往往设定了神或英雄的生命存在的无限性，他们的生命结构形成一个周而复始的循环链条，因此可以克服时间的有限性，同时这些神话中的神或英雄乃至于某种生物，也可以克服时间的限制而达到生命的无限：

  在古典神话中，凡人的神性化作植物或花卉，也是表现永生的常见象征。……生殖崇拜仪式的目的之一便是促使这一循环的完成，神的再生必定伴随着植物与动物的再生与繁殖。从这一角度来看，田园挽歌中这一最最哀怨动人的谬误其实根本不是谬误，而是仪式的一个完全合理的方面。然而，在田园挽歌中，譬如在《利西达斯》中，这一用法经常被颠倒过来：花卉或一般植物，象征着诗人对于

---

[1] ［奥］《弗洛伊德论美文选》，张唤民、陈伟奇译，知识出版社1987年版，第172页。

自己朋友的死亡的哀悼,更象征着他对朋友再生的希冀。①

而"美学神话"和"审美神话"确立的"无限",仅仅就存在者而言,它指向精神的无限可能性。从时间意义上讲,"美学神话"和"审美神话"确立了美与审美活动的超越历史时间的无限性,正像弗雷德里克·詹姆逊在《语言的牢笼·马克思主义与形式》所论"索绪尔所从事的工作的第一条原则就是一条反历史主义的原则。"② 所谓反历史主义即是指索绪尔从共时性原则确立了语言的结构的不变性,索绪尔在《普通语言学教程》中说:"语言中凡属于历时的,都只是由于言语。"③ 与此相对应,我们将"美"或"审美活动"理解为类似语言(Language)的恒久不变的精神结构,而将艺术活动、实践活动理解为类似于言语(Parole)的变化结果。美作为人类精神的超越历史时间的无限延伸的稳定不变的结构,它组成心灵世界的一种神秘的契约性关系,并影响着文化和艺术的发展和走向。

"美学神话"和"审美神话"无限可能性是指美不属于确定性的现实性存在,也不是一种实证性的对象化存在,不能以逻辑的方式和分析的手段去理解美的存在和特性,因为它处于瞬间变换的意识流动的过程之中,所以也无法对其作出预见和推论。它以瞬间生成和瞬间变幻的方式使自我呈现无限可能性。任何一种可能都是美的一个瞬间的存在形式,而在经历了这个瞬间之后,美又生成为一种存在方式,具有新的不再重复以往的新的基质。这也许才构成了美之为美的魅力之一。

3. 抽象的梦幻。传统神话和梦幻存在密切的联系,美国神话学家约瑟夫·坎贝尔指出:"梦和幻觉与神话象征主义之间的关系,从但丁到安达曼人做梦者(Oko-jumu),已经众所周知,无须多加引证。任何民族的

---

① [美] 约翰·维克雷主编:《神话与文学》,潘国庆等译,上海文艺出版社1995年版,第245页。
② [美] 弗雷德里克·詹姆逊:《语言的牢笼·马克思主义与形式》,钱佼汝、李自修译,百花洲文艺出版社1995年版,第5页。
③ [瑞士] 费尔迪南·德·索绪尔:《普通语言学教程》,高名凯译,商务印书馆1980年版,第141页。

保护性自我防御宗教象征,与最有天赋的做梦者的梦之间存在着密切联系。"① C. G. 荣格在著名的《心理学与文学》一文认为,文学创作和集体无意识的原型紧密相关,而集体无意识的原型又和梦幻存在潜在联系,他认为:"诗人为了最确切地表达他的经验,就非求助于神话不可。如果认为诗人是运用第二手材料进行创作那就大错特错了。原始经验是他的创作之源,为避免使人一眼看穿,因此要求加上一层神话意象的外表。"② 他甚至认为但丁的《神曲》、歌德的《浮士德》,都带有神话的幻觉性质。传统神话的梦幻往往携带着潜意识的本能欲望,或者属于一种理性目的或者实践意志的隐喻,而怀疑论美学意义上"美学神话"和"审美神话"表现为主体对梦幻的过滤功能,它蒸发和抽象掉传统神话思维中的潜意识的本能欲望,排斥对理性目的和实践的主动接纳,仅仅守护着主体存在的审美化幻觉,它以清醒的白日梦状态去对世界进行体验和领悟,而不像传统神话思维那样确认自己的梦幻是真实和有效的。当然这种抽象的梦幻不同于 W. 沃林格所论述的"抽象冲动","是人由外在世界引起的巨大内心不安的产物,而且,抽象冲动还具有宗教色彩地表现出对一切表象世界的明显的超验倾向,我们把这种情形称为对空间的一种极大的心理恐惧。"③ "美学神话"和"审美神话"当然不会滋生一种对空间的恐惧心理,它只是清洗掉神话意识中的功利性和目的性的因素,而强化神话思维中的梦幻或幻觉的心理功能,然而又在精神活动中理智化地意识到这种梦幻或幻觉的虚拟性,它仅仅要获得一种纯粹审美性质的内心欣慰,而这种欣慰则又凭借心灵的自欺而获得。

怀疑论美学在"诗性神话"的意义上设定美的另一种存在方式,从而为美寻找到和神话思维的逻辑关联。就像神话意识和神话思维永恒地存在于人类的精神文化的神秘迷宫中一样,美也必然地存在于人类的精神的无限可能性的心理结构之中。

---

① [美] 约翰·维克雷主编:《神话与文学》,潘国庆等译,上海文艺出版社 1995 年版,第 65 页。
② [瑞士] C. G. 荣格:《人·艺术和文学中的精神》,卢晓晨译,工人出版社 1988 年版,第 106 页。
③ [德] W. 沃林格:《抽象与移情》,王才勇译,辽宁人民出版社 1987 年版,第 16 页。

第四编 工具范畴

第十章

审美结构

第一节 具象结构

美之存在总是呈现一种结构性现象，换言之，美在结构之中。美一方面显现的是具象性结构，另一方面表现为抽象性结构。显然，主体的审美活动离不开对结构的感知和把握，与此关联，艺术创造也离不开"结构的方法"。于是，顺理成章，审美结构就必然性地成为美学探究的范畴之一。

就具象性而言，无论是自然或艺术的美之现象，它们都呈现为感性化和形象化的意象，或者表现为一种符号化的形式。自然美的具象性结构可以划分为生命形态和非生命形态两类。生物世界的美，一般表现为运动形态的具象结构。它们的共同特征在于：其一是外观的色彩之美，其二是完美的对称性和和谐性，其三是有机整体性，其四是运动与安静的相互交替，运动之美是其主导性方面。而非生物世界的美，其一表现为以静为主的状态；其二是色彩之美，一方面是纯粹的单色性之美，另一方面是缤纷的色彩组合之美；其三是非生命形态的美，它们在审美主体的意向性活动中，其具象形式呈现出象征与隐喻的意象。而艺术品的具象结构之美，包括所有自然美的元素，同时包含着创造者赋予的意义、美感以及阐释者的领悟。

审美结构的具象性，主要表现为色彩这一感性形式，在此我们着重讨论色彩这一形式，有关对称与和谐、有机整体性、运动与静止的交替等具象结构的问题，留由其他章节论述。

佛学将世界划分为欲界、色界、无色界的"三界"，描述"色界"为

"殊妙精好"之物质构成。尽管"色界"的概念不等同于世俗意义的"色彩",然而它包含色彩的规定性因素。世界万象气韵生动,云卷云舒掩映花开花落,草木虫鱼的宁静怡然和逍遥漫游,无不和色彩的斑斓缤纷密切关联。在人的生命流程中,无时不和色彩建立审美的心理关联,人类宿命地陷入永远不能解脱对于色彩的本能性渴望和呼唤。可以断言,色彩是诱惑主体的诗意颤动和艺术幻想的第一元素。

色彩是最直接、最普遍也最富有刺激力的美感形式。马克思在《政治经济学批判》中写道:"色彩的感觉是一般美感中最大众化的形式。"① 德国文学天才歌德毕其一生探索"颜色"的科学,尽管其理论不能被科学所验证,但是毕竟给人们以有益的审美感受和艺术经验,启迪对于形式美的沉思。伟大的物理学家牛顿于1666年凭借三棱镜的折射,将太阳光分解为红、橙、黄、绿、青、蓝、紫的七种彩色光带,从而揭示了色彩的隐秘。诚如法国美学家J.J.德卢西奥-迈耶所论:

> 光是宇宙中的一个要素。只是由于光的存在,我们才能够看见并意识到色彩。我们能够做到这一点,仅仅是因为人类的眼睛已发展到了能区别并"认定"色彩的阶段。动物的眼睛则不一样。
> ……
> 光是生命的一个基本构成部分,在没有光时,我们对此最感深切。我们通常认为光的存在是天经地义的,并且从未真正关心过这一点;我们不得不在与光的异常联系中看见光并意识到光的存在。瑰丽的夕照、大海的反光、闪电,所有这一切都使我们感到这一大自然要素的存在。②

从自然美的范畴而言,人类从文明的开始就眷注和沉醉色彩之美。在美学意义上,它们都隶属于纯粹之美,或者是"自由之美"。不附丽于

---

① [德]马克思:《政治经济学批判》,载《马克思恩格斯全集》第13卷,人民出版社1962年版,第145页。

② [法]J.J.德卢西奥-迈耶:《视觉美学》,李玮、周水涛译,上海人民美术出版社1990年版,第59—62页。

任何社会意义，也悬置象征意义，是超越任何意识形态和历史语境的"无依凭"之美。因此，自然色彩之美是一种最普遍的形式之美，属于最受欢迎的赏心悦目的共同美。正如康定斯基之言："首先，当眼睛为色彩的美及它的其他特质所痴迷的时候，就会产生色彩的纯感官的效果。观者体尝着满足和欢愉，就如同一个美食家口中咀嚼一块美味。或者是眼睛感受着我们因为有刺激味的佳肴才能感受到的刺激。"①

从主体感受来说，眼睛是感受形式美尤其是色彩的器官，它能够感觉和分辨两百万至八百万种之间的光与色，敏锐程度是自然机能和历史进化的共同结果，也是审美活动赋予的直觉能力。凭借这样的审美视觉，主体才获得诗意的颤动和灵感，才产生痴迷于绘画、雕塑、建筑等古老艺术的激情，并将这种宝贵的激情延续到摄影、电影、电视、网络等新的艺术形式之中。对艺术美而言，绘画中除了少数的种类，绝大多数画种和题材，无论油画、水彩画、水粉画、版画、镶嵌画、壁画等，还是静物、风景、肖像、风俗、历史、漫画等，它们大都运用色彩。无论西画还是中国画，都注重绘光写色，将它视同音乐中的节奏和旋律，组成华丽的和声和调配为和谐的交响乐。所以，绘画的色彩组合在美学效果上可以诞生如欣赏音乐的审美体验。康定斯基体悟到色彩和音乐的美学联系："一般说色彩是可以用来直接对精神发生作用的手段。色彩是琴键，眼睛是键锤，精神是多位的钢琴。画家是手，一只以某种琴键为中介相应地使人的精神发生震颤的手。"② J. J. 德卢西奥－迈耶则在《视觉美学》中强调色彩在艺术家心目中的重要地位："光与色的反射特性是艺术家所熟知并进行探索的。实际上是光的反射产生了色彩。""在设计中，将光和色彩与形式结合起来的能力往往是关键。暖色和冷色往往是通过光来加以'结合'的。在戏剧中，为了产生第三种新的色彩或色彩的浓淡，惯常使用不同的光的反射，其理论基础与艺术家的色彩运用是相同的。"③ 艺术家重视和醉心于色彩的运用，尤其是造型艺术家。罗丹以丰

---

① ［俄］康定斯基：《艺术中的精神》，李政文、魏大海译，中国人民大学出版社2003年版，第41页。
② 同上书，第46页。
③ ［法］J. J. 德卢西奥－迈耶：《视觉美学》，李玮、周水涛译，上海人民美术出版社1990年版，第62页。

富卓越的艺术经验表达自己的色彩观：

> 也许可以说，没有一件艺术作品，单靠线条或色调的匀称，仅仅为了视觉满足的作品，能够打动人的。比方说，十二和十三世纪教堂里的彩色窗玻璃镶嵌画，深蓝的颜色仿佛象丝绒，紫得如此温柔，红得如此热烈，充满爱娇的意味，非常悦目。因为这些色调表达出那个时代虔诚的艺术家希望在梦想的天国中能享受的那种神秘的幸福，又如波斯瓷器，上面画着碧色的落阳花，之所以能成为可爱的珍品，是因为这些瓷器色调奇怪得很，会把人的灵魂带到那莫名的仙境的梦乡。
>
> 所以，一幅素描或色彩的总体，要表明一种意义，没有这种意义，便一无美处。①

罗丹把色彩感受和表现意义联系起来思考，揭示色彩的象征功能和情感符号的艺术作用。

中国古典美学和艺术一向重视色彩在作品的运用，南朝宋宗炳在《画山水序》论及"画象布色"的创作实践，南齐谢赫的"六法"之一是"随类赋彩"，南梁刘勰的《文心雕龙·物色》云："至如《雅》咏棠华，或黄或白；《骚》述秋兰，绿叶紫茎。凡攡表五色，贵在时见，若青黄屡出，则繁而不珍。"② 明代徐文长论画云："百丛媚萼，一干枯枝，墨则雨润，彩则露鲜。"③ 清代曹雪芹论绘画用色云："其于设色也，当令艳而不厌，运笔也，尤须繁而烦。置一点之鲜彩于通体淡色之际，自必绚丽夺目。"④ 近代梁启超认为："绘画要调颜色，红绿相间，才能算美。就是笔墨画，不用颜色，但是亦有浓淡，才能算美。"⑤ 毋庸讳言，中国画和西洋画相比，在对色彩的重视和运用方面均有所不及，理论上建树也

---

① [法] 葛塞尔：《罗丹艺术论》，沈琪译，人民美术出版社1987年版，第47—48页。
② (南梁) 刘勰：《文心雕龙·物色篇》，载黄叔琳《增订文心雕龙校注》，中华书局2012年版，第574页。
③ 《徐文长集》卷十七。
④ (清) 曹雪芹：《废艺斋集稿·岫里湖中琐艺》。
⑤ 梁启超：《饮冰室专集》卷一百零二，《书法指导》。

有限。然而，中国画擅长于光的运用，水墨画以浓淡氤氲的气韵，神秘变幻的光影创造独特的审美意境，为世界绘画贡献一份奇异珍宝。西洋画尤其是油画对于色彩的运用达到臻于完美的化境，印象派和后印象派以瞬间的对于光与色的主观印象和心理体验，追求超越实相的审美表现，取得空前的艺术辉煌。影视艺术和网络艺术的风起云涌，借鉴绘画的色彩表现而又有所推进，它们假手于科技工具复现或虚构亦真亦幻的审美空间，使色彩表现达到奇妙的梦境之美。在后现代的世俗生活中，色彩运用的广度和深度都被强化，和科技的联姻日益紧密，可以预见色彩在日常生活中的审美地位依然处于首位。

第二节　抽象结构

审美结构的抽象性主要表现为线条、几何平面和立体等方面。

第一，线条。

李泽厚的《美的历程》将"线性艺术"作为中国古代艺术的一个审美特性，同时它也作为一门独特的艺术样式的象征："汉字形体获得了独立于符号意义（字义）的发展径途。以后，它更以其净化了的线条美——比彩陶纹饰的抽象几何纹还要更为自由和更为多样的线的曲直运动和空间构造，表现出和表达出种种形体姿态、情感意兴和气势力量，终于形成中国特有的线的艺术：书法。"[1]

点的移动和物体不同平面的相交都造成线的结果。所以，线是联结物质空间的轨迹，也是驱使联想活动的物质工具，它将空间上分布的各个点联系起来，达到某种性质、特征、意义、结构的一致性，使它们有机地呈现在视觉空间并且映射在观赏者的记忆屏幕。所以，共同性、类似性、整体性是线的第一个美学原则。然而，线又是富于变幻的空间形式，直线、曲线、折线、波浪线、放射线等不同的存在形式和相互之间的多重组合，一方面可以产生有一定节奏、规则的重复性的奇妙的图案效果；另一方面，线与线之间的有意味的结构，可以创造出书法和绘画的视觉效果。两个方面都可能达到审美意义和艺术价值的实现。所以，

---

[1] 李泽厚：《美的历程》，中国社会科学出版社1984年版，第49页。

运动性、节奏性、变幻性作为线的第二个美学原则。J. J. 德卢西奥-迈耶对于线也有独到之见，在他看来，线条是现代生活的命脉：

> 线条能产生一种视觉上的联系，并且是视觉艺术中各因素之间最为重要的沟通方式。一根随手画出的单独的线条，与画面的背景似乎并无接触，它直指画面，却也能通过与其他线条的组合而成为画面的一部分。两根相向而置的线条，会产生一种视觉对话或视觉上的交往，犹如两个在面对面交谈的人。在一个确定范围内，把两根线条放在各种不同的位置上，同时不断变换这两根线条的高度、体积、特征、色彩和笔触，便能获得讨论体积、节奏及构图的章节中所描述的无穷变化。线条是任何一种节奏集群的基础。①

首先，线条承担着把潜在着共同性的事物勾勒在一起的责任，体现一种结构性的功能，它在两种或多种现象之间建立意向性的视觉逻辑，线条方向表示意义延伸的方向和视觉的扩展轨迹。线条还起着完形的作用，它把类似的事物和现象联结起来，让视觉的联系转换为心理的接近联想，激活主体的想象力。线条和线条之间以形成一个有机的整体，构成视觉的结构性美感。其次，多种不同类型的线条之间的有目的有规律的或者自由的排列，呈现为类似音乐的节奏感和舞蹈的运动感，表现为生命的节律和心灵的自由，一种富于变幻和暗示的气韵油然而生。

在艺术作品中，线条的审美功能表现得更为淋漓尽致。朱光潜说："线虽单纯，也可以分美丑，在艺术上的位置极为重要。建筑风格的变化就是以线为中心。希腊式建筑多用直线，罗马式建筑多用弧线，'哥特式'建筑多用相交成尖角的斜线，这是最显著的例子。同是一样线形，粗细、长短、曲直不同，所生的情感也就因之而异。据画家霍加斯（Hogarth）的意见，线中最美的是有波纹的曲线。近代实验虽没有完全证实这个说法，曲线比较能引起快感，是大多数人所公认的。"② "'哦，那是

---

① [法] J. J. 德卢西奥-迈耶：《视觉美学》，李玮、周水涛译，上海人民美术出版社1990年版，第11页。

② 《朱光潜美学文集》第1卷，上海文艺出版社1982年版，第297页。

一根美丽的线条！'这往往是公众对艺术家或设计师的作品的第一个反应。对一位艺术家'手笔'的赞美也许莫过于此了。线条往往被看作某一特定个人的风格与形式的等同物。线条是毫不含糊的，是从属于个人的，是真诚的。在艺术家的艺术思想以及他的灵感之间，在艺术作品或设计作品的初稿与最终成品之间，有着直接的和最为密切的联系——这种联系不受某种艺术运动、风气、或者客户协议的干涉或影响；这种联系完全是属于艺术家自己的。"① 对造型艺术而言，线条一方面是表现工具，艺术家的理念和意义要借助于线条得以传达；另一方面，线条也是艺术的本体性存在，它本身构成美之存在的意象或形象，成为艺术品的不可缺少的组成部分，决定着作品的美感和成败得失，为艺术家带来声誉或者遗憾。

线条聚合了具象和抽象两种形式特性，一方面它以自身的感性、形象和意象，给以视觉的宁静、运动、变化等感受，给主体以具象的印象；另一方面，线条与线条之间的组合，造成抽象的空间几何体，或者有目的地构成包含内在节奏和逻辑规则的图案效果，形成抽象的审美特性。在具体的存在形式上，线条可以划分为直线、曲线、折线、波浪线、放射线等。它们给视觉的美感暗示各有不同，直线中的水平线和垂直线表现出宁静和稳妥、安详和坚毅、正直和刚强等心理内容，直线中的斜线则给人以滑动、升降、兴奋、迅疾的印象；曲线则隐含着温柔和悠扬、委婉和起伏、智慧和从容等意味；折线象征转变、中断、背离、抛弃等意义，形式上给予视觉以升降、进退的感觉；波浪线则表现前进或推进的运动，显明着节奏和规则、张弛有度以及强大的冲击力；放射线无疑造成两个方向的视觉效果：一是体现光线、热量或力量依据圆心由内向外、由小到大的有规律的散射，二是显明光线、热量或力量的由外向内、由大到小的有规律的收缩和集中于圆心。在现象界，线条的这些特性满足视觉的审美快感和意义联想。在艺术境界，它们造成有意味的审美意象并且刺激接受者的想象力，构成对于艺术沉醉的一个重要因素。

---

① [法] J. J. 德卢西奥－迈耶：《视觉美学》，李玮、周水涛译，上海人民美术出版社1990年版，第22页。

第二，几何平面。

线与线的交叉和组合形成面，面对于视觉的整体美感是极其重要的形式，对于绘画艺术而言也是最为重要的几何形式。诚如 J. J. 德卢西奥-迈耶所言：

> 尽管线条在特性上大多具有理性，但二维平面却是有情感的，是充满了幻想和活力的。艺术家或设计师能在用线条围成的平面所提供的空间内创造思想，这正如地理学意义上的平面即是人能在其中生活、娱乐、工作的空间一样。从飞机上所观察到的风景被人们视为生存结构的一个必要部分；大自然提供了美妙的结构，这种结构是一种由色彩生动的平面所构成的总体效果。现代艺术已在相当程度上帮助我们从一个新的观点去考虑平面：将平面视为一个理所当然的形式因素。①

对自然形态而言，平面提供一个全景的和整体的美感，它们不同的平面形式给予主体不同的审美体验。三角形、扇形、圆形、椭圆形、正方形、长方形、纺锤形、梯形、菱形、多边形等，它们给视觉和心理以不同的感受与暗示。三角形给感官一种尖锐、进攻和暴力的印象。扇形却让人油然地联想到一片柔软张开的树叶或一个宁静敞开的半圆月亮，一种温柔的气象笼罩心灵。圆形自然地给你悠远从容、深邃循环的感觉，有关于太阳、圆月、宇宙、圆桌等圆形与球体的想象非常合乎逻辑地浮现于你的脑海。椭圆形是更加温柔和被拉长了的圆，和圆相比，它更像颀长的少女。在视觉上，任何眼睛对于圆形和椭圆形一般都不会产生厌倦的感觉，无怪乎古希腊的毕达哥拉斯将圆形和球体推崇为美的典型和象征。正方形就像它的表面词义一样，隐喻着正直、稳定、公平的趣味，它提供一种规则、逻辑、数字的严格性，然而也不免藏匿着机械呆板和不知变通的含义。符合黄金分割律的长方形（34∶21）是最完美意义的几何图形之一。纺锤形可以理解为是竖立的椭圆形，它给人一种旋转的

---

① ［法］J. J. 德卢西奥-迈耶：《视觉美学》，李玮、周水涛译，上海人民美术出版社 1990 年版，第 36 页。

知觉，感受到运动的美，联想到一个脚尖立地而轻盈飞快地旋转的芭蕾舞演员。梯形必然性地给予视觉以梯子的联想，也会产生台阶、山坡、台阁的想象。倒立的梯形给视觉的感受也许是令人不愉快的，因为它造成塌陷、压抑的视觉效果。菱形给人尖锐、锋芒和力量的意味，显示一种攻击性和暴力的本能。多边形则把观赏的目光分散到各个角落，领略空间存在的多样化和物体的差别性和丰富性，体味到自由和规则的理性协调。总之，平面给以视觉的快乐而丰富的感受，让心理滋生各种不同的经验和体悟。

从艺术美的表现考察，除了上述不同平面给以视觉和心理那些感受之外，艺术家进一步利用、扩大和改变这些平面具有的审美快感和象征意义。造型艺术家利用不同平面的审美特性进行构图（Composition），在不同的艺术作品中，组合各种平面形式，并且辅佐以多种线条，以形成一种创造性的构图效果。美国当代美术理论家内森·卡伯特·黑尔（Nathan Cabot Hale）在《艺术与自然中的抽象》中说：

> 艺术家运用构成人类身体的基本几何学功能，这些内在的功能先于正式的几何学的发现，是所有人的推论的一个自然部分。
> ……
> 在这种内部几何学的实践运用中，艺术家感觉到他们看到的这些形的位置和形状。假如他根据一处风景作画，他运用这些基本的几何形去使之接近树、石头和地面的实际形状。如画人体，就努力寻找简单的角或曲线使之近似于沿着中枢的形状和人的骨骼结构。调整构图时，也用这些几何形状当作箱子来包容真实的形。[①]

画家一方面是利用几何学基本法则进行构图，另一方面凭借生命的本能体验的"内部几何学"创造绘画或设计的外在形象，以建造美的境界。抽象主义理论家康定斯基在《点·线·面》中认为，绘画艺术以点、线、面的综合创造一种虚拟性的精神空间，获得画面的内在张力，表现

[①] [美] 内森·卡伯特·黑尔：《艺术与自然中的抽象》，沈揆一、胡知凡译，上海人民美术出版社1988年版，第36—37页。

出一种生命的气韵和节奏，从而实现艺术的美学目的：

  同样，我所阐述过的画面内在张力，也存在于画面的复杂形式中，这些张力不仅适用于非物质化的平面，而且也同样适用于难以确定的空间。这条法则从未失去它的力量，倘若人们一开始就是正确的，人们的方向是认真选定的，那么人们就不可能失去这个目标。
  而一种理论检验的目的是：
1. 发现生命，
2. 触摸到生命的脉搏跳动，
3. 建立驾驭生命本质的规律。①

  以平面为基调的绘画艺术所追求的美学特性之一，就是呈现它内在的张力，体现生命的节律和运动。所以，在绘画中发现生命和触摸生命的脉搏是艺术家和鉴赏家共同的热情和趣味，建立驾驭生命本质的规律则是绘画和各门艺术的目标和价值构成之一。
  第三，立体。
  以往美学和艺术理论忽略对于立体的审美讨论，这无疑是一种遗憾。因为点、线、面包括色彩都被立体所囊括。
  具体分析立体的几何学构成，它包括圆柱体、圆锥体、三角体、球体、半球体、立方体、长方体、椭圆体、棱锥体、多面体等。在自然物象之中，各种存在对象以这样或那样的立体形式呈现出来，进入主体的视觉并可能形成某种美感。就自然界而言，这些丰富的立体形式，以三维空间的结构呈现于视野，激发审美的想象力。一方面它们以纯粹的抽象形式呈现自己，另一方面又不单纯属于单一的几何学意义的符号和图象，它们附属于具体的感性物象，与其结伴存在。这些被理论形态严格规范的空间结构，在实际存在中却和几何学规定性存在某些距离，它们以自我的方式诠释生活世界的丰富性和非规范性。圆柱体的树干，圆锥体的胡萝卜，三角体的山峰，球体的月亮，半球体的蘑菇，立方体的石

---

  ① [俄] 康定斯基：《点·线·面》，罗世平译，上海人民美术出版社1988年版，第119—120页。

头，长方体的化石，椭圆体的地球，棱锥体的冰凌柱，多面体的结晶，等等，任何一种纯粹抽象的立体结构，都存在于各种自然物质之中。

在审美活动中，视觉是在对这些抽象立体的宽松要求的情况下欣赏自然美和艺术美的，心理上放弃了对于美的意象的抽象性规范的期待，只要在大致接近的意义就获得一种快感和惊喜的满足了。观望一个高耸云天的山峰，不一定希望它严格符合三角体的形状，只觉得它尖锐的峰峦给人一种向上飞腾的力量和尖利的气势就可获得一种美感。大自然的美丽有时和立体形式结伴而至，无法脱离抽象的结构而单独存在。古典诗人吟咏的花草雪月，竹树山石，无不和立体的空间物象相联系。内森·卡伯特·黑尔说：

> 雪花是最迷人和珍奇的晶体结构，它们共同具有的要素是由三根轴线分开的六边体，在每根辐射线内有 60° 的间隔。没有两朵雪花是完全一样的，但雪花的每一条臂都与同一雪花的其他臂完全一样。千百年来，这形式一直被用作大自然对称美的象征，一直被用作织物和装饰物的设计主题。只要安排好这三根轴的基本图式，你就能发明你自己的雪花图案，或者你借助这些图案联想出一个造成幻想的雪花的万花筒。[①]

人们对于晶体的喜爱，除了它们透明晶莹的质地和绚丽纯净的色彩，更重要的形式原因就是它们呈现出符合抽象性规范的立体结构，这是构成美感诞生的形式基础。

在所有艺术类型中，造型艺术和立体结构的逻辑关系比较密切，绘画寻求在虚拟的三维空间达到立体的视觉效果。在原始艺术和上古艺术中，表现三维空间的能力比较有限。随着"透视"（Perspective）概念的出现和表现技法的提高，绘画逐渐娴熟于在二维平面传达三维空间的立体感觉。进入现代艺术的门槛，以康定斯基为代表的抽象主义、以马蒂斯为代表的野兽派和以毕加索为代表的立体主义等绘画流派，开始新思

---

① [美] 内森·卡伯特·黑尔：《艺术与自然中的抽象》，沈揆一、胡知凡译，上海人民美术出版社1988年版，第75页。

维的艺术反叛，他们展开一场空前的视觉革新，否定以往的空间美学的概念，他们摒弃古典艺术追求物质空间的完美再现，追求非现实性的精神空间，赋予立体结构以崭新的秩序和理解。康定斯基以抽象的动感线条和色块重新组合幻觉性的空间结构，马蒂斯运用大色块和线条营造夸张变形的想象性平面，获得了美学上更有深度的空间语言。毕加索的立方主义有意破坏和解构客观的物体形象，而代之以主观的综合，将一个自然形体分解成数个几何切面，相互重叠，甚至在一个画面上描绘一个物体的各个方位，比如把人像的正面和侧面同时勾勒出来，造成不可能性的完全虚假的令人惊诧的视觉效果。这些流派都放弃古典绘画的透视和明暗的艺术理念，追求一种可能性的立体效果。

建筑和雕塑对于立体的美感追求是一种本质化和本能性的先验决定，它们创造抽象立体尽管被称为"凝固的诗"，然而，必须体现运动的意象，表现运动的节奏和韵律，否则可能流于机械刻板和单调乏味，毫无生气和美感。西方建筑中罗马式半圆体顶盖，哥特式的三角体塔尖，中国古典建筑中的棱锥体斗拱，这些立体的抽象空间结构，给人以飞扬流动的生命气韵，让视觉提供给心理以生命运动的联想。苏珊·朗格神往一种"生命的形式"的美学概念，赞赏"每一件艺术品都应该是一个有机的形式"的格言。她说："在我看来，如果说艺术是用一种独特的暗喻形式来表现人类意识的话，这种就必须与一个生命的形式相类似，我们刚才所描述的关于生命形式的一切特征都必须在艺术创造物中找到，事实也正是如此。"[①] 依据这种艺术逻辑，造型艺术中的立体结构应该寄寓和隐藏着生命的气象，作为审美的前提和保证。

第三节 艺术结构

如果说"美在结构之中"这一论断普遍适用于自然与艺术的话，那么，艺术作品的结构更为恰当地证明了这一命题。

法国启蒙美学的代表人物狄德罗（D. Diderot，1713—1784）提出

---

① [美]苏珊·朗格：《艺术问题》，滕守尧、朱疆源译，中国社会科学出版社1983年版，第50页。

"美在关系"说，丰富了美学理论的"结构"概念。"关系"，从形式美学的角度，可以理解为形式之间的"结构"。狄德罗的"关系"范畴含义广泛，它包揽自古希腊以来的和美之本质相关联的形式主义概念，诸如整齐、对称、平衡、比例、秩序、和谐、协调等因素，也隐含主体和形式之间的心灵观照的"关系"。他说："不论关系是什么，我认为组成美的，就是关系。那不是就好看与美的相对的狭隘意义而言，而是就一种我敢说更为哲学的、更适合于一般的美的概念与语言及事物的本性的意义而言。"① 狄德罗把凡是本身就含有某种因素，可以在理解中唤醒"关系"这个观念性质的东西，称之为"外在于我的美"，把凡是唤醒这个观念的性质，称之为"关系到我的美"。因此，他的"关系"概念被赋予二重性的意义。朱光潜对狄德罗的"关系"作出睿智的理解：

> "关系"可能有三种不同的意义。一个是同一事物的各组成部分之间的关系，例如他所提到的比例，对称，秩序，安排之类形式因素。其次是这一事物与其它事物之间的关系，如他所提到的这朵花与其它植物乃至全体自然界的关系。第三还有对象与人（即客体与主体）之间的关系，狄德罗所说的"关系到我的美"，理应在于这第三种关系，即理应与对象的社会性密切相关，但是正是这一点上他的观念非常模糊。②

狄德罗的美学观摇摆于传统形而上学的主客体二元对立的思维模式之间，难以对美进行纯粹意识的追问，也不可能从精神的无限可能性上的"虚无"存在对美展开沉思和提问，当然也不可能揭示存在者的诗意生存和智慧生存，从而获得美的本体论意义的阐释。但是，狄德罗毕竟揭示美之存在的形式因素，诠释了形式之间的关系或结构性意义。无疑，这是对美学的一个重大贡献。

对结构性意义而言，抽象美依赖于比例、节奏、有机整体这三个

---

① 北京大学哲学系美学研究室编：《西方美学家论美和美感》，商务印书馆1980年版，第131页。
② 朱光潜：《西方美学史》上卷，人民文学出版社1979年版，第276页。

方面。

第一，比例。

比例是形式美得以可能的原因之一。古希腊的毕达哥拉斯早已阐述"比例"作为美的一个重要法则，不过他的"比例"限定于数的范围。亚里士多德在《诗学》里提出戏剧结构的"有机整体"的观念，则从戏剧的叙事模式和表现方法的视角关注艺术形式的问题。到了古典美学集大成者——黑格尔的眼界，"比例"被确定为理念的感性形态的象征品，它们分别体现于自然美和艺术美之中。他认为自然美具有"抽象形式的美"，包含"整齐一律和平衡对称"的特性，因此比例是一个不可缺少的因素。黑格尔认为："要有平衡对称，就须有大小、地位、形状、颜色、音调之类定性方面的差异，这些差异还要以一致的方式结合起来。只有这种把彼此不一致的定性结合为一致的形式，才能产生平衡对称。"[①] 对艺术美而言，黑格尔也把"整齐一律，平衡对称"作为核心内涵，又加上"和谐"的要求。他认为："整齐一律主要地适用于建筑"，"在绘画里，整齐一律和平衡对称也有它们的地位……在音乐和诗里则不然，整齐一律和平衡对称又变成重要的原则。"[②] 所有这一切必须服从于"和谐"的审美宗旨。黑格尔基本概括了形式美的比例因素的主要构成，但是，他忽略了艺术的表现方法的和谐比例。

色彩的比例是形式美诞生的最普遍的条件。色彩的简洁素朴或者华丽丰富都造成美感效果，色彩美的法则就在于色彩之间的比例，三原色及其诸种色彩之间的调和、混合，以造成无数种类的色彩形式。对绘画而言，画面色彩的比例协调显得尤为重要。色彩的冷暖色调和明暗，以及它们在视觉上所产生的离心和向心的不同运动效果，都被画家运用到具体创作实践中。康定斯基以抽象主义绘画佐证自己的观点："色彩的冷或暖一般说是接近黄色或蓝色。这种差别可以说发生在同一个平面上，同时，色彩保留着自己基本声响，然而这种基本声响要么变得有较多的物质性，要么有较少的物质性。这是水平线上的运动，而且暖色背景下的这种水平线上的运动是朝向观者的，向他逼近的，而冷色则是离他而

---

① ［德］黑格尔：《美学》第 1 卷，朱光潜译，商务印书馆 1979 年版，第 174 页。
② 同上书，第 316—317 页。

远去的。""第二个大的对比关系是白色与黑色之间的差异——这是两种形成另外一对四种主要声响——色彩的偏明或偏暗——的色彩。色彩偏明或偏暗,其运动要么是走向观者,要么是离他远去,然而不是以动力形式,而是以静止凝滞的形式运动的。第二种类型的运动:使首要的对比关系更趋强烈的黄色和蓝色,是它们向心的或离心的运动。"① 色彩不仅造成视觉上的明暗对比和运动感,也可以引发声响的联想。不同的色彩比例可以造成审美感受的丰富效果。玛克斯·德索说:

> 真正善用色彩的大师把所有光的价值都转换为色彩的价值;他寻求通过色彩对比来表达每一个对立。色彩结合本身就能激起确定的空间情感。生活的色彩变化驱除了其它的情感……
> 但色彩大师们把色彩对结构与安排的贡献看得比色彩和谐更加重要。实际上,色彩结合不依靠其赖以存在的形式,不依靠这些形式可能的关于真实之特性的含意便使我们愉快。在彩色玻璃上,在华丽的加了彩饰的原稿中,我们发现了用上了欢快的金黄与银白。我们还看到绿色的头发、蓝色的马和紫色的树叶。②

德索显然意识到色彩比例的另一种美学意义,色彩比例不一定机械地遵循"和谐"的法则。一方面,强烈的色彩对比同样可能获得美妙的视觉效果;另一方面,虚拟的色彩比例也许更吸引观赏者惊讶的目光并且产生不寻常的美感。和西方的传统绘画相比,中国古典绘画在色彩的比例方面显然存在美学理念和艺术趣味的较大差异。中国画显然放弃色彩的客观和谐而追求超越现实色彩感的境界,不以色彩和现实世界的对应性为圭臬,以虚构和想象的色彩情景否定客观世界的色彩比例和结构方式,创造奇幻美妙的视觉效果。西方现代绘画流派,如野兽派和印象派、后印象派也有对色彩的主观表现。"在色彩的这种成分变化中,我们

---

① [俄]康定斯基:《艺术中的精神》,李政文、魏天海译,中国人民大学出版社2003年版,第68页。
② [德]玛克斯·德索:《美学与艺术理论》,兰金仁译,中国社会科学出版社1987年版,第394—395页。

能发现纯印象主义画中短暂的流动性所必要的对应物，远景之统一中的花样。我们可把这种人看成为马蒂斯（Matisse）一类的人。马蒂斯就像先前提到过的那些大师们一样，把斑点结合成色彩的面，其中空间的深度至多只是个另加的暗示而已。确实，另一位图画式画家塞尚（Cézanne）试图公开地再现深度而无损于画面的统一，他寻求创造出一种有背景界线的固定时间。凡·高、马蒂斯和塞尚这三位的差别（这三位的名字常被人连起来提）好像差不多要比他们之间的共同点更加重要。"① 尽管他们之间存在一定的艺术分歧，但至少有一个共同的美学风格，就是色彩运用中比例的强烈反差和超现实的想象性。

形状间的比例像色彩一样注重整齐一律和平衡对称，这在建筑、绘画、雕塑中表现尤为突出，当然它们的一般法则依然是比例的和谐性。黑格尔说："在建筑中占统治地位的直线形、直角形、圆形以及柱、窗、拱、梁、顶等在形状上的一致。""整齐一律和平衡对称作为建筑外形方面的贯串一切的原则，就特别符合建筑的目的，因为完全整齐一律的形状是易于理解的，用不着在它上面多费时间摸索。""在绘画里，整齐一律和平衡对称也有它们的地位，例如在全体的结构、人物的组合、姿态、动作、衣褶等等方面。但是在绘画里比起在建筑里，心灵的生气更深刻地贯注于外在形象，平衡对称这种抽象的统一所起的作用就较微细，只有在艺术起源时我们才看到严峻的整齐规则，而在较后时期，绘画的基本风格就变为接近有机体的较自由的线形。"② 中国古代建筑遵循整齐一律和平衡对称的形式美法则，无论是帝王的豪华宫殿、市井的楼阁店铺，还是陵墓碑刻、宗教的寺庙宝塔，或者不同地域和民族风格的各种民居、园林里的亭台楼阁和假山曲桥，它们在线条、平面和空间结构上，都基本符合比例和谐的形式美原则。必须指出的是，中国古典园林在有机整体方面不墨守整齐一律和平衡对称的成规，追求自然天成的艺术境界，形成独特的形式之美。

绘画的构图，一般遵守各个被分割的空间适度比例的原则，以避免

---

① ［德］玛克斯·德索：《美学与艺术理论》，兰金仁译，中国社会科学出版社1987年版，第397—398页。

② ［德］黑格尔：《美学》第1卷，朱光潜译，商务印书馆1979年版，第316—317页。

造成没有中心或重心不稳的感觉,空间结构要保持上下、左右、前后的合适比例和距离,以达成完美的视觉效果。绘画在细节方面,必须瞩目于线条、色块、平面、明暗的比例和谐,以符合对于精神结构的形象和抽象的审美表现。雕塑一般以人物、动物、植物等生命存在方式为题材,在比例上必须符合生命的运动特性,即使是抽象或夸张变形的雕塑作品,也基本上遵守生命的感性形式的规定性。所以,雕塑对于线条、平面、体积、色彩的合适比例的选择就显得尤为关键。艺术史的成功经验表明,杰出和经典的雕塑作品无论是有目的还是无目的,在表现技法上无论是具象和抽象、写实还是象征,都必然地符合于比例的美学法则。

从自然美角度看,一种自然物象是否和主体心理构成意向性的审美关系并且形成一定的美感体验,它们之间的线条和形状的适度比例是一个关键元素。菊花之美固然与它色彩的鲜艳缤纷和晚秋时节的冷香独妍有关,但它招惹人喜爱的另一个缘由就是花瓣形状的千姿百态,奇特美丽的线条构成令人惊羡不已的几何图案,带状、管状、针状、匙状、椭圆状的花瓣给人眼花缭乱的赞叹,以直线、曲线、波浪线、放射线等陈列的七彩线条无疑制造赏心悦目的图象效果。尽管和菊花相比,其他花卉的线条图案和空间结构不一定尽善尽美地符合严谨的几何比例,但是,它们都不同程度地接近和吻合比例原则,体现数的和谐之美。人类赖以生存的太阳、月亮,诗人无数的歌吟和赞美,其中包括着它们整齐规则的圆形比例和盈亏变化的美妙所带来的诗意与惊异。对于江湖山峦、大漠草原、草木虫鱼、雪花冰晶、玉石贝壳等自然物象,主体的美感诞生或多或少地起因于它们外在形体的和谐完美的比例。

第二,节奏。

声响的比例主要体现于乐音和节奏。乐音是优美的声响,和谐悦耳,因为它来源于物体有规律的振动,或者是人发出的元音。由于乐音符合于和谐的比例,它适合被听觉接纳和喜爱。从某种意义上讲,乐音是节奏的表现方式之一。其他适于听觉接受的声响也是因为适合于数的比例和谐,如绝大多数鸟的欢快啼叫,雪花树叶的轻柔飘落,潺潺的溪水声,微波抚慰沙滩的细语,和风细雨中的竹树和鸣,等等。然而,噪音无论如何不能成为美感的声响也印证这个浅显的道理,破坏了和谐和超越人的听觉容忍范围的声响,肯定进入不了审美接受的殿堂。

音响运动的轻重缓急构成节奏，其中节拍的强弱与长短交替呈现并且符合一定的规则，它规定着乐曲的基本结构和旋律特征。对于音乐的形式美而言，节奏是决定性因素之一。黑格尔在《美学》里从节拍的概念论述了节奏对于形式美的决定性功能：

> 音乐的节拍具有一种我们无法抗拒的魔力，所以我们在听音乐时常不知不觉地打着节拍。同样时间段落按照一定规则的往复并不是音调及其延续的客观属性。音调和时间本身并不需要这样按照整齐一律的方式来区分和重复。……因此，节拍能在我们的灵魂最深处引起共鸣，从我们自己的本来抽象的与自身统一的主体性方面来感动我们。从这方面来看，音调之所以感动我们的并不在心灵性的内容，不在情感中的具体灵魂；使我们在灵魂最深处受到感动的也不是单就它本身来看的音调；而是这种抽象的主体放到时间里的统一，这种统一和主体方面的类似的统一发生共鸣。这个道理也适用于诗的节奏和韵。①

显然，他在强调音乐的节奏节拍相互和谐的同时，增加了主体的因素，突出"共鸣"的审美功能，这也和他"美是理念的感性显现"的美学原则是相符合的。朱光潜援引相关的音乐艺术的材料，精辟地分析节奏对于形式美建构的显著作用：

> 据英人葛尼（Gurney）的研究，凡一种乐调唤起某事物的意象时，它的节奏大半和事物的动作有直接类似点。描写类音乐大半如此。瓦格纳取鸟语入乐曲，萧邦取急雨堕瓦声入乐曲，都是著例。有时音乐虽不直接模仿事物的音调，却可从节奏起伏上暗示事物的性质和动作。例如飘荡幽婉的舞曲常暗示仙女，沉重低缓的舞曲常暗示巨人。普塞尔（Purcell）用下降调暗示特洛伊城（Troy）的衰落，也是以节奏象征动作。②

---

① [德] 黑格尔：《美学》第1卷，朱光潜译，商务印书馆1979年版，第317—318页。
② 朱光潜：《近代实验美学》第1卷，载《朱光潜美学文集》，上海文艺出版社1982年版，第313页。

汉斯立克在《论音乐的美》中，倾向于音乐的纯粹形式的表现和美，他把节奏看作音乐美的秘籍之一。他认为，表现确定的情感或激情不是音乐艺术的职能，"音乐的原始要素是和谐的声音，它的本质是节奏。对称结构的协调性，这是广义的节奏，各个部分按照节拍有规律地变换地运动着，这是狭义的节奏。"① 无论是广义还是狭义的节奏，它们都在乐曲中发挥着积极的艺术表现的作用，象征着生命的运动、节奏和有机性，给听觉以丰富变化的美感。

第三，有机整体。

亚里士多德在《诗学》中提出戏剧的有机整体概念，但是他主要是就戏剧的叙事结构而言的。从形式美的视角阐释有机整体的概念，一方面是包括色彩、线条、平面、立体、声响等诸种因素的综合，另一方面是表现方法的有机协调。

形式美除了契合各个具体环节的规定性之外，还必须符合有机整体的原则，力图把各个环节交融成一个和谐的交响乐章。康定斯基沉醉于色彩、线条和平面之间的抽象综合，这种成功综合的结果可以诞生音乐般的美感，让观众的审美心理产生联想性的音乐感。他说：

> 这种形式与色彩必不可免的相互关系促使我们去观察形式对色彩的作用。形式本身即便是完全抽象的，而且与几何图形近似，它也具有自己内在的声响，是精神的实体，并带着与这种形式吻合的特质……
>
> 此时，形式与色彩的相互关系显得越发清楚。涂着黄色的三角形、蓝色的圆、绿色的四方形，然后重又是三角形，不过是绿色的三角形，黄色的圆，蓝色的四方形，等等。所有这些全是形体各异、作用各异的实体。
>
> 此时就可以较容易地发现，一种形式强调了某种色彩的意义，另外一种形式则黯淡了它。无论如何，锐角三角形形式中的强刺激色彩在其特点中，作用是更加猛烈了（例如三角形中的黄色）。偏向

---

① ［奥］汉斯立克：《论音乐的美》，杨治业译，人民音乐出版社1980年版，第49页。

于深邃含蓄的色彩，其作用在圆的形式下才得到加强（例如圆中的蓝色）。

　　从另一方面说，毫无疑问，形式与色彩之间的相悖当然不能被看成是一种"不和谐"，恰恰相反，这种相悖正开发着新的可能性，甚至是开发和谐。因为色彩与形式的数量是不可穷尽的，故而它们组合的数量及至作用也是不可穷尽的。这种材料是用不竭的。[1]

　　康定斯基从色彩和形状的无限的数量组合之中窥到形式变化的无限可能性，揭示色彩和形状之间的有机组合而造就的形式美。就造型艺术而言，绘画将色彩、线条、色块这些要素综合于二维平面之上，而建筑和雕塑，则将线条、平面、色彩综合于三维空间结构，其目的都是试图获得有机整体的美感。徐悲鸿的油画《田横五百士》，取材于《史记·田儋列传》。司马迁叹惋道："田横之高节，宾客慕义而从横死，岂非至贤！余因而列焉。不无善画者，莫能图，何哉？"受太史公的感召，徐悲鸿创作了油画《田横五百士》。倾情于田横等人"富贵不能淫，威武不能屈"的高尚操守，画家独具匠心地选取了田横与五百壮士惜别的戏剧性场景，画面人物众多，弥散悲壮气氛，油画以与诗文不同的方式，截取最富有暗示性的"送别"顷刻，体现出古典主义的"高贵的单纯，静穆的伟大"的美学理想。画面人物众多，空间上错落有致，辅佐以不同的姿态和神情，色彩、线条、平面构成统一的"殉情"主题，浓郁悲壮的气氛和视死如归的气节，映衬出人与人之间忠诚与信义构成神圣的道德信仰。徐悲鸿另一幅取材于《列子·汤问》的水墨设色《愚公移山》，同样是以宏大的场面和众多的人物为视觉特征，画面聚集着不同年龄、体貌的人物，他们都和背景形成和谐的对比，有如一曲交响乐。以《圣经》为题材的达·芬奇的《最后的晚餐》，生动描绘基督耶稣和他的众多门徒晚餐聚会的场面，截取富于暗示性的典型瞬间，戏剧性地表现出各种人物的不同神情和心态，以生动的故事性和戏剧冲突的效果构成画面的有机整体感。中国传统绘画，诸如北宋郭熙的《秋山行旅图》、《树色平远图》，北宋米

---

[1] ［俄］康定斯基：《艺术中的精神》，李政文、魏天海译，中国人民大学出版社 2003 年版，第 50—51 页。

芾的《潇湘奇观图》，南宋梁楷的《秋柳飞鸦图》，明末董其昌的《高逸图》，明末朱耷的《荷花翠鸟》，清代"扬州八怪"的作品，近人齐白石的花鸟画、张大千的墨荷、刘海粟的《黄山》系列等，这些绘画作品都以诸种感性形式造成整体结构的和谐，以获得浑然一体的审美效果。中国的道教建筑，沉迷于宗教情感的"洞天福地"的信仰和幸福观，以融和自然为最高的生命境界、艺术境界和审美境界。因此，道教的建筑，充分地体现对自然尊重和敬畏的道德原则，很少对原有自然景观进行改造和毁坏，放弃整个平面的几何完整对称，顺应山水地势，修建临山傍洞或面水背山的建筑，建筑物和山水、洞穴、树木形成相辅相成的和谐的空间结构，从而构成一幅理想中的天地人神四者融洽的生命图画，居住于此建筑空间的道士，理应滋生物我同一、主客两忘的宗教美感和生命的幸福感。

　　从表现方法的有机统一性看，艺术创造者心仪动静结合的美感，讲究虚实相生、形神兼备的气韵生动，力图获得内容和形式的协调、叙述和抒情的照应、人物和环境的关联的艺术效果，实现景与情的审美统一。这些美学原则成为超越历史语境的普遍概念而被所有的艺术家认同，它们在一定程度上体现表现方法的比例协调。艺术家选择自己心仪和擅长的创作方法，运用自身娴熟的表达技艺或技巧，他们同样面临着将这些众多的方法和技巧糅成一体的问题。问题不在于一个艺术家选择什么样的创作方法和运用什么样的具体技巧和策略，而关键在于他如何把主要的创作方法和具体的表现人物、烘托氛围、精神分析、心理刻画等技巧熔于一炉，如何将叙事、抒情、描写、议论、象征、隐喻等艺术手法实现整体的综合，从而寄寓创造者的美学企图。

第十一章

审美标准

第一节 经验之标准

有关审美标准的争论是传统美学一个充满悖论的现象，持有独断论的人罗列出一系列的标准作为普遍意义的审美法则，而怀疑论者则提出一些相反的论题，证明可以在所有的审美标准方面寻找出对立的命题或反命题。尽管如此，我们依然可以从相对主义立场出发，从经验和理念两个方面的衔接点上寻找出一些具体和规范的审美标准，为审美范畴的确立开辟一条可能的路径。

伯克（Edmund Burke，1729—1797）归纳出一些具体的或规范的审美标准："美的物体是小的"，"光滑"，"渐变"，"娇弱"，"形象"等①。他将上述因素等同于具体的美感要素。他的定义是："美是指物体中的那种性质或那些性质，用其产生爱或某种类似的情感。"② 显然，物体中的某些性质构成了审美活动或美感形成的基本因素。有趣的是，和黑格尔的理性主义美学的路径相异，伯克认为"比例不是植物美的原因"，也不是动物美和人物美的原因③，而黑格尔则将"整齐一律"、"平衡对称"、"符合规律"、"和谐"④ 等视为自然美的主要因素和客观标准。其实，伯克所言的美之性质和标准，主要是对"秀美"的形态而言。当然，审美

---

① ［英］伯克：《崇高与美——伯克美学论文选》，李善庆译，上海三联书店1990年版，第129—133页。
② 同上书，第101页。
③ 同上书，第101—108页。
④ ［德］黑格尔：《美学》第1卷，朱光潜译，商务印书馆1979年版，第173—180页。

标准最重要的构成之一是秀美,它既是美的性质,也是美的要素之一。

美学上最普遍的经验范畴的审美标准之一即是"秀美"。在日常语言的意义上它几乎就是美的同义词。此处的秀美特指秀丽柔婉的形态和意象,类似于司空图《二十四诗品》中"绮丽"和"清奇"等品目指涉和形容的境界:"雾余水畔,红杏在林。月明华屋,画桥碧阴。金尊酒满,伴客弹琴。取之自足,良殚美襟。""娟娟群松,下有漪流。晴雪满竹,隔溪渔舟。可人如玉,步屟寻幽。载瞻载止,空碧悠悠,神出古异,淡不可收。如月之曙,如气之秋。"[1] 秀美从一般的哲学意义上阐述,它呈现生命存在的非暴力形式所敞开的无限可能性,徜徉于人和自然的和谐交往之中,是现象界的宁静沉默的绚丽和从容优雅的状态。从具体的哲学意义上理解,它表现为主体和客体的自由平等的对话,形式与内容的平衡,一种水乳交融的和谐关系。英国经验主义美学家伯克曾经将美最终归纳为这几个特性:"第一,较小。第二,光滑。第三,各部分方向上有变化。第四,没有角状的部分,各部分互相融为一体。第五,具有娇弱的体形,没有与众不同的有力的外观。第六,颜色纯净、鲜明,但不很浓烈、眩目。第七,万一有眩目的颜色,将它与其他颜色混杂。我相信,这些都是与美有关的性质,本质上起作用的性质,与其他性质相比不易随意改变或因审美趣味不同而混淆。"[2] 伯克这里罗列的"美"的特征,也就是秀美的有关形式方面的基本界定。

从主体的感官知觉上,秀美是视觉对于华丽缤纷色彩的感受。无论纯净和透明的单一色泽,或者是柔和交融的七彩迷离都可能激发视觉的审美惊羡。夕阳的鲜红,月色的皎洁朦胧,彩虹的五彩缤纷,蝴蝶的精妙图案和艳丽色泽,牡丹、菊花、梅花、蕙兰、竹、树木、青草等植物的颜色,热带鱼、丹顶鹤、白鹭、翠鸟、孔雀、锦鸡、梅花鹿等动物的羽毛或皮毛,冰雪的晶莹洁白,玉石的透明无瑕,山的碧绿和水的清澈等自然物象,无论它们是单色还是多色,都体现秀美的气象。除了色彩

---

[1] (唐)司空图:《二十四诗品》,载郭绍虞、王文生《中国历代文论选》第2册,上海古籍出版社1979年版,第204—206页。

[2] [英]伯克:《崇高与美——伯克论美学论文选》,李善庆译,生活·读书·新知三联书店1990年版,第136页。

之外，视觉上感受的优雅柔和的线条和飞扬流动的几何形体，也可以激发秀美之感。当然，从视觉上看，女性人物或大多数的雌性动物，她们更多呈现秀美的特质。《红楼梦》里所谓"女人是水做的骨肉"的说法，以及大观园里的女性世界，都印证着女性和秀美之间的必然逻辑。听觉上接受的舒缓轻盈的乐音，诸如燕歌莺啼，泉水叮咚，雪花飞扬，秋叶飘零，"高山流水"的吟唱，《春江花月夜》和《月光奏鸣曲》的演奏，《蓝色多瑙河》的舞曲，等等，它们可以产生秀美的听觉意象。触觉上柔软光滑、细腻绵密的感受，嗅觉上芳香甜润的气味，还有味觉上清香可口、柔和细腻的感觉，可以补充和强化秀美的感觉。

　　从心理体验角度上，秀美提供给心灵一种安全、舒适、宁静的感受，抑或一种淡淡的感伤和忧愁。秀美的象征品必然属于一种令人同情的弱小柔和的形象，它们不会构成对于欣赏者的生存危害。一般说来那些形体上纤巧细小的和善生物容易引起主体的秀美感，体形巨大的猛禽和野兽则不可能给予主体秀美的印象。舒适感是伴随秀美的另一个重要机缘，愉悦和惬意的感觉往往联系于秀美的对象。唐人张志和的《渔歌子》："西塞山前白鹭飞，桃花流水鳜鱼肥。青箬笠，绿蓑衣，斜风细雨不须归。"如果说张志和的"渔父"以令人赏心悦目的自然意象和自我的闲适潇洒的心态表达优雅的美丽，而南宋之末王沂孙的《高阳台》则以景情交融的感伤意境表现一种忧愁的美丽。词人写道："残雪庭阴，轻寒帘影。霏霏玉管春葭。小贴金泥，不知春在谁家？相思一夜窗前梦，奈个人、水隔天遮。但凄然，满树幽香，满地横斜。江南自是离愁苦，况游骢古道，归雁平沙。怎得银笺，殷勤与说华年。如今处处生芳草，纵凭高、不见天涯。更消他，几度春风，几度飞花。"词人在此处表达的是苦涩和悲悼的情绪，然而景色中依然透露出一种淡淡的秀美。美丽有时候却不单纯地和愉悦快乐的心情相伴随，甚至忧愁的美丽更令人销魂。词人在此表达一种绝望的美丽。

　　从艺术风格看，秀美是一种华丽或者恬淡的风格，象征心灵的超越和宁静，甚至体现为宗教的审美信仰。拉斐尔的圣母像就是典型的例证。画中圣母神情慈祥恬静，象征无限的母爱和情爱。面容清丽，身体姿态优雅从容，体现超越凡尘而又充满人间之爱的情感。西方绘画，尤其是表现女性的题材，不少作品呈现秀美的特性，一方面从纯粹的形式上渲染一种美丽如水的温柔，另一方面隐喻着对于女性的性幻想，类似于弗洛伊德论述的无意识的本能欲望的满足，是艺术家借助于艺术形象而"过瘾"。达·芬奇的《蒙娜·丽莎》，波提切利的《维纳斯的诞生》，安格尔（Jean Auguste Dominique，1780—1867）的《泉》、《土耳其浴室》、《阿纳底奥曼的维纳斯》①，以及后来库尔贝（Gustave Courbet，1819—1877）的《吊床》，德加（Edgar Dagas，1834—1917）的《舞女》、《浴盆》、《浴后擦身的女人》，雷诺阿的《浴后的女人》、《金发浴女》，高更的《失去童贞》、《塔希提少女》，马蒂斯的《举腕的土耳其宫女》，但丁·罗塞蒂的《莉丝丽夫人》等。这些以女性为对象的绘画，呈现华丽与恬淡相与交互的基调，人物的秀美之中被渗透了一种被升华或者转移的生命本能的意识。

以屈原的《九歌·少司命》为例，对诗歌的秀美意象给予阐释。

秋兰兮蘼芜，
罗生兮堂下。
绿叶兮素枝，
芳菲菲兮袭予。
夫人兮自有美子，
荪何以兮愁苦？
秋兰兮青青，
绿叶兮紫茎；
满堂兮美人，
忽独与余兮目成。
入不言兮出不辞，
乘回风兮驾云旗。
悲莫悲兮生别离，
乐莫乐兮新相知。
荷衣兮蕙带，

---

① "阿纳底奥曼"（Anadyomene）源自希腊文，意思"海水泡沫"。图画表现从海水泡沫中诞生的女神。

儵而来兮忽而逝。
夕宿兮帝郊,
君谁须兮云之际?
与女沐兮咸池,
晞女发兮阳之阿;
望美人兮未来,
临风怳兮浩歌。
孔盖兮翠旌,
登九天兮抚彗星。
竦长剑兮拥幼艾,
荪独宜兮为民正。

"少司命"是楚民的祭祀对象,为楚人的宗教保护神,其物质原型为"星"。《史记·天官书》云:"斗魁戴匡六星曰文昌宫:一曰上将,二曰次将,三曰贵相,四曰司命,五曰司中,六曰司禄。"司马贞《索引》引《春秋元命包》云:"司命主老幼。"《晋书·天官书》云:"西近文昌二星,曰上台,为司命,主寿,然则有两司命也。"《祭法》云:"王立七祀,诸侯立五祀,皆有司命。"《汉书·郊祀志》云:"荆巫有司命。"五臣云:"司命,星名。主知生死,辅天行化,诛恶护善也。"可见,"少司命"为荆楚的地域神和民族神,她是命运之神和爱神,是美丽和善的女神,具有"诛恶护善"的法力。

少司命的特性是秀美。依据她的神性而言,这位女神心地善良,情感真挚,象征春天、爱与美,她守护儿童;从审美意象看,少司命"绿叶兮素枝,芳菲菲兮袭予","荷衣兮蕙带","晞女发兮阳之阿",感性形式显得温柔美丽;从心理结构看,少司命"悲莫悲兮生别离,乐莫乐兮新相知",像一位柔情似水、忧郁缠绵的少女;从艺术表现考察,由于诗歌的神话意识的作用,春景与秋景融为超现实的审美意境,景致与柔情合一,虚实并存,色彩艳丽灵动,造成有如画境的秀美气象。

少司命的"星"的物质特征比较明晰,她温柔明亮,富有光泽,运动舒缓,性情沉默,"入不言兮出不辞"。大司命以"玄云"作为象征色,而少司命以"秋兰"或"绿叶"作为象征色,"秋兰兮青青,绿叶兮紫茎"，"绿叶兮素枝，芳菲菲兮袭予"。王逸注云："袭，及也；予，我也。言芳草茂盛，吐叶垂华，芳香菲菲，上及我也。"① 与大司命的"玄色"基调相对应，少司命以青绿色为背景，以绿叶素枝作映衬，透体芬芳，超越了视觉形象的美，甚至给人以味觉的愉快。外表装束上，少司命"荷衣兮蕙带"，佩带长剑，奇美绝伦，是古典时代的富有想象力的"时装"；并且"乘回风兮驾云旗"，"孔盖兮翠旍"，装饰奇异的车乘云旗相与交辉，烘托女神的超凡奇谲之美。《少司命》相像于神话式的"梦幻戏剧"，角色充溢着浪漫情调："与女沐兮咸池，晞女发兮阳之阿。望美人兮未来，临风怳兮浩歌。""咸池"，王逸注："日浴处也。"《天文大象赋》云："咸池浮津而森漫。"少司命在太阳沐浴的地方梳洗，并晾晒飘逸的长发，她痴情地等待自己的情人，面对微风而唱歌。"悲莫悲兮生别离，乐莫乐兮新相知。"王逸注云："言天下之乐，莫大于男女始相知之时也。"② 王世贞认为是"千古情语之祖"③。少司命表现出鲜明独特的性别角色，优美迷人的意象，缠绵悱恻的内在情感，呈现明晰的秀美特点。从比较神话学考察，少司命和希腊神话中的阿芙洛蒂特（Aphrodite）、狄安娜（Diana），罗马神话中的维纳斯（Venus）相类似，同属女性，都是爱与美之神，司管爱情、婚姻、生育，保护儿童和动植物，她们都呈现出秀美的特性，只是少司命比她们更有东方女性的含蓄典雅。《少司命》从艺术风格而言，类似于姚鼐在《复鲁絜非书》中所论："文者，天地之精英，而阴阳刚柔之发也。……其得于阴与柔之美者，则其文如升初日，如清风，如云，如霞，如烟，如幽林曲涧，如沦，如漾，如珠玉之辉，如鸿鹄之鸣而入廖廓；其于人也，漻乎其如叹，邈乎其如有思，暖乎其如喜，愀乎其如悲。"④ 姚鼐所云阴柔之美和秀美在逻辑范围上比较接近。

从传统伦理学的"良知"视角看，秀美体现儒雅的气质，是一种空灵的智慧象征，它可以是儒家的温柔敦厚的礼教，"仁者乐山，知者乐水"的情怀，道家推崇的顺应自然如婴儿纯净的生命境界，佛家的慈悲

---

① 王逸：《楚辞章句》，载洪兴祖《楚辞补注》，中华书局1983年版，第71页。
② 同上书，第72页。
③ （明）王世贞：《艺苑卮言》，凤凰出版社2009年版，第31页。
④ 北京大学哲学系美学教研室编：《中国美学史资料选编》，中华书局1981年版，第369页。

为怀、拯救众生的生命态度。因此，秀美也是一种诗意和良知的人生境界。

在经验范畴的意义上，和秀美相对的审美标准是崇高（Sublimate）。西方美学史上关于崇高的探讨比较丰富深入，古罗马时代的朗吉弩斯（Casius Longinus, 213—273）在《论崇高》一书中涉及"崇高"的内容。但是，他主要将它限定于风格的概念规定性上：

> 崇高的风格，可以说，有五个真正的源泉，而天赋的文艺才能仿佛是这五者的共同基础，没有它就一事无成。第一而且首要的是能作庄严而伟大的思想，我在《论色诺芬》一文中已有所论述了。第二是具有慷慨激昂的热情。这两个崇高因素主要是依赖天赋的。其余三者则来自技巧。第三是构想辞格的藻饰，藻饰有两种：思想的藻饰和语言的藻饰。此外，是使用高雅的措辞，这又可以分为用词的选择，象喻的词采和声喻的词采。第五个崇高因素包括上述四者，就是尊严和高雅的结构。①

客观地说，朗吉弩斯论述的崇高还不能算得上美学的"范畴"，因为它只涉及文章风格或者修辞策略，还没有从美学的思辨意义上给予解答。只有到了英国经验主义美学家的伯克那里，崇高才被赋予比较深刻的美学意义："任何适于激发产生痛苦与危险的观念，也就是说，任何令人敬畏的东西，或者涉及令人敬畏的事物，或者以类似恐怖方式起作用的，都是崇高的本源；即它产生于人心能感觉的最强有力的情感。"② 伯克引入心理感受的因素，丰富和深化了崇高的内涵。他把令人敬畏的对象和联系于这一对象的痛苦与恐怖的心理感受作为崇高的本源，从而为崇高奠定一个心理学的基石，并且从精神体验方面确立了崇高的逻辑范畴。伯克还把崇高和美进行逻辑比较，以进一步揭示崇高的特性："对于崇高

---

① ［古罗马］朗吉弩斯：《论崇高》，第8章，第1节。参见蒋孔阳、朱立元主编《西方美学通史》第1卷，上海文艺出版社1999年版，第862页。
② ［英］伯克：《崇高与美——伯克论美学论文选》，李善庆译，生活·读书·新知三联书店1990年版，第36页。

的物体其尺寸是巨大的，美的物体较小；美应是光滑的、光亮的，崇高则是不平的、粗放的；美应当避免直线、不易觉察地偏离直线，在很多情形下伟大爱用直线，偏离时造成猛烈的偏离；美不应是模糊的，崇高却应是隐晦的、朦胧的。美应是轻巧、娇弱的，伟大应是坚固的、墩实的；它们确实是两个性质差别很大的观念，一个基于痛苦，一个基于快乐。"① 伯克描述崇高的一些特征：形体巨大，粗放的、猛烈变化的直线存在方式，隐晦朦胧的外观等。它与美的根本差异在于：美给人快乐的感受，崇高则表现为痛苦的心理体验。

康德在伯克的思维路径上继续拓展崇高的概念，最终把它上升为美学的范畴。他在《判断力批判》的"崇高的分析"中论述道："美好像被认为是一个不确定的悟性概念的，崇高却是一个理性概念的表现。于是在前者愉快是和质结合着，在后者却是和量结合着。"② 和伯克不同，康德设定崇高在理性概念的界限，体现为"经历着一个瞬间的生命力的阻滞，而立刻继之以生命力的因而更加强烈的喷射，崇高的感觉产生了"如此的现象。康德决然地将崇高限定在主体精神之中，认为"自然对象的崇高"是一种不正确的表达。他强调说："我们只能这样说，这对象是适合于表达一个在我们心意里能够具有的崇高性；因为真正的崇高不能含在任何感性的形式里，而只涉及理性的观念。"③ 康德划分崇高为"数学"和"力学"两种类型，关于数学的崇高，康德表达为：是一切和它较量的东西都是比它小的东西。崇高因此成为在心理感觉上"无限制"或"无限大"的数学形式，所以它涉及"量"。巨大的超越想象力和知解力把握的物质形式，它们是容易导致崇高感产生的客观对象。关于自然界的力学的崇高，他运用自己鲜见的文学语言作出描绘：

高耸而下垂威胁着人的断岩，天边层层堆叠的乌云里面挟着闪电与雷鸣，火山在狂暴肆虐之中，飓风带着它摧毁了的荒墟，无边

---

① ［英］伯克：《崇高与美——伯克论美学论文选》，李善庆译，生活·读书·新知三联书店1990年版，第146页。
② ［德］康德：《判断力批判》上卷，宗白华译，商务印书馆1964年版，第83页。
③ 同上书，第84页。

无界的海洋，怒涛狂啸着，一个洪流的高瀑，诸如此类的景象，在和它们相较量里，我们对它们抵抗的能力显得太渺小了。但是假使发现我们自己却是在安全地带，那么，这景象越可怕，就越对我们有吸引力。我们称呼这些对象为崇高，因它们提高了我们的精神力量越过平常的尺度，而让我们在内心里发现另一种类的抵抗的能力，这付予我们勇气来和自然界的全能威力的假象较量一下。①

对此，朱光潜作出比较精当的诠释："力量崇高的事物一方面须有巨大的威力，另一方面这巨大的威力对于我们却不能成为支配力。就主观心理反应来说，力量的崇高也显出相应的矛盾，一方面巨大的威力使它可能成为一种'恐惧的对象'，另一方面它如果真正使我们恐惧，我们就会逃避它，不会对它感到欣喜，而事实上它却使我们欣喜，这是由于它同时在我们心中引起自己有足够的抵抗力而不受它支配的感觉。""理性观念的胜利却使心灵在对自己的估计中提高到感到一种崇敬或惊羡。所以崇高感是一种以痛感为桥梁而且就由痛感转化过来的快感。在恐惧与崇敬的对立中，崇敬克服了恐惧，所以崇敬是主要的。"② 这种抵抗力来源于主体的理性勇气和自我的尊严感，它可以克服恐惧感而获得审美的崇敬感，由此诞生狂喜（Ecstasy）的情绪。康德认为，崇高感不是纯粹的美感，是由痛感转化而来的快感。他主张真正的崇高只能在评判者的心情里寻找，不是在自然对象里。

无论是数学的还是力学的崇高形式，它们尽管作为存在于客观世界物质形式，但是在步入主体的审美视野之后，成为主体意识的现象，只能作为心理感觉或者理性观念而存在，作为一种精神的可能性的审美现象，被体验、想象和诗意地理解。从数学的崇高来说，无限大的物质体积冲击视觉的感受，赋予心理的惊羡、压抑、恐惧的感觉，超越了知性的把握，于是理性观念就被自然地激发，试图与之抗衡，并且在虚拟的想象活动和假定的意志努力中达到征服，这样导致痛苦感的消失和惊喜感的来临。当主体面临无际的海洋、纵横千里的戈壁荒漠、巍峨巨大的

---

① ［德］康德：《判断力批判》上卷，宗白华译，商务印书馆1964年版，第101页。
② 朱光潜：《西方美学史》上卷，人民文学出版社1979年版，第379—380页。

群山等自然现象时，它们赋予心理一种惊恐和痛苦的感觉。一方面主体意识到它们不构成生命的毁灭可能，另一方面激发一种理性力量试图征服它们。于是，一种狂喜或惊羡的感觉取代恐怖和痛苦的感觉。

在造型艺术中也存在类似现象。威武雄壮、逶迤千万里的长城，沉默中显示无限震撼力的兵马俑方阵，它们体现出数学之崇高，超越了伯克和康德认定的痛苦和恐怖的心理感觉，表现出观赏者与之和谐的欣喜之情，是一种令主体敬畏、赞叹、折服的崇高感，欣赏者愿意分享它们给予的崇高感，根本不存在任何的恐惧和痛苦。黑格尔贬黜的东方"象征型艺术"，埃及的金字塔——"是这样一种隐藏一种内在精神的外围"① 的建筑艺术，他说："我们可以把狮身人首兽看作埃及精神所特有的意义的象征，它就是象征方式本身的象征。在埃及，这些狮身人首像多至无数，往往千百成行地排在一起，用最坚硬的石头雕成，琢磨得很光滑，身上刻着象形文字，在开罗附近，这种石像大到狮爪就有一人长，兽身的部分躺在地上，上面人身的部分却昂首立起，它偶尔也有牡羊头，但是绝大多数是女人头。人的精神仿佛在努力从动物体的沉闷的气力中冲出，但是没有能完全表达出精神自己的自由和活动的形象，因为精神还和跟它不同的质的东西牵连在一起。"② 黑格尔在满足自己的西方好奇心之后，轻蔑的审美态度和价值观念左右自己的情绪。显然，他对于这种典型的数学崇高的东方神秘艺术缺乏细致而有耐心的思考，因此作出的判断流于武断和充满思维暴力。

中国古代的佛教造像，有些以巨大的物质形式或者众多数量达到某种神秘意义的象征。云冈石窟和龙门石窟的巨大石刻佛像，乐山大佛宏大惊人的体积，大足石刻一尊侧卧的巨佛，还有南京栖霞寺难以计数的石刻佛像，它们以数学的崇高呈现神秘意义的象征，给人以不同于纯粹美感的艺术享受。从力学的崇高来说，巨大的体积和数量暗示着巨大的力量，形成无可抵御的势能，给人以惊恐和敬畏的心理体验。无论是自然现象还是艺术现象，都可以瞥见崇高的身影。

《楚辞·招魂》，屈原假托梦幻的神游，在上半部"外陈四方之恶"，

---

① [德] 黑格尔：《美学》第 2 卷，朱光潜译，商务印书馆 1979 年版，第 72 页。
② 同上书，第 77 页。

通过怪诞的神话想象造成令人恐惧的艺术氛围。诗人以我观物，故物皆著我之色彩，所以客观的自然力被夸张与变形，有限的形式被赋予无限的数量。本来渺小的力量和想象力可以把握的体积，在由艺术构造的境界，升格为巨大的力量和超现实的外形，超越想象力的把握。天地四方的自然对象被表现得十分丑恶，它们成为一种观念化意象化的自然，自然的某些特征被夸张，在时间空间有更大的自由。某些形象的体积膨胀，力量增大："长人千仞"，"十日代出"，"赤蚁若象些，玄蜂若壶些"，"一夫九首"，"豺狼从目"，"封狐千里"。它们给心理以强大的刺激和反应，这种反应带来的不是愉悦感而是恐惧感。另外，这种感觉又是被诗人意识到不可能处于这种幻觉的景象之中，它并不使诗人陷入这种处境。《招魂》夸大自然力的力量与数量，给它们以超时空的自由，以艺术变形的手法突破事物的一般存在形式，使巨大的形式吞没了内容，导致物质形态与想象力的不协调，现实与幻觉的不平衡。如"长人千仞"，"十日代出"，"封狐千里"，"流沙千里"，"广大无所极些"，"增冰峨峨，飞雪千里些"等。巨大的物质形式超出常见的现象，产生陌生化的艺术效果，构成一种强大的压抑性力量，造成心理的恐惧感及自我保存的欲望，希望"魂兮归来"，从痛苦中解脱出来。"陈恶"部分，正是将自然存在幻想为富有恐惧气氛的意象，以神话思维创造一个神秘、怪异的诗境来贬恶敌国。

《招魂》艺术特点之一是神话式的四方描写，用想象和幻觉表现异域自然的恐惧。如"长人千仞"，"十日代出"，"雕题黑齿，得人肉以祀，以其骨为醢些。蝮蛇蓁蓁，封狐千里些"，"雄虺九首，往来倏忽，吞人以益其心些"。诗人将东南西北描绘出超现实的恐怖景象，表现憎敌爱楚的情感。诗人将自然现象重新肢解和大胆组合，使自然熏染上神秘与恐惧色彩，形成独特的崇高意境。东方："长人千仞"；南方："封狐千里"，"雄虺九首"；西方："赤蚁若象"，"玄蜂若壶"；北方："增冰峨峨，飞雪千里"；上天："虎豹九关，啄害下人些。一夫九首，拔木九千些"；幽都："参目虎首，其身若牛些。此皆甘人"。这些纯粹属于诗人的幻想，自然不合实境。不同的自然物可以互为一体，类似于古埃及的狮身人面像，《山海经》中的怪物异兽，半坡彩陶的人面鱼身像，连云港将军崖岩画中的植物与人同体的图形等，都是神话思维的产物，是人类对自然的幻觉或带有目的性的意象，它们象征"数量与力量的某种变形"，由此呈现艺术的崇高感。

第二节　理念之标准

从理念的纯粹形式视角考察，审美标准隐含着对称与和谐的这两个密切关联的法则，它们关涉于比较纯粹的客观形式。

首先，对称与和谐是大自然的客观规律。所有自然界中的生命形态无不呈现对称的意象，植物与动物最显著地蕴藏着对称原则，它们的身体结构均是对称性的完美体现，或者说，它们的生命形式是依照对称性法则进行生长与存在的，生命的遗传密码延续着对对称法则的圆满继承。正是这种对称性的身体形式和生命结构，完美地印证着生物世界的存在状态的和谐规律。换言之，生命形态的对称性决定着其外部形式的和谐性和内部结构的和谐性。正是由于生物存在的对称与和谐的法则，才使生命世界充满了美感，它们保证了审美标准的可能性。美国学者内森·卡伯特·黑尔在《艺术与自然中的抽象》中论述："许多植物以其在地上和地下的整个形状，同样以其果实的形状——包括泪珠状的种籽——完美地再现了磁场的形式。"[1] 进而指出："我们在所有其它自然领域中已发现的抽象形式在有生命的造物中同样处于许多变化和组合之中。这种有机物的磁场形式是基本的形式，它们有助于支配和产生其余的形式。"[2] 磁场的形式即对称与和谐法则的完美印证，而这一形式在植物的生命形态上表现得非常充沛和令人信服。

其次，在非生命形态，同样存在对称与和谐的法则。主体在对山石、沙漠、建筑、器物等审美活动中，也依据着对称与和谐的形式性要求，遵循着均衡、对称、整齐、和谐的审美标准。卡尔松在《环境美学——自然、艺术与建筑的鉴赏》中描述了审美鉴赏的形式主义，指出："这种鉴赏直接导向这些方面——结构、线条、色彩以及最终的形状、式样和

---

[1] ［美］内森·卡伯特·黑尔：《艺术与自然中的抽象》，沈揆一、胡知凡译，上海美术出版社1988年版，第88页。

[2] 同上书，第94页。

图案——这构成对象的形式。对于审美价值，形式主义认为，对象的形式特征，根据这些方面所具有的，仅仅是与对象的审美价值相关的唯一特征。由于一个对象所具有的诸如统一性和均衡的形式特征，这个对象在审美上是完美的——或更复杂的多样性比如'有机的统一'或'多样的统一'——由于具有比如不和谐或缺乏统一性的特征，在审美上是不好的。"[1] 对称与和谐包括"有机的统一"和"多样的统一"的现象，也包括非平衡中的平衡、非对称中的对称、非和谐中的和谐等复杂情况，在总体上，非生命形态中也比较普遍和显明地呈现着对称与和谐的审美法则。

最后，在审美创造和艺术欣赏的活动过程中，主体总是依据对称与和谐的原则使创造与接受得以可能。最鲜明、典型地体现对称与和谐的审美标准的艺术类型是建筑、雕塑、绘画这三个造型艺术或空间艺术，如果说"在希腊人看来，美是造型艺术的最高法律"[2]。那么，对称与和谐的原则就是造型艺术的最高法律，对它们而言是共时性的审美标准。建筑是最具典型性的对称性物质形态，无论是实用性建筑还是艺术性建筑，也无论是私用性质的建筑还是公共空间的建筑，对称性是它们共同的和普遍性的法则，也是所有建筑必须遵循的客观规律。从雕塑的题材划分，主要有植物、动物、人物等类别，而无论是植物、动物或人物，它们作为生命形态，必然地体现出对称性法则，因此几乎所有的雕塑作品都恪守着对称性与和谐性的美学原则，换言之，它们都是这一审美标准的感性显现。绘画作为以二维平面反映三维空间的艺术形式，它以线条、色彩、光线明暗、形体结构等方面的因素达到情感与意义的表现，对称与和谐的原则同样是它不可逾越的艺术理念，也是其重要的审美标准之一。至于舞蹈、音乐、戏剧、文学、影视等艺术类型，对称性与和谐性仍然是它们共同性的美学规则。在接受意义上，欣赏者或阅读者对文艺作品的理解过程，也程度不同地运用对称与和谐的尺度进行衡量和品评。亚里士多德在《诗学》中提出"有机统一"的艺术标准，和审美

---

① ［加拿大］卡尔松：《环境美学——自然、艺术与建筑的鉴赏》，杨平译，四川人民出版社2006年版，第49页。

② ［德］莱辛：《拉奥孔》，朱光潜译，人民文学出版社1979年版，第14页。

活动中的对称与和谐的观念有着逻辑一致性。

从理念的主观内容方面考察，审美标准涉及共通性和共时性的精神内涵，这也就是社会性和历史性的逻辑规定，它们基本上类同于道德或伦理的标准，诸如正义、善良、德性、同情、慈悲、仁爱、真实、正直、高尚、忠诚、纯粹、纯洁等。因此，这些审美标准是共通性和共时性的，它们基本上适用于对艺术文本和生活世界的审美活动。康德提出"美是道德的象征"[1]这一美学命题。他说：

> 既然鉴赏在根本上是道德理念的感性化（凭借对二者的反思的某种类比）的评判能力，也从它里面，从必须建立在它上面的对出自道德理念的情感（它就叫做道德情感）的更大的感受性中，引出了鉴赏宣布为对一般人性、不仅对每一种私人情感有效的那种愉快，所以很明显，对于建立鉴赏来说的真正预科就是发展道德理念和培养道德情感；因为只有当感性与道德情感达到一致时，纯正的鉴赏才能获得一种确定的、不变的形式。[2]

审美判断和审美标准的最终归宿是共通性和共时性的道德或伦理准则。需要指出的是，道德是历时性（Diachrong）的伦理，而伦理是共时性（Synchrong）的道德。从这个理论意义看，审美的伦理标准要高于道德标准，因为道德会因历史语境的变迁而变化，而伦理原则具有超越历史语境的永恒张力，它是人类历史和文明确立的根本性法则，它规定着人类的基本价值原则和人之为人的基本理由。诸如东方儒家孔子提出的仁、义、礼、智、信等伦理原则，墨家提出的"兼爱"、"非攻"的人道主义原则，道家庄子提出的万物"齐一"的生命均等的哲学思想，理学家张载提出的"民吾同胞，物吾与也"[3]的伦理观等。西方亚里士多德的《尼各马可伦理学》、斯宾诺莎的《伦理学》、康德的《实践理性批判》

---

[1] ［德］康德：《判断力批判》上卷，宗白华译，商务印书馆1964年版，第201页。
[2] ［德］康德：《判断力批判》，载李秋零主编《康德著作全集》第5卷，李秋零译，中国人民大学出版社2007年版，第371页。
[3] 《张载集》，中华书局1978年版，第62页。

等提出善、德性、正义、公平、诚信、爱、仁慈、宽容、自由等伦理概念，西方当代生命伦理学所提出的"反人类中心主义"、"敬畏生命"、"关怀环境"等道德概念，它们都是人类文明的宝贵果实，是维护历史合法性与合理性的价值原则和保证人类根本幸福的伦理法则。这些伦理法则均可以被提升为一种纯粹而绝对的超越历史时间、超越地域与国家、超越宗教、超越政治意识形态的普遍信仰，成为整个人类的生活世界的精神准则和实践依据。从这一理论视角考察，生活世界的审美标准必须包括如此的伦理原则，无论是对自然的审美活动还是从事艺术创作，无论是对艺术文本的鉴赏活动还是对社会现象的审美观瞻，主体都必须持有如此的审美理念和价值准则。这是文明与历史的共同决定，也是艺术活动和审美活动必然遵循的坚定法则。因为它们保证了人类社会的价值可能，确立了人类文明的存在基础与逻辑前提。

第三节　艺术境界与生命境界

审美标准的重要尺度是审美境界。境界是一个本土化的内涵丰富的美学范畴。我们赋予这一范畴以新的理解和意义，拓展它的逻辑范围使之成为一个本体论意义的范畴，它不限于艺术和审美的领域，而延伸到生命存在的根本性上，它显现和估衡"存在"（Exist）的价值，具有价值论（Axiology）的意义。所以，一方面从美学和艺术的意义上理解境界，另一方面从生命哲学和价值哲学的意义上理解境界。境界可以划分为"艺术境界"和"生命境界"。所谓生命之境界指主体而言，艺术之境界对文本或作品而言。

"境界"获得美学范畴的规定性起始于王国维，他建立起"境界"的逻辑起点和思维行程，构成一个概念系统，诸如有我之境和无我之境、造境和写境、客观之境和主观之境、隔与不隔等，最终熔铸为一个普遍意义的美学范畴。王国维交替运用"意境"和"境界"的概念，在不同的语境其表述的意义上略有差异，然而，基本的概念规定性具有逻辑相承性和一致性，因此不存在根本性的区别。然而，追溯"境界"或"意境"的词源，它在时间性上还可以更早一些。唐代王昌龄的《诗格》划分诗的三种境界：物境、情境、意境，并且提出"事须景与意相兼始好"

的观点，可以视为"景情合一"论的滥觞。皎然的《诗式》触及"取境"的问题，司空图的《二十四诗品》其中有"实境"的一席之地，他的《与李生论诗书》论述"韵外之致，味外之旨"的命题。刘禹锡在《董氏武陵集记》提出"境生于象外"的规定性，为"境界"说寻找感性形式之外的主体性的意义。至于清代，涉及境界论题的人物则更多。恽寿平说："方壶泼墨，全不求似，自谓独参造化之权，使真宰欲泣也。宇宙之内，岂可无此种境界。"① 在这里，境界是一种极高的艺术价值的象征，具有气韵生动和动人心弦的感染势能。况周颐在《蕙风词话》中对境界进行比较广泛的阐释。然而，到了王国维的时代，境界才生成为一个内涵充实和逻辑严谨的概念，并且上升为具有普遍意义的美学范畴。

从境界的二重性看，王国维的境界主要属于艺术境界的逻辑范围。他在《人间词话》中说："然沧浪所谓'兴趣'，阮亭所谓'神韵'，犹不过道其面目，不若鄙人拈出'境界'二字为探其本也。"王国维的"境界"基本的思想内容是：

> 词以境界为最上。有境界，则自成高格，自有名句。五代、北宋之词所以独绝者在此。
>
> 有造境，有写境，此"理想"与"写实"二派之所由分。然二者颇难分别，因大诗人所造之境必合乎自然，所写之境亦必邻于理想故也。
>
> 有有我之境，有无我之境。"泪眼问花花不语，乱红飞过秋千去"，"可堪孤馆闭春寒，杜鹃声里斜阳暮"，有我之境也。"采菊东篱下，悠然见南山"，"寒波澹澹起，白鸟悠悠下"，无我之境也。有我之境，以我观物，故物皆著我之色彩。无我之境，以物观物，故不知何者为我，何者为物。古人为词，写有我之境者为多。然未始不能写无我之境，此在豪杰之士能自树立耳。
>
> 无我之境，人惟于静中得之。有我之境，于由动之静时得之。故一优美，一宏壮也。
>
> 自然中之物，互相关系，互相限制。然其写之于文学及美术中

---

① （清）恽寿平：《南田论画》。

> 也，必遗其关系限制之处。故写实家亦理想家也。又虽如何虚构之境，其材料必求之于自然，而其构造亦必从自然之法律。故理想家亦写实家也。
>
> 境非独谓景物也，喜怒哀乐亦人心中之一境界。故能写真景物真感情者，谓之有境界。否则谓之无境界。

境界既是衡量词的艺术标准，也是价值呈现的象征。境界有无，才表明审美意义是否成为可能。境界可以划分为造境和写境两种不同的创作方法和艺术风格，这表明"理想"和"写实"两种艺术流派的审美差异。从表现的情绪程度上，境界又可以区分为"有我之境"和"无我之境"。它们各自的特性是："有我之境，以我观物，故物皆著我之色彩。无我之境，以物观物，故不知何者为我，何者为物。""有我之境"的文本，主体的精神倾向和价值判断相对外露，情感之表现比较直白和浓烈。从心理感受看，有我之境呈现一定的运动感，因此给人以宏壮美；"无我之境"，创造者采取隐匿写作的方式，运用客观叙事、价值中立和情感遮蔽的策略，主体和意象融为一体，呈现为宁静的姿态，故给予接受者以优美感。"古人为词，写有我之境者为多。然未始不能写无我之境，此在豪杰之士能自树立耳。"显然，王国维认为"无我之境"的艺术价值高于"有我之境"。境界还有"写实"和"理想"的差异，艺术一方面须遵从现实材料，另一方面也须进行合乎自然法则的虚构。因此，须打通"写实"和"理想"的界限。最后，境界不能限定于景物，主体的情感也是必然性组成。境界是景物和情感的诗意统一体，判断境界的准绳之一是景物和情感的自然真实，只有真实的景物和情感才能达到境界的生成和完满。境界是王国维对于词以及所有艺术创作的审美诉求，是他理想的艺术目标和美学评价的准则。

和艺术境界相比，"生命境界"的思维规定性趋向于存在论和价值论的范围。人生的境界追求既是美学的追求，也是哲学和伦理学的追求。克罗齐宣称艺术和道德无关，尽管审美活动和道德活动存在一定的精神距离。然而，生命的存在必然和良知有关，因为良知是高于道德的普遍人性，是衡量人之心性的准则之一。生命个体的智慧和诗意、爱心和同情心都关涉于良知，良知是俯瞰和指导道德的慧目。所以，生命境界基本的和首要的规定性便是良知。孟子认为良知是先验的精神结构，无须经过后天修炼而天然禀赋："人之所不学而能者，其良能也。所不虑而知者，其良知也。"① 王守仁发挥了孟子的观点："圣人只是顺其良知之发用，天地万物，俱在我良知的发用流行中，何尝又有一物超乎良知之外，能作得障碍？"② 他又说："吾教人致良知，在格物上用功，却是有根本的学问。日长进一日，愈久愈觉精明。"③ 融合《孟子》的"良知"和《大学》的"致知"的学说，王守仁进而创立"致良知"的理论。"致良知"不仅是道德心性的修养，也是审察世事的方法。无论是"无事时存养"的静的功夫，还是"有事时省察"的动的功夫，都体现良知决定的无时不在的生命境界的守望。它是照亮心性和智慧的黑夜明灯，用王守仁的语言表达就是"孔门的正眼法藏"。从良知的视角讲，生命境界应该包括人对自然万物的仁爱之心，敬畏和热爱自然，敬畏和热爱大自然的生命形式，当然包括对人的尊重和爱心，也内含对自我生命和价值的尊重，以慈悲和善作为人生的基本准则和内心需求。儒家的伦理原则，道家的齐物和养生的观念，佛家的人生戒律，基督教的宽容、忍让、拯救和仁爱的精神，以及其他人类普遍的正义原则和价值理念，都可以作为良知的思想资源，转化为生命境界的意义和价值的构成。

生命境界的澄明、敞开和实现，也是诗意和智慧的提升，想象力和领悟力的不断攫取。人应该诗意地栖居于大地，诗意的栖居，一方面是自我存在的澄明和敞开，人透明地生存于大地和世间，放弃面具和装饰，自由而真实地微笑、言说、思想和行动，不沦为剧场政体的小丑和冷漠看客；另一方面，伸展自我的求知本性，唯有知识担当生命存在的理性工具和基本手段。但是，生命又不能成为知识的仆役，它必须立足于知识而超越于知识。这样，生命存在就渴望于智慧的开启和获得。佛学关注戒、定、慧的三行修炼，推崇和沉醉"般若"（智慧）之学，认为智慧是生命存在不可缺少的重要结构之一。生命

---

① 刘宝楠：《孟子正义》（《孟子·尽心上》），载《诸子集成》第 1 册，中华书局 1954 年版，第 529 页。

② （明）王阳明：《传习录下》，载《王阳明全集》第 1 册，吴光等编校，浙江古籍出版社 2011 年版，第 117 页。

③ 同上书，第 109 页。

境界的提升必须包含智慧的开启和不断汲取，人要拜自然为师，不能凌驾于自然之上，要和自然进行虔诚平等的对话。董其昌等画家以"造化为师"的心得，从一个侧面晓谕从自然领悟智慧和获得智慧，从而寻找灵感的源泉。古人"读万卷书，行万里路"的人生修养正是知识和智慧相交融的明证。

诗意和智慧的提升，另一途径是热爱艺术和创造艺术。艺术是人类精神有价值的自由象征，它通过对于自然、社会、宗教、哲理等多重象征的活动，借以达到此岸与彼岸的心灵徜徉，提供给人类家园的归属感和精神的寄托感。同时，艺术是超越现实和否定现实的无限可能性的想象果实，也是主体对于自然和人生的存疑和提问，当然更是对于自我的求证活动。所以，艺术既是主体的本能性期待，也是理性化的必然需求。人只要渴望较高境界的生存，就必然地渴望艺术和投身艺术。艺术不是虚假的意识形态的装饰品，不是功利表演的道具或面具，不是乔装高雅的陪衬，不是政治家手中的可资利用的拐杖，不是谋求虚荣心的竞技场，不是欲望扩张的田野，不是道德说教的讲坛，不是宗教布道的教堂，不是散布绝望情绪的病室，不是许诺利禄的投机场，不是纯粹理性的逻辑宫殿……艺术是虚无之美的呈现，是瞬间永恒的印象，是无限可能性的自我澄明和敞开，是人类永恒的桃花源和乌托邦，是人类精神的自画像，是神话中的空谷幽兰，是童话里的白雪公主，是生生不息的火中凤凰，是基督的十字架和佛的拈花微笑，是春夏秋冬时序更新的宁静无言……因此，生命境界就是不断地向艺术境界过渡，艺术境界提供生命境界的范本和模式。

生命境界的提升，还在于理性永不停息地自我反观。人必须不断地自我怀疑和自我否定，生命的历程是不断求证自我的过程。人一方面必须向大自然、向古人和贤哲虚心求教，对于他们怀有永远的敬畏和崇敬之心，以理性考量历史、现在和未来；另一方面，人必须向自我求证，不断地展开存疑和否定、提问和回答的理性活动，不断敞开和激发自我的想象力和领悟力，仿效圣贤孔子每日"三省吾身"的精神，不断进行自我反思和批判，走向智慧和良知的遥遥路途。生命境界的提升，还在于主体不断追问自我存在的理由、时间、境域等形而上学的命题：我为何而存在？我存在为何？生命存在的因果和循环又是什么？生命的意义和价值为何？它从什么时间开始，到什么时间终止？每一人都面临有如高更的那幅经典绘画的提问：我们从何处来？我们是谁？我们向何处去？生命唯有在这种不间断地提问过程中，才能提升自己的境界，走向哲学、美学和诗意的完满和幸福。

第十二章

审美方法

第一节 感觉

审美活动的逻辑起点即是生命存在的"感觉",它构成审美活动的起始张力和第一推动力。在词源学意义上,美学是感性学(Aesthetics),它从感性开始自己的蹒跚脚步。与此相关,审美活动也从感性展开自己的运动轨迹。换言之,感觉是审美活动的第一方法和最根本的方法之一。

生命存在的标志之一就是它的感觉性。显然,在一般意义上,生命的感觉能力和生命形式的高级程度成正比。例如,动物的感觉能力整体上高于植物。但是,这并不意味着人的所有感觉能力高于动物。在许多方面,动物的感觉能力高于人类,因为对于大自然的适应性生存的天性发展了动物的感觉能力,不然,古人就不会吟咏"草枯鹰眼疾,雪尽马蹄轻"的诗句了。人类依据对于大自然的适应性生存能力和选择性生存能力的互相结合,更重要的是,人类以自我的知识工具和技术手段创造发展了社会化的物质生存条件。所以,人类的理性发展就以丧失部分的敏锐感觉为代价。尽管如此,人类作为负载着生命形式中的高级动物的种类属性,感觉能力依然是十分敏锐、丰富和深刻的。马克思在《1844年经济学—哲学手稿》中写道:

> 眼睛对对象的感觉不同于耳朵,眼睛的对象不同于耳朵的对象。每一种本质力量的独特性,恰好就是这种本质力量的独特的本质,因而也是它的对象化的独特方式,它的对象性的、现实的、活生生的存在的独特方式。因此,人不仅通过思维,而且以全部感觉在对

象世界中肯定自己。

……

只是由于人的本质的客观地展开的丰富性，主体的、人的感性的丰富性，如有音乐感的耳朵、能感受形式美的眼睛，总之，那些能成为人的享受的感觉，即确证自己是人的本质力量的感觉，才一部分发展起来，一部分产生出来。因为，不仅五官感觉，而且所谓精神感觉、实践感觉（意志、爱等等），一句话，人的感觉、感觉的人性，都只是由于它的对象的存在，由于人化的自然界，才产生出来的。五官感觉的形成是以往全部世界历史的产物。①

马克思突出主体的本质力量和社会实践对于感觉形成的必要性的构成，强调"五官感觉的形成是以往全部世界历史的产物"，当然具有历史和实践的双重合理性。但是，也不得不看到，他在偏重以历史唯物主义的方法论所呈现的历史理性和物质决定论的同时，忽视由生命本能决定的感觉能力，这不能不说是一种遗憾。然而，马克思在《巴黎手稿》中突出了主体感觉的丰富性以及对于生命存在的重要价值，这也为许多美学理论视而不见，也是一种遗憾。

感觉是人类心灵的首要触角和美感形成的逻辑起点。帕克（Dewitt Henry Parker，1885—1949）非常重视感觉的研究，他说："让我们首先把感觉作为美的一个要素加以研究。感觉是我们进入审美经验的门户；而且，它又是整个结构所依赖的基础。感受不到感觉的可能的价值的人，也可能是富于同情心的和聪明的，但是，他们不可能成为美的爱好者。……然而，尽管感觉在美中是无所不在的，而且是有最高的价值，但并不是一切种类的感觉都同样适于参与经验。柏拉图就只谈到'美的视象和声音'。自他的时代以来，视觉和听觉就一直被认为是具有优越的审美意义的感官。这些感官成为一切艺术的基础——声音成为音乐和诗歌的基础，视觉成为绘画、雕塑和建筑的基础。"② 西方美学自柏拉图开始一直推崇将视觉和听觉作为审美活动中最重要的感觉，托马斯·阿奎

---

① ［德］《马克思恩格斯全集》第42卷，人民出版社1979年版，第125—126页。
② ［美］帕克：《美学原理》，张今译，商务印书馆1965年版，第50—51页。

那（Saint Thomas Aquinas，1226—1274）在《神学大全》中说："与美关系最密切的感官是视觉和听觉，都是与认识关系最密切的，为理智服务的感官。"① 显然，他垂青视觉和听觉的原因之一，在于它们具有潜在的理性认识的功能，或者说和其他感觉相比，它们和理性认识的关系更为紧密。黑格尔也认为："艺术的感性事物只涉及视听两个认识性的感觉，至于嗅觉、味觉和触觉则完全与艺术欣赏无关。因为嗅觉、味觉和触觉只涉及单纯的物质和它的可直接用感官接触的性质，例如嗅觉只涉及空气中飞扬的物质，味觉只涉及溶解的物质，触觉只涉及冷热平滑等等性质。因此，这三种感觉与艺术品无关，艺术品应保持它的实际独立存在，不能与主体只发生单纯的感官关系。"② 黑格尔也从认识的视角肯定视觉和听觉在美感中的作用，同样囿于理性主义的美学立场。帕克认为："我们控制视觉和听觉的能力比较大，这也是很重要的，对于艺术的美来说尤其如此。只有色彩、线条和声音可以织入复杂而稳定的整体中。"③ 在以往美学家看来，视觉和听觉的重要性，一方面取决于它们的理性认识功能；另一方面取决于它们适合于艺术的领域。黑格尔甚至认为，感觉还不能与艺术之间建立纯粹的审美关系。因为，感觉还不具备接近理念的资格。其实，这些观念依然是传统美学的形而上学谬误之一。美、美感和美学无不涉及感性、感觉的内涵，审美活动可以包括感性活动和理性活动，然而它最重要的是一种诗性的活动。从感觉来说，包括视觉和听觉，它们是否和理性认识存在紧密的逻辑关联并不重要。重要的是，它们将主体的丰富的感觉活动上升为诗性活动，使它们综合为美感。这是后形而上学美学对于感觉的首要性和根本性的不同于传统美学的阐释。

视觉是生命存在的第一感觉和最重要的感觉，当然也是美感的第一感觉和最重要的感觉，换言之，是美感的第一来源和最主要的来源。《圣经·旧约全书·创世记》云："起初，神创造天地。地是空虚混沌，渊面黑暗；神的灵运行在水面上。神说：'要有光'，就有了光。神看光是好

---

① 北京大学哲学系美学教研室编：《西方美学家论美和美感》，商务印书馆1980年版，第67页。

② ［德］黑格尔：《美学》第1卷，朱光潜译，商务印书馆1979年版，第48—49页。

③ ［美］帕克：《美学原理》，张今译，商务印书馆1965年版，第51页。

的，就把光暗分开了。神称光为昼，称暗为夜。"在宗教和神话的意义上，光是人类和世界的第一需要，所以，对于光的感觉也是人的第一感觉。视觉让主体一方面感觉到明暗、色彩、线条、平面、立体、空间结构等要素；另一方面感受到物体的静止和运动，感受到形形色色的生命运动。在这些视觉因素中，人感觉和体悟到存在的快乐和意义。在心理学和物理学的意义上，视觉来源于眼睛的光感。视觉比较适宜的刺激范围为波长760毫微米（mμ）到400毫微米（mμ）之间的电磁振荡，也就是可见光谱部分。它们只是电磁振荡全部波长的一小部分。还有大部分是视觉所无法感觉的光。"由于对眼睛作用引起的感觉不同，可以把光刺激分成两大类：无彩色，包括黑色、白色和其间所有不同程度的灰色；彩色，包括黑、白、灰以外的一切颜色。"[1] 视觉所带来的感觉尤其是色彩感，无疑是美感的重要构成之一。古典诗歌中丰富的色彩描写及其寄寓的象征和隐喻的意义，给予主体思绪翩翩的审美联想。《诗经》的"桃之夭夭，灼灼其华"，《楚辞》的"绿叶素枝，青黄杂糅"，汉五言的"庭中有奇树，绿叶发华滋"，魏晋南北朝的"皎皎云间月，灼灼叶中华"，"余霞散成绮，澄江静如练"，唐代的"江南有丹橘，经冬犹绿林"，"绿叶明斜日，青山淡晚烟"，宋代的"红杏枝头春意闹"，"接天莲叶无穷碧，映日荷花别样红"，以及后世诸多诗句不胜枚举。至于诉诸视觉的艺术类型，绘画、雕塑、建筑以及戏剧和影视，无不给予眼睛以琳琅缤纷的美之享受。视觉之美除了色彩就是形体，具象和抽象的形式之美通过视觉的感受传递到心灵。

视觉的美感还在于眼睛对于静止和运动相互关系的感受："空林网夕阳，寒鸟赴荒园"，"人闲桂花落，夜静春山空"，"明月松间照，清泉石上流"，"断风疏晚竹，流水切危弦"，"鸟飞村觉曙，鱼戏水知春"，"动枝生乱影，吹花送远香"，"飞流直下三千尺，疑是银河落九天"等诗句，以动感的美留给欣赏者以深刻的印象。现代影视艺术更以动感的视觉形象给予心理以直接的审美感受，可以预言，未来的艺术世界，视觉艺术肯定占据主导或主流的地位，它必然给予其他艺术类型以压抑和触动，当然也可能促使和带动其他艺术类型的繁荣发展。

---

[1] 曹日昌主编：《普通心理学》上册，人民教育出版社1964年版，第119页。

如果说视觉是美感的第一来源，那么，听觉就是美感的第二来源。人类的听觉能力比起许多动物不免逊色，但它依然可以带来丰富的美感享受。声音依照是否具有周期性可划分为两类：乐音和噪音。乐音是和谐悦耳的声音，呈现周期性和节奏性的特点，是物体有规律振动的结果，语音中的元音也是乐音。纯音和以频率为简单整数比例的纯音混合而成复音，都属于乐音。当然，能够提供听觉美感的主要声音因素是乐音。噪音是非周期性的声音，它们绝大多数不能给予听觉愉悦感，当然有极少部分的噪音可能产生美感联想，如流水声、风声、轻微的敲打声等。听觉美感一方面来自主体对大自然的倾听，对大自然天籁之音的心理体验；另一方面来自音乐艺术。心理学的实验表明，听觉的绝对阈限有相当大的个体差异，而且与年龄存在密切关系。随着年龄的增加，人对于高音部分的感受性相应降低。另外，人的听觉器官的差别感受性也是很高的，甚至每秒几次的振动的差异就能觉察到。音乐感灵敏的人，中等高度的音的差别阈限为二十分之一到三十分之一的半音。反之，有些人乐感较差，所谓五音不全，七音不辨。

除了视觉与听觉之外，味觉、嗅觉、触觉同样参与美感的生成，它们作为视觉与听觉的必要性辅助和补充，对于美感的强化和深化起到积极作用。钟嵘提出诗学上的"滋味说"，形象地将味觉的感受和诗歌的审美鉴赏联系起来。《楚辞》歌吟"香草美人"的意象，"疏影横斜水清浅，暗香浮动月黄昏"的梅花之美，就是将嗅觉融入视觉之中，使美感建立在多重的心理感受之上。张孝祥的"扣舷独啸，不知今夕何夕"的词句，陆游的"细雨骑驴入剑门"的诗作，辛弃疾的"昨夜松边醉倒，问松'我醉何如？'只疑松动要来扶，以手推松曰：'去！'"的词作，都以触觉作为充实美感的手段。在审美活动过程中，各种感觉共同参与了美感的诞生和丰富，视觉与听觉承担审美活动的主要角色，其他感觉则扮演次要的角色，它们共同创造审美世界的生动气韵。

生命的历史过程应该充满感觉的丰富性和敏锐性，从幼年、童年开始直至伴随一生，它是美感和诗意诞生的根基。每一个人应该珍视和爱护自己的感觉，提升和深化自己的感觉。尽管自然规律所决定的疾病和衰老会减弱主体的感觉能力，但是，理性的努力可以顽强抗衡退化的机能，守护美感和诗意的感性工具。唯有如此，生命存在才充满希望和幻想。

第二节　联想

联想在审美活动中有着举足轻重的地位，它一方面承接着感觉的丰富性和敏锐性，进一步拓展主体的精神张力；另一方面，它为审美活动打开另一扇大门，为审美理性之登场进行必要的准备，它为审美主体的阐释活动和审美综合奠定心理基础，为深入的审美活动做必要的准备。

联想是人类主体的重要机能之一，也是心理世界的本能化活动。在审美活动之中，联想是主要的心理机能和审美方法。在具体的美感运转中，联想表现为这样几种逻辑关联。首先是时空关联。审美主体对审美对象的感知和体验过程，因为时间或空间的关系，产生审美联想。某物因为空间形式的接近和近似，可以引发心理的想象性关联。时空关联既可能起因于物质形式的接近，也可能由于它们的相距遥远。《庄子·逍遥游》的寓言云：

朝菌不知晦朔，蟪蛄不知春秋，此小年也。楚之南有冥灵者，以五百岁为春，五百岁为秋；上古有大椿者，以八千岁为春，八千岁为秋。而彭祖乃今以久特闻，众人匹之，不亦悲乎！

汤之问棘也是已：穷发之北，有冥海者，天池也。有鱼焉，其广数千里，未有知其修者，其名为鲲。有鸟焉，其名为鹏，背若泰山，翼若垂天之云，抟扶摇羊角而上者九万里，绝云气，负青天，然后图南，且适南冥也。斥鴳笑之曰："彼且奚适也？我腾跃而上，不过数仞而下，翱翔蓬蒿之间，此亦飞之至也，而彼且奚适也？"此小大之辩也。①

"朝菌"与"蟪蛄"，"冥灵"与"大椿"，"鲲鹏"与"斥鴳"这些审美意象，它们之间构成时空的关联，主体借助联想的心理功能，呈现它们不同的美感性质。其次，性质关联。相同性质的事物引发联想活动，

---

① 王先谦：《庄子集解》，载《诸子集成》第3册，中华书局1954年版，第2—3页。

生成主体的美感体验。张若虚的《春江花月夜》，是依赖于时空关联展开审美联想的经典之作：

> 春江潮水连海平，海上明月共潮生。
> 滟滟随波千万里，何处春江无月明！
> 江流宛转绕芳甸，月照花林皆似霰；
> 空里流霜不觉飞，汀上白沙看不见。
> 江天一色无纤尘，皎皎空中孤月轮。
> 江畔何人初见月？江月何年初照人？
> 人生代代无穷已，江月年年只相似。
> 不知江月待何人，但见长江送流水。
> 白云一片去悠悠，青枫浦上不胜愁。
> 谁家今夜扁舟子？何处相思明月楼？
> 可怜楼上月徘徊，应照离人妆镜台。
> 玉户帘中卷不去，捣衣砧上拂还来。
> 此时相望不相闻，愿逐月华流照君。
> 鸿雁长飞光不度，鱼龙潜跃水成文。
> 昨夜闲潭梦落花，可怜春半不还家。
> 江水流春去欲尽，江潭落月复西斜。
> 斜月沉沉藏海雾，碣石潇湘无限路。
> 不知乘月几人归，落月摇情满江树。

诗人立足于时间之轴而超越空间限定，将诗歌中异彩纷呈的不同时间的审美意象交错于空间经纬，以唯美主义的联想描绘一幅绚丽魔幻的"春江花月夜"的画卷。李贺的《金铜仙人辞汉歌》，是诗人因病辞官由京都赴洛阳之途所作。诗人由金铜仙人辞汉的历史故事，联想到王朝兴亡以及家国之痛与个人的命运悲凉，诗歌将汉代的传说和现实生活进行审美联想：

> 茂陵刘郎秋风客，
> 夜闻马嘶晓无迹。

画栏桂树悬秋香,
三十六宫土花碧。
魏官牵车指千里,
东关酸风射眸子。
空将汉月出宫门,
忆君清泪如铅水。
衰兰送客咸阳道,
天若有情天亦老。
携盘独出月荒凉,
渭城已远波声小。

诗人借助于"金铜仙人"的历史故事,关联到唐王朝末期的衰落气象,书写了历史的相似性,"盛极而衰"是历史的表征也是所有事物的性质,李贺由此产生丰富奇特的审美联想,将王朝沧桑与个人命运密切联结。诗歌贯穿着历史的悲剧意识和魔幻主义的意象,闪烁着奇峭绚丽的艺术美感。《红楼梦》中林黛玉的《葬花吟》同样是一首审美联想的佳作。诗歌将鲜花与少女这两种审美意象进行性质比较,引发有关生命、美、衰老、死亡的审美感伤:

……
明媚鲜妍能几时?
一朝飘泊难寻觅。
花开易见落难寻,
阶前闷杀葬花人。
独把香锄泪暗洒,
洒上空枝见血痕。
杜鹃无语正黄昏,
荷锄归去掩重门。
青灯照壁人初睡,
冷雨敲窗被未温。
……

试看春残花渐落，
便是红颜老死时。
一朝春尽红颜老，
花落人亡两不知！

  鲜花与少女有着相似的审美性质和相似的生命遭遇，美丽的暂时性和生命的艰难性是两者的共同性质，少女借诗歌抒写了内心的感伤和对生命的思考，以细腻敏锐的审美联想表达了对美的珍惜与哀悼。最后，对比关联。主体寻找到事物之间具有反比例的关系，从而展开审美联想，以在比较之中凸显某种存在对象之美。《庄子·秋水》篇描写了两则寓言：

  秋水时至，百川灌河。泾流之大，两涘渚崖之间，不辩牛马。于是焉河伯欣然自喜，以天下之美为尽在己。顺流而东行，至于北海，东面而视，不见水端。于是焉河伯始旋其面目，望洋向若而叹曰："野语有之曰：'闻道百，以为莫己若者。'我之谓也。且夫我尝闻少仲尼之闻而轻伯夷之义者，始吾弗信。今我睹子之难穷也，吾非至于子之门则殆矣，吾长见笑于大方之家。"北海若曰："井蛙不可以语于海者，拘于虚也；夏虫不可以语于冰者，笃于时也；曲士不可以语于道者，束于教也。今尔出于崖涘，观于大海，乃知尔丑，尔将可与语大理矣。"[1]
  ……
  惠子相梁，庄子往见之。或谓惠子曰："庄子来，欲代子相。"于是惠子恐，搜于国中三日三夜。庄子往见之，曰："南方有鸟，其名为鹓鶵，子知之乎？夫鹓鶵发于南海而飞于北海，非梧桐不止，非练实不食，非醴泉不饮。于是鸱得腐鼠，鹓鶵过之，仰而视之曰：'吓！'今子欲以子之梁国而吓我邪？"[2]

---

[1] 王先谦：《庄子集解》，载《诸子集成》第3册，中华书局1954年版，第247—249页。
[2] 同上书，第267页。

这两则寓言，一是讲述"河伯"与"北海若"的神灵故事，一是讲述庄子与惠子的人物故事，尽管主角略有差异，然而两者之间均构成反比或对比关系，以烘托审美意象，创造者以审美联想建构了文本的意义和趣味。苏轼有"荷尽已无擎雨盖，菊残犹有傲霜枝"吟咏，同样是以反比例的审美联想抒写了内心的情绪，达到诗意与美感的生成。

联想构成了审美活动的重要方法，也是诗歌创造的艺术策略。和联想活动存在本质关联的心理活动是"移情"，或者确切地说，"移情"是一种换位性和假定性的联想，它是指审美主体将自我假定为客观对象的一种联想方式，或者说，是主体设身处地转换为外在对象的想象策略。西方美学对此有较丰富的论述：

  和日常经验那种被动性和接受性比较起来，审美态度是主动的、富有创造性的。在把外界加以生命化的过程中，心理机能所起的作用，不外是通常的观念的联想。不论什么时候，当一种没有生命的感觉对象具有一种外在形式的特点时，它使我们想起人的外在形式所具有的相似的特点，这时，这一表象就会再现出另外一种表象。这一另外的表象，是本来就和它联系在一起的心灵活动的物质符号。①

一方面，主体依照客观逻辑将自我等同于自然对象，以自然对象的方式、态度、视角进行审美活动；另一方面，主体依然是以主观逻辑借助于感性对象进行联想活动，赋予感性对象以生命形式和思想内容，从而获得美感的可能性。里普斯将移情活动划分为四个方面：

  一般的统觉移情（allegemeine apperzeptive Einfühlung）。由于这种移情，我们把我们所感知到的普通对象的形式和外形灌注以生命；譬如说，把一条普通的线转化成为一种运动、一种延伸和扩张、一种弯曲，或者一种流利的滑行。然后，由于经验的移情或者自然的

---

① ［英］李斯托威尔：《近代美学史评述》，蒋孔阳译，上海译文出版社1980年版，第44页。

移情（"empirischeoder Natureinfühlung"），我们把我们周围自然界的各种对象，如象动物、植物、无生物，加以转化和人化，这样，我们就好象听到了树的呻吟，风的咆哮，树叶的沙沙耳语，流水的潺潺嘟哝；我们好象看到了花的飘零，浮云和小溪在忙碌地奔赴它们的前程。然而，由于心情外射的移情（"Stimmungseinfühlung"），颜色获得了它们自己的性格和人格，音乐获得了它的全部表现力量。最后，我们把我们同胞肉体上的外貌当成他们内心生命的表征的移情（"Einfühlung in die sinnliche Erscheinung lebender Wesen"），给人的声音、姿态和容貌——首先对于眼睛，然后对于嘴——赋予它们对艺术家和艺术观众来说，压倒一切的重要意蕴。[①]

其实，这也就是四种的联想方式，都是审美主体以假定方式将自我转换为感性对象，并以感性对象为轴心，达到比喻与象征、抒情与表现的审美目的。在审美活动中，主要方法之一即是联想或移情，而诉诸艺术创造，即是比喻与象征、隐喻与寓言等技巧，以此达到主体意志、情绪、思想的审美表现。

第三节　阐释

审美判断既是单称判断，又是综合判断，它将分析与综合的方法融合统一到审美活动的整个过程。在审美感觉和审美联想的基础上，主体必须对审美对象进行阐释活动才可能达到意义之追问、价值之发现与美感之创造，从而确立自我的存在性。

存在者处于生活世界，无时无刻不处于倾听阐释和自我阐释的心灵活动之中，因此，人也是一个阐释的生物。伽达默尔指出：

诠释学（Hermeneutik）即宣告、口译、阐明和解释的技术。"赫尔墨斯"（Hermes）本是上帝的一位信使的名字，他给人们传递上帝

[①] ［英］李斯托威尔：《近代美学史评述》，蒋孔阳译，上海译文出版社1980年版，第57—58页。

的消息。他的宣告显然不是单纯的报道,而是解释上帝的指令,并且将上帝的指令翻译成人间的语言,使凡人可以理解。诠释学的基本功绩在于把一种意义关系从另一个世界转换到自己的世界。①

显然,阐释学的主要功能在于将"意义"的转换成为可能。那么,审美阐释也在于将事物或现象界所隐匿的美之意义得以呈现、敞开和传达。存在者在审美活动中,首先是还原性之阐释。还原性阐释是指阐释者对审美对象的阐释活动着眼于探询客观意义或原初意义。"观文者披文以入情,沿波讨源,虽幽必显。"② 对文本意义的探究需要"披文入情",注重对语言文字的解读,追溯源流,以潜在的意义得以呈现。对文本而言,还原性阐释是一种尊重客观意义的精神活动。诚如孟子所言:"故说诗者,不以文害辞,不以辞害志;以意逆志,是为得之。"③《说文》云:"逆,迎也。"《周礼·地官乡师》郑玄注:"逆,犹钩考也。"孟子提出"以意逆志"的命题,不赞成割裂表面字句而断章取义地阐释文本,主张鉴赏主体应该尊重作者的意志,接受者的阐释活动必须迎合文本的客观意义。这确立一个阐释的逻辑前提,只有尊重和理解文本的客观意义,阐释活动才得以可能。先要还原作者的文本意义,然后才是接受者的阐释活动之展开。对自然美而言,审美活动的还原性阐释意在表明,主体只关注审美现象的纯粹感性形式,仅仅从形式本身阐释美的存在性。乔治·桑塔耶纳认为:"美是在快感的客观化中形成的,美是客观化了的快感。"④ "客观化"指向的是纯粹的审美形式而非主体的想象或心理活动。因此,还原性阐释只能发现审美对象的客观意义和客观价值,还只是审美活动和审美方法的逻辑起点,不是审美活动的终点和高级状态。

其次,哲理性之阐释。在审美方法中,哲理性之阐释构成对审美对象的意义之递增和价值之发现,诚如伽达默尔所言:"作者的思想决不是

---

① [德] 伽达默尔:《真理与方法》下卷,洪汉鼎译,上海译文出版社1999年版,第714页。
② (南梁) 刘勰:《文心雕龙·知音篇》,载黄叔琳注《增订文心雕龙校注》,中华书局2012年版,第600页。
③ 焦循:《孟子正义》,载《诸子集成》第1册,中华书局1954年版,第377页。
④ [美] 乔治·桑塔耶纳:《美感》,缪灵珠译,中国社会科学出版社1982年版,第35页。

衡量一部艺术作品的意义的可能尺度。"① 那么，接受者对作品意义的哲理性阐释就必然性地成为作者思想的补充。海德格尔对荷尔德林诗歌的阐释，旨在揭示其中的哲学意蕴。例如他对荷尔德林《追忆》一诗的阐释：

> 标题《追忆》的意思似乎是清晰的。但一经倾听这首诗歌，这个词语就失去了我们所猜度的清晰性。这个标题首先可能意味着：作为这样一个成功的语言作品，这首诗是诗人为了"追忆"过去的"经历"而题献给友人们的。人们也容易发觉，在这里表达了荷尔德林对他在"法国南方"的一次逗留的纪念。……法国南方的人们使他更熟悉了希腊人的真正本质。在南国异乡的逗留，对诗人来说首先并且始终蕴含着一个更高的真理：这位诗人"对"希腊人的疆域的"追忆"。这种"追忆"的本质来源并不在诗人所报告的在法国的逗留；因为"追忆"乃是这位诗人的作诗活动的一个基本特征，而这是由于对诗人来说，到异乡的漫游本质上是为了返乡，即返回到他的诗意歌唱的本己法则中去。到异乡的诗意漫游也没有以向这个南方国家出游而告结束。《追忆》一诗末节的开头越过希腊更指向东方而达到印度了。……
>
> 如果追忆就是一种回想，那么，追忆所想的是印度人和希腊人的河流。但"追忆"仅仅是一种回想吗？对过去的回忆涉及到不可回收的东西。这种东西再也容不得任何追问。于是，在消除掉一切追问之后，"追忆"保存着过去。然而，《追忆》这首诗却在追问。②

追忆既是主体的存在性本质之一，也是一种潜在的心理本能。追忆既是回首往昔的感性冲动，也是重新发现自我的理性冲动。人是记忆的动物，在生命的过程中，主体经常处于回眸往事的时间之轴上。正是主

---

① ［德］H. G. 伽达默尔：《真理与方法》上卷，洪汉鼎译，上海译文出版社1999年版，"第2版序言"，第8页。

② ［德］海德格尔：《荷尔德林诗的阐释》，孙周兴译，商务印书馆2000年版，第98—100页。

体的追忆活动，一方面保证了个体记忆的宝贵美感，另一方面确立了集体记忆的正当权利和捍卫了集体记忆的延续性。而丧失记忆和放弃追忆的主体境遇，则是反历史的和反美学的。荷尔德林的《追忆》一诗，既可能是对个人生命经历的审美追忆，更可能是对集体记忆的历史性追忆。海德格尔对荷尔德林《追忆》诗歌的阐释，意在揭示诗歌语言之后隐匿的哲理意义。荷尔德林的"追忆"不仅仅是个体生命对自我漫游经历的蓦然回首，也是对古典主义的精神家园的审美复活。看似诗人对异乡的漫游，却是他对梦幻中故乡之回归。诗歌不但是唯美主义的感伤追忆，而且是形而上学的理性追问。海德格尔对荷尔德林诗歌的阐释，揭示了文本中潜在的可能性，这种可能性被阐释者赋予了深刻而独特的美学意义，并且上升到哲学的高度，阐释者递增的哲理意义丰富了诗歌文本和原初意义。

最后，诗性之阐释。阐释活动不是单向度的理性和逻辑的运用，而且在诸多情形下，渗透阐释者的诗性理解。所以，阐释活动也是一种充满直觉和悟性的主体再度创造活动，是需要运用想象力和体验能力的心理活动，换言之，诗性的阐释是二度的美感创造。胡塞尔认为作为"严格的科学"的现象学，除了期许纯粹的逻辑和理性的活动之外，还需要为直觉、体验和自由想象保留必要的位置。"在现象学中和在一切其它本质科学中都存在着这样的理由，依据这个理由，再现和（更准确些说）自由想象获得了优先于知觉的地位，而且甚至在关于知觉本身的现象学中亦如此，后者当然是排除了感觉材料的。"[①] 作为现象学意义的阐释学，它必然性地需要借助于主体的自由想象的功能。海德格尔认为："阐释乃是一种思（Denken）与一种诗（Dichten）的对话；这种诗的历史惟一性是决不能在文学史上得到证明的，而通过运思的对话却能进入这种惟一性。"[②] 阐释活动包含着思与诗的对话，那么，除了必要的理性运思活动之外，诗性和想象的方法就作为其重要的构成之一。

中国古典诗论家司空图的《二十四诗品》，"以诗论诗"的审美方法，

[①] ［德］胡塞尔：《纯粹现象学通论》，李幼蒸译，商务印书馆1992年版，第173页。
[②] ［德］海德格尔：《荷尔德林诗的阐释》，孙周兴译，商务印书馆2000年版，"第2版前言"，第2页。

成为诗意阐释之经典。司空图以空灵优雅、蕴意深邃、意象唯美的二十四诗诗歌,隐喻二十四种美学风格和艺术境界,对各种诗歌意境进行诗性之阐释,开创中国古典美学的阐释范例。胡塞尔的现象学的某些观念,借鉴艺术尤其是诗歌的阐释方法,认为在理解活动中它们有着积极的机制与功能。他在《纯粹现象学通论》中写道:

  我们可从历史的事例中,甚至在更大程度上可从艺术、特别是诗歌的事例中,汲取极大的益处,后者虽然是想象事物,但它们在其形态创新的原初性方面,在独特特性的丰富性方面和在动机的连绵不断方面,都远远高于我们自己的想象,而且此外,由于艺术呈现手段的暗示力量,它们可以在理解性的把握中极其容易地被转变为完全明晰的想象。①

  艺术特别是诗歌,它们以丰富奇特的想象力和象征、隐喻等策略,创造琳琅满目的审美意象,它同样可以启迪哲学运思,换言之,哲学思维很有必要借鉴诗性的方法。对于艺术文本的阐释,显然更无法缺席诗性的方法。海德格尔对荷尔德林诗歌的阐释,除了运用他的哲理阐释方法之外,较多采取了诗性的方法。例如对《返乡——致亲人》诗歌的阐释,娴熟而创造性地交融了哲学与诗性的理解方法:

  诗意创作乃是一种发现、寻找。在这里,云无疑必须超越自己,达到那种不再是它本身的东西。诗意创作物并不是通过云而形成的。诗意创作物并非来自云。它攫住了云,而成为云逗留着去迎接的那个东西。云盘桓于敞开的光华之中,而敞开的光华朗照着这种盘桓。云变得快乐而成为明朗者(das Heitere)。云所创作的,即"喜悦",就是明朗者。我们也称之为"清朗的空旷"。无论现在还是以后,我们都是在一种严格意义上来思考这个词的。"清朗的空旷"在其空间性中得到了敞开、澄明、和谐。惟有明朗者,即清明的空旷,才能使它物适得其所。喜悦在朗照着的明朗者中有其本质。明朗者本身

---

① [德]胡塞尔:《纯粹现象学通论》,李幼蒸译,商务印书馆1992年版,第174页。

又首先在令人欢乐的东西中显示自身。由于朗照（Aufheiterung）使万物澄明，明朗者就允诺给每一事物以本质空间，使每一事物按其本性归属于这个本质空间，以便它在那里，在明朗者的光芒中，犹如一道宁静的光，满足于本己的本质。①

海德格尔的阐释显然超越了荷尔德林诗歌的原初意义，正如康德认为他对柏拉图的理解超越了柏拉图对自己的理解一样，海德格尔的理解活动超越了诗歌创造主体对自我的理解和对这首诗歌的理解。海德格尔对诗歌的审美意象"云"和"光"的阐释饱含着诗意和想象，他以自我的创造性审美体验重新阐释了诗歌中的感性符号，赋予它们别样的意义和美感。依照海德格尔之见，"云"所创作的是"喜悦"和"明朗者"，也即是"清明的空旷"，它令万物澄明，允诺给每一事物以自我的本质空间，栖居于这一空间，万物和谐安宁，在这一理想和诗意的审美境界，万物恭迎返乡的诗人。显然，海德格尔以"以诗论诗"方式试图走入诗人的心灵，和诗人进行美学的对话。

---

① ［德］海德格尔：《荷尔德林诗的阐释》，孙周兴译，商务印书馆2000年版，第14页。

第五编　感性范畴

第十三章

审美感性

第一节 感性与审美感性

审美感性与审美理性是美学领域辩证关联的核心范畴。经由主体的意向性审美活动，自然感性转化为审美感性，审美感性具体表现为形式感性和象征感性两种形态。形式感性是对自然感性的秩序化，象征感性是主体在感性事物与非感性事物相遇中的意义重构。与此相关，建立在审美感性基础上的审美理性，是隐匿想象功能和自由价值的理性形式，也是能够诉诸直观的理性。审美理性执着于审美活动之中的意义追问，表征着生命存在的诗性智慧。所以，无论是一般的审美活动还是艺术活动，都不同程度地衍射着审美感性和审美理性的灿烂之光。

审美感性与审美理性为美学的核心范畴，尽管这两个关键词在美学著述中出现的频率很高，但迄今没有获得确切的逻辑界定和学理性阐释，仍然属于模糊含混的概念，甚至有不少学人将审美感性和审美理性与作为哲学范畴的感性和理性混为一谈。因此，这两个美学范畴如得不到明确的界定，美学就难以获得规范理论的可能。

传统形而上学的理性主义美学坚持贬抑审美感性的立场。柏拉图断言"美本身"不能通过感觉器官去感受，外观中的在场是以真理在场为前提的，而超感性领域的至尊地位的获得必须以感性领域的贬值为代价。即使比较重视感觉的赫拉克利特和德谟克利特，也将感觉说成是"坏的见证"和"暧昧的知识"。

康德则反对形而上学将实存归于超越感性的所谓理性存在和实在并凭借先验感性形式来超越美学的纯理性建构，而认为只有纯然的感性方式、现象之方式才能算得上判别美与不美的依据。但康德的先验感性形式不同于自然主义的自然感性（诉诸物理空间的感觉材料即质料），而是指审美主体通过象征和类比等方式，使道德的善的理念与自然现象发生关联，令形式因和"创造因"与"目的因"相沟通，以达到感官世界与理想世界的协调，最终达到自然秩序与道德秩序的和谐。康德美学既明确了自然之美在于感性形式，又赋予自然之美超感性的内涵。

生活世界的审美活动不再处于"人心之动，物使之然"的耳目役心的被动状态，而是如王夫之所说的"心之动几"与"物之动几"相遇而成，审美主体能够自由地运用心灵的意向性功能，根据情感选择和意义重构，扬弃和改造自然形态，使之提升到自我的形式（感性形态）。胡塞尔现象学认为："任何为我而存在的东西所具有且能够具有的每一种意义，不论是按照它的'所是内容'（Was），还是按照'它存在着且存在于现实中'的意义，它都是在或者从我的意向生活中，从意向生活的构造性的综合中，在一致性证实的系统中被我澄清并揭示出来的。"[①] 在现象学视域，存在形式由于感性活动的意向性建构，意义获得敞开和洞明，由此使审美活动与美感得以可能。

皮亚杰的发生认识论，可用来揭示审美感性反应过程。皮亚杰认为，对于外部世界的认识，是一个由操作性活动内化为主体的认识图式，以及由主体的认识图式外化以吸收和同化外部刺激的双重建构过程，即认识活动的内化及认识图式外化的双重建构。审美感性反应是一个比一般反应更为复杂的心理过程，它包含同化与顺应两个结构。所谓同化，是说主体根据先验的反应图式的结构特性，对带有亲和倾向的对象的刺激作出自由选择和重新整理，把对美的图式特质纳入主体图式之中，即通过反映对象反映主体，达到审美体验的确证。所谓顺应，是说主体反应图式不适应对象的刺激，对象的刺激又强烈震撼和吸引主体时，主体则调整或重建反应图式使之适应对象，以求按照对象图式的逻辑反映对象，即主体通过反映自己反映对象。对象刺激样式越新颖，刺激力度越深沉，顺应反应的作用就越突出。同化是"感物而动"，顺应则为"随物以宛

---

① ［德］胡塞尔：《生活世界的现象学》，倪梁康等译，上海译文出版社2002年版，第153页。

转"。不管是同化反应还是顺应反应，都是以感性为基础，以感性为中介。失去了感性基础和感性中介，没有感知、体验和想象，就无所谓审美反应。无论谋求什么精神现象取代审美感性现象，都如同纸做的花，即使精致得可以乱真，也终究因缺乏鲜活的情感生命内涵，而显得苍白和不真实。

必须辨明的是，这里所说的"感性"并非传统形而上学意义上的低于理性认识的感性，而是作为审美对象存在方式的"审美感性"。这种感性现象大体具有两方面的规定：其一，它作为反映人的心灵自由的感性现象对人具有亲和性和怡情性。其二，这种感性形式和意味，可以寄寓人性意义和情感内容，转变成为"沉入物质的精神"；当然，它需要审美感觉来感知，就是有"音乐感的耳朵，能感受形式美的眼睛"所具有的那种感觉形态，这种"感觉"蕴藏着类同现象学的意向性活动的要素。

经审美反应所形成的审美对象，是心物交融的结果，而审美感性是它的存在方式和基本特征。它不再是自然之物，但它具有自然无饰的禀性；它来源于自然界和现实生活，但不是原初的自然存在，而是内在于自我的世界，立足于生活世界的感性升华，显现或暗示着人的生命意义和人性意义。审美感性对象往往以其外观的鲜明性和内涵的丰富性，经久不息地感染和滋养着主体精神。审美感性不仅是审美活动过程中意向性作用的中介，而且是审美对象存在的方式之一。由此，审美对象就是审美感性的意义呈现，虚拟而意象化地呈现于主体感官。

审美对象的感性呈现状态取决于心/物的交互和融合，也可以说，是存在者的"去蔽"意义上的敞开状态，即主体于自由之境和凝神观照的明朗中，开启自由交流和想象的空间。我们从特定的自然物象所直观和体验到的这种移情结构或意义重构，不同于外部自然界的因果逻辑的作用，而取决于人们内在的意向性和移情功能。在心灵自由和富于审美体验的主体结构里，每一片风景都是一片心灵的天地，山水含情，花鸟有意，大自然与人灵犀相通，心神相会，可生无限之情。贝多芬和大自然美妙天籁发生共鸣，产生丰富奇异的情感体验，他的音乐表现人类伟大而崇高的情感。倘若一个心灵贫乏而卑微的人，或者一个缺乏激情和想象力的人，即使面对美的对象所发出的强烈的情感召唤，也只能像听到耳边吹过的风，看到脚下流过的水一样而无动于衷。因为这是一个审美感性匮乏的主体。

第二节　自然感性与审美感性

审美感性的逻辑起点是自然感性。自然感性是指自然物象的直观形式，即未经主体意向性重建的原初状态。这种原初自然性质所决定的自然感性，包括原生态的生活表象，对于形成审美意象不可或缺。按照亚里士多德的思想，质料和形式是统一的，质料和形式的关系是潜能和现实的关系。质料作为事物的最初原因和潜能，通过动因向现实运动，使潜能（自然形态）转变为审美的现实，成为审美表象和形式。从这个意义上说，章学诚的"人心营构之象，亦出自天地自然之象"（《文史通义》）之说，和现象学的意向性理论之间存在精神契合性。

美的事物都具有以自然属性为基础的感性形态，有一定的外部特征和外貌，如色彩、线条、形体、声音等。主体期待直观和体验到对象的美，只有凭借感性方式，接受来自感性现象所提供的各种表象，以能听懂音乐的耳朵和能看懂形式美的眼睛去感知对象，进而发挥心灵直觉和想象力，以审美的类表象进行组合和变形，进而重构事物意义。尽管经主体意向性之后所形成的审美意象已"将俗肌消尽，然后重换仙体"，但还是割不断与自然感性千丝万缕的联系。如果完全排除自然感性因素和感觉材料，就无从在主体与自然的机缘巧合中发生审美反应，形成心/物营构之象即审美对象。"对象是完全可感的，是完全奉献给感性的。""因为对象有一种本质，一种独特的和感性的本质。"① 如果否定了审美对象的感性特征，或完全以纯粹抽象的精神现象取而代之，就退回到了非审美的理性立场。

审美感性的深厚根源在于为人的生命活动提供自由空间和精神食粮的生活世界，或者说，只有在自然感性的基础上才使审美感性得以可能。有些本身具有组织结构体的自然感性事物，如具有类型特征的自然风景，仿佛现成地成为人们的审美对象。所谓"云霞雕色，有逾画工之妙；草木贲华，无待锦匠之奇"（刘勰：《文心雕龙·原道》），事实上，审美感

---

① ［法］杜夫海纳：《美学与哲学》，孙非译，中国社会科学出版社1985年版，第63页。

性并非对自然感性事物进行简单复制,而是要经过心灵的意向性活动,借助于感知、直觉、体验、想象等心理势能,展开对对象的选择和提炼的活动,使自然感性诞生新质的结构、意象与意义。一方面,自然物的质料及其形态是转化成为审美感性的潜在因素;另一方面,作为感知者的心智能力和审美经验,是自然感性转化成为审美感性的必要主体条件。只有通过主体的审美观照,"将事物的形式传与心灵"①,才得以把潜在的感性形式转变成现实性美感。

审美感性不同于感性认识中直观获取的客观外界印象,也不同于日常生活感性。从艺术的感性方面来说,它有意要造出只是一种由形式、声音和意象所组成的虚构世界。"在艺术里,感性的东西是经过心灵化了,而心灵的东西也借助感性化而显现出来了。"② 这种审美感性,体现了心与物的亲和,自然形式与心灵旨趣的契合。传统诗画塑造的梅兰竹菊之所以富有意味和焕发出精神生气,显然与梅兰竹菊本身的自然结构与形态有关,但其自然形式如果得不到心灵自由之光的照亮,也就永久地归于沉寂,无缘与心神达到悠然相会,从而实现精神对物质的介入与精神对物性的超越。

自然感性向审美感性的转化,取决于观照者和自然物两方面的对应结构:一是自然物应当是一种对情感有召唤力的形式;二是观照者记忆中已经储存了与这种客体物象相对应并据以进行意向性活动的组合性类表象。两方面的交互性,实现心灵向自然感性的渗透,自然感性向审美感性的转化。如枯藤、老树、乌鸦、小桥、流水、人家、古道、西风、瘦马、夕阳这些自然感性事物,在有审美感觉的主体看来,具有独特的结构形态和美感因素,呈现荒凉、哀伤、暗淡的情调,引动了诗人深切的思乡之情。这些散布于旅途中的自然之物,经主体的体验感悟和重新组合后,诗化成为充满生命意味和哀婉情调的审美感性现象。所以,表象在再现主体早先感知的对象时,并不是尽它的所有细节来投射,而是根据心灵旨趣作出某种有意义的选择与综合,选择该对象最有代表性的、最重要的属性与特性,心灵向个别客体物象(自然感性)渗透,最终得

---

① [意大利]《芬奇论绘画》,戴勉编译,人民美术出版社1979年版,第24页。
② [德]黑格尔:《美学》第1卷,朱光潜译,商务印书馆1979年版,第49页。

以营构成类表象（审美感性）。"以形象的表象为基础可以实现想象和虚构"①，最终建构艺术意象。

审美感性差异于一般感性的地方，在于它不是普通直观所形成的对现象界的零乱印象，而是经由心灵组织的完整的感性图象和感性形式，因而又可称之为形式感性或重构感性。审美对象是诉诸感性的，感性的范围和秩序又为形式所确定和把握。形式不仅决定感性对象的外在轮廓，还决定感性对象的内在结构，即确定内容的组合和意义的生成，并使之诉诸由线条、色彩、乐曲、言语、图式等所组成的审美秩序及审美形塑。"形式是对质料的否定，是对无序、狂乱、苦难的把握，即使形式表现着无序、狂乱、苦难，它也是对这些东西的一种把握。"② 所谓审美形式，就是把握自然感性现象中诸种张力，使之秩序化和再生结构，赋予其生气和灵性、意义与美感。

离开审美感觉能力去谈形式美与离开客体形式潜能去谈形式美，同样都是片面的。在审美活动中，形式感性是主体的形式感和客体的形式潜能在"照面相遇"中的相互契合，是交互性的对话活动。从自然方面来说，它慷慨和善地满足主体的某些需要，顺从地"感发心情和契合心情"；但主体的有些需要和愿望是自然所不能直接满足的，因此，主体就必须顺应自然和修饰自然，意向性地重塑自然，把外在事物变成他的工具和手段，以诗意思维或者隐喻与象征的方式改变自然，来实现他的目的和审美理想。"如果主客体携手协作，自然的和善和人的心灵的技巧密切结合在一起，始终显现出完全的和谐，不再有互相斗争的严酷的情况，这就算达到了主客两方面最纯粹的关系。"③ 形式感性就体现了这种最纯粹的关系。因此，形式感性既与先天因素有关，又是审美经验的积累和提升的逻辑结果。先验形式要演变为审美对象，必须诉诸主体的审美直观，而且还要通过与视听感官紧密相连的语言之思。因而，形式感性是主体的形式感对客体的感性外观与结构形式的重塑。任何线条、色彩、

---

① ［苏联］布罗夫：《论艺术概括的认识论特性》，载《外国作家理论家论形象思维》，中国社会科学出版社1979年版，第252页。

② ［德］马尔库塞：《审美之维》，李小兵译，生活·读书·新知三联书店1989年版，第141页。

③ ［德］黑格尔：《美学》第1卷，朱光潜译，商务印书馆1979年版，第327页。

乐曲等艺术语言都表征着这种艺术造型，它善于将无序庞杂的生活和零散的经验事实提炼净化为有序的完整结构，善于把握自然形式到审美形式的转化所带来的物理时空到心理时空的变换，善于创造有意味的形式感性去蕴含生命意味的奥秘，传达诗性感悟的真谛，因此使现象界诞生新的意义。

形式感性具有审美价值的根源，它来自形式所表示的情感概念和内容概念。如果说内容是审美关系内在诸要素的总和，那么，形式则是内容的结构方式和存在方式。上乘的艺术作品，形式和内容相协和，一定的内容都必须以一定的形式得以呈现，一定的形式也不能脱离一定的内容而存在。即使是线条、色彩等纯形式，也能通过身体体验和联想而引起情感活动。形式是审美对象的外在感性构形，内容则是审美对象的内在意味蕴含。当感性全部被形式感渗透时，意义就包含和呈现于感性特征之中。因而在审美活动中，寄寓着双重内在性：形式内在于感性，意义又内在于形式。这意味着，形式依托于感性而存在，内容又诉诸形式而显现。在审美体验和审美理解达到最佳组合时，形式生成为内容，内容转化为形式。因而，评价一件艺术作品的审美价值，不仅在于揭示其中蕴含的意味或感受审美形式，更重要的是对业已演变为形式的内容（感性显现的艺术生命体）进行总体观照和解读，因为形式和内容因系于鲜活的感性形象而凝聚为艺术文本的有机体，所以，不论是使内容离开形式还原为抽象内容，还是使形式摆脱内容还原为纯形式，都是对艺术生命体的肢解。艺术作品的内容只有化成形式感性和审美感性，才能焕发精神气韵，形成有内在生命结构的审美意象。

从审美心理学意义上看，审美直观提供了心与物通的契机，使主体能够整体地把握审美感性。就文艺的创造与接受而言，形式感性成为人类精神世界和情感世界的承担者，其所蕴含的内容和意义，一般是通过创造性象征意象（非固定性、非模式化象征），及对象征的体验和理解而得以实现，从这个意义而言，因而它又可被称为"象征感性"。

象征是审美思维实现从具象到抽象、再从抽象到具象飞跃的主要手段，通过象征，使直观感性所呈现的物理时空被开拓成为更广阔的心理时空，个别对象提升成为具有普遍人性意义的对象，单个人物形象被启示成为人的类型或进而成为人性本身的典型。维勒克、沃伦认为，象征具有重复与持续的审美特性,是在"个性中半透明式地反映着特殊种类的特性,或者在特殊种类的特性中反映着一般种类的特性……最后,通过短暂,并在短暂中半透明地反映着永恒"①。因此,象征物与被象征的意义经过想象结合成为意象的过程,不仅是从具体转变为抽象的过程,同时也是抽象上升到具体的过程。象征运思的全部实质在于:通过感性直观和本质洞见,使感性事物和非感性事物在反思性想象中吻合,最终超越直接感性存在,使蕴含整体性存在的象征意义得到彰显和出场,使感性存在的生命意义和人性意义得到审美确定。

从上述意义上说,审美感性对象是象征物与被象征意义的完美结合。一方面,不存在离开象征物或表现媒介而单独存在的意义或意象。如一个画家总是"用色彩、线条、形状去思考",一个音乐家总是"用音符来思考",是"通过音符、管弦乐、音调、旋律、线谱、和声等诸如此类的东西想出他的音乐概念(或形象)来的"②。另一方面,如果离开了被象征的意义,象征物和表现媒介也就无以用来彰显人文精神和人性意义。只有通过象征,赋予感性和想象以新的思想材料和表象质料,才有可能使自然形式和人的内在尺度建立对应的联系,从而使自然形式获得能够与之相称的审美文化负荷。在美学视域,绿色的植物,鲜艳的花朵,潺潺的溪流,明灭不定的星空,都可能是人类生命的感性象征,具有无限可能的诗意与美感,更不必说那些蕴藏人类丰富幻想和永恒意志的艺术文本了,它们与人类的生命意义息息相通。感性及其象征物对人的审美感官具有强大的亲和力,对人的情感与想象具有潜在的激发功能。人们在进行审美欣赏和审美体验时,往往视审美对象为类生命体(生命的象征),与之交流对话,展开审美体验和意义追问,在内省反思和想象中建造人类诗性生存的意义世界,使自然形态"由于意识的创造活动而提高到自我的形式,于是意识就可以在它的对象中直观到它的活动或自我"③,即成为扬弃了的自然形态,具有"从他物中反映自我","从他物中享受

---

① [美]韦勒克、沃伦:《文学理论》,刘象愚等译,江苏教育出版社2005年版,第214页。
② [美]布洛克:《美学新解》,滕守尧译,辽宁人民出版社1987年版,第168—169页。
③ [德]黑格尔:《精神现象学》下卷,贺麟、王玖兴译,商务印书馆1964年版,第6页。

自我"的拟人化的美学品格,成为人类共同情感的对象化存在,成为心灵生活的隐喻与象征。

作为创造性审美形式的高级形态,艺术史上的经典文本,无不蕴含了人文精神、历史感和自由意志及其人类的共时性(Synchrong)情感,体现了人类对理想和美的追求与确证。从这个意义上,我们可以说审美形式是心灵自由的象征。如果把象征仅仅阐释为一种艺术的表现手法,以为象征意义是人为地附加到自然形式之上,这是狭隘的美学观。依照存在论阐释学观念,主体处于"存在"(Sein)和"此在"(Dasien)的生存境域中,现象界就其本性而言,都是与人的存在、与表象者和观照者处于被阐释性关联之中。在这一意义上,象征即是存在者对现象界的诠释活动,是存在者诗性生存的感性显现,亦是"合目的性的美学表象"①。作为美学表象的象征,其意义起先隐而不见(即"不在场"),借用海德格尔的话语,象征的运思也是"着眼于超逾,亦即着眼于存在者之存在,来追问那个无,即追问那个首先对有关存在者之科学表象而表现出来的无"②。如此而已,主体担负着召唤隐而不见的象征意义出场的责任。正是由于隐而不见(隐于感性形式之中)的象征意义的出场,使主体观照现象界时,有可能获得超越自我进入无限宽阔的自由领域,将自身存在同在场和不在场的万物融合一体,在远逾千载、绵亘万里的时空和"天地人神"进行对话,以渴求生命之澄明与诗意之敞开。

第三节 差异与关联

感性形式所蕴含的内容与意义凭借象征得以可能,而象征的运思也就意味着审美理性的介入。尽管审美感性和审美理性作为两个不同的美学概念具有相互独立性和差异面,但在审美体验和审美判断过程中,两者是相融相通和相互转化的。所以,审美感性与审美理性表现为逻辑上既有差异又有关联的性质。

理性主义为了张扬抽象主体,不得不把审美感性清扫出美的王国,

---

① [德]康德:《判断力批判》上卷,宗白华译,商务印书馆1964年版,第29页。
② [德]海德格尔:《路标》,孙周兴译,商务印书馆2000年版,第494页。

将美学禁锢于理念论藩篱之内。现代生命美学和生存美学把寻求感性生命之本义当作冲破理性主义的路径。叔本华的生命意志直觉论,海德格尔的存在本体论,马斯洛的高峰体验论,都从不同角度不同程度地拓展和深化了审美活动中生命体验的内涵。西方现代美学突破了传统的"先验美学"和"理性美学"的局限,将主体的感性生命作为美学运思的核心,用鲜活的感性主体取代形而上学的抽象主体。但是,非理性主义美学认为人是绝对个体化的感性生命存在,从而把个体生存与整体性生存隔绝与对立,导致剥离个体生命存在的社会性内涵和精神文化内涵。

在以往的美学探究中,诸多学者采取非美学的立场,把审美理性等同于哲学范畴的理性,由此造成概念的抽象化和单一化倾向。

审美理性的界定和阐释,应立足于对工具理性、实用理性的超越,着眼于主体的审美生存向度和诗意生存之境的开启。在这个理论层面上,审美理性具有以下的意义指向和规范性。

第一,审美理性是蕴含自由价值的理性。主体和客体之间存在一种特定的价值关系,即"客体以自身属性满足主体需要和主体需要被客体满足的一种效益关系"(马克思语)。主体之需要,其中包括了审美需要。近代哲学之核心是理性形而上学,表现为知识论与认识论取向。当代哲学非理性一度成为思潮,表现为生存论与价值论路径,但是以创造主体的全面发展的生存境域为价值归属。哲学尚且如此,作为以追问存在意义和审美可能为目的的美学更应如此。审美生存与诗意生存应是人类生存的最高形态和境界。而审美生存与诗性生存,昭示着对生命自由和理想生活的渴求,是美学价值的最高体现。无疑,审美理性最重要的关节点就是追问和求证这种美学价值。所以,作为价值导向的审美理性,承担着提供审美生存和诗意生存以丰厚智慧与强大张力的义务。

审美理性中所注入的价值论昭示我们,审美活动绝非局限于传统美学所设定的境域,包含着反映、再现、表现等认识论功能,而更重要的是,它被赋予了人类自我超越、自我复归、自我完善的崇高责任,被赋予了自由意志、伦理原则、诗意超越等精神内涵,它蕴藏着天地之间的道德律令和美感法则,"天地之大德曰生"(《周易》),这就是生命存在的"生生之美"之"第一原理"。所以,是否有利于感性生命存在及其自由发展是检验审美理性的最高价值标准。因而,我们理应告别认识论和心理学层面对美的界定，而从生命存在与发展的广阔视野去审视和理解审美活动，关注个体的感性生命自由，以及社会共同体对这种自由的交互体认。与知识论和认识论不同，生存论和价值论视野的审美理性所观照的自由，不是对自由条件的创设，而是对自由的生命体验。审美理性的概念意在阐明，只有在审美生存的自由境界中，才能建立人与世界最亲密和最深刻的关系——既合乎自然本性又合乎人性目标。

第二，审美理性是富于想象力的理性。理性与感性之间既存在联系又存在差异。在审美活动中，要实现理性与感性的和谐，关键在于超越形式逻辑的规定，注入想象力与理性，使理性成为"富于想象的理性"，诞生生命自由和诗性生存的理性内涵。审美理性的想象特质之所以不可或缺，是因为"只有想象才能实现对敞开之境的允诺，对在场之物的显现和对不在场之物的容纳"。①胡塞尔的现象学尤其强调了想象在理性活动的优先地位，海德格尔也延续了现象学推崇想象在思维中的重要性这一观念。由此可见，只有富于想象力的理性才足以担当起引导进行深层审美沉思和审美追问的重任。

审美理性是"富于想象的理性"，它可能存在于情感体验的当下瞬间，也可能是主体事后赋予理性意义。叶燮《原诗·内篇》云："夫情必依乎理，情得然后理真。"无论在情感体验还是情感评价中，情与理总是相互依存和相互交融。情感离不开理性引导，理性不应是游离于情感的抽象说教，而是获得情感生命的理性形态。审美理性所蕴含的"理"，并非抽象逻辑概念的"名言之理"，而是"幽渺以为理"和"默会意象之表"的"理"，它始终包含着情感表象和诗性意象的因素。这也规定着审美判断和审美评价必须建立在情感体验和情感理解的基础上，进而引发想象活动，作出合乎情感逻辑的象征与隐喻，追问事物的历史动因和现象界的意义。

生活世界中的物质诱惑和实用理性的束缚，往往使人变得功利、自私、狭隘。因此，海德格尔极为重视诗性与想象对主体的拯救功能，以诗意栖居抗衡物化的困境。庄子提出"心斋"、"坐忘"、"虚静"和"逍遥游"的策略，意在使人潜沉于"游"的诗性状态，从物质重负和实证

---

① 谭容培、颜翔林：《想象：诗性之思与诗意生存》，《文学评论》2009年第1期。

性思维定式中解放出来。想象的理性可以克服"源自认知的困惑",它是思与诗的融合。因此,唯有隐匿生命智慧和想象力的审美理性,才能摒弃对物化经验的固守,使主体的诗意栖居成为可能。

第三,审美理性是能够诉诸直观的理性。直观是不以概念为媒介的洞见和领悟,是自我意识的内向运动,也是心灵向内的观照和体验,它直接引导精神抵达事物的本真。审美理性通过象征和隐喻的方式,使自然形式所呈现的客观时空被转换为自由的心理时空,个别表象提升成为具有普遍人性意义的情感意象。显然,理性直观有别于一般的认识活动。一般的认识活动,主体总是站在与客体的相对立场上去观察客体,以求征服客体,而审美理性所要求的心灵直观,则以心物相通、以心会心的态度去感受外物,以人情体察物情,以己之神沟通物之神,由此,诉诸直观的理性之光可以照亮被物性遮蔽的存在意义。

直观必须有理性在场,黑格尔所说的"在感性直接观照里同时了解到本质和概念",是针对具体审美活动和具体审美对象而言的。海德格尔所谓的"理性的直觉",是对"此在"的"理性直觉",它不是去把握一个具体事实,而是去理解一种存在的潜在性和可能性,以解释自我存身其间的世界,探求"存在澄明"的真理。可以说,海德格尔的"理性的直觉"也就是诗化理性或审美理性,它不驻足于审美事物的外观及其形式,而力求内在地把握审美经历物与生活世界、与人的整体性存在相关联,并通过精神的自我创造,把扬弃了的自然形态提升到纯粹意识的形式,使有限的物理时空转换为无限的心理时空,超越遮蔽真相的"洞穴之见",跳出囚禁生命的语言牢笼,实现真正意义上的审美生存和诗意栖居。

审美理性所具有的上述特质,使其超越了传统形而上学的科学理性和工具理性,因而寄寓着更大的理论张力。它可以在理性与非理性之间建立亲和、协调的关系,消解两者之间的对立和差异。因此,审美理性表征着一定的生存智慧和诗性精神,具有科学理性和工具理性无可企及人文价值。合而言之,审美感性与审美理性是美学的两个核心范畴。所以,无论是一般的审美活动还是艺术活动,都不同程度地衍射着审美感性和审美理性的灿烂之光,从而彰显生命存在的诗性和自由之境。

第十四章

审美体验

第一节 逻辑界定

　　胡塞尔在《逻辑研究》中指出："我们可以'纯粹'现象学地把握这个'体验'概念，也就是说，我们可以在排斥所有与经验—实在此在（与人或自然动物）的关系的情况下来把握这个概念，这样，描述心理学意义上的（即经验—现象学意义上的）体验概念就成为纯粹现象学意义的体验概念。"[①] 他说："我们的'体验'概念与通俗的'体验'概念是不一致的，而在这里起作用的又是刚才所说的在实项的内容与意向的内容之间的差异。"[②] 倪梁康对现象学的体验概念进行形而上学意义的考辨："通常意义上的'体验'概念或是与日常的经历有关，或是与心理行为的领域有关。在胡塞尔的先验现象学中，'体验'概念基本上是'意向体验'或'意识体验'的简称；它区别于前两种意义上的'体验'。所谓在先验现象学意义上的'体验'概念也就是指在排斥所有与经验—实在此在（与人或自然动物）的关系的情况下所把握的'体验'概念。可以说，经验—心理学意义上的'体验'概念在经历了先验现象学还原之后便成为纯粹现象学意义上的'体验'概念。与'体验'基本同义的概念在胡塞尔那里还有：'意识内容'、'我思'、'意识活动'、'意识行为'等等。"[③]

---

　　① ［德］胡塞尔：《逻辑研究》第 2 卷第一部分，倪梁康译，上海译文出版社 1998 年版，第 383 页。
　　② 同上书，第 386 页。
　　③ 倪梁康：《胡塞尔现象学概念通释》，生活・读书・新知三联书店 1999 年版，第 141 页。

体验（Erlebnis）这一概念被现象学赋予一种认识论的意义，成为重要的认识方法之一和主体确立自我存在价值的手段。认识论意义的体验概念有别于心理主义所理解的体验概念，后者只是从主体普遍存在的、没有过滤掉欲望、功利、道德等因素的心理感觉出发来确立"体验"的内涵，而前者则严格排斥欲望、功利、道德等因素在精神中的存在，只依赖个体的诗性直觉去领悟纯粹意识中的"现象"所具有的意向性存在。然而，审美体验却是一个包含着二重性的概念。一方面，它承载着认识论的内涵和功能，与通常的体验概念有着逻辑差异。"现象学的体验概念明确地与通常的体验概念区分了开来。体验统一体不被理解为某个自我的现实体验之流的一部分，而是被理解为一种意向关系。'体验'这个意义统一体在这里也是一种目的论的统一体。只有在体验中有某种东西被经历和被意指，否则就没有体验。虽然胡塞尔也承认非意向性的体验，但这种体验作为材料要素也进入到了意向体验的意义统一体中。就此而言，体验概念在胡塞尔那里就成了以意向性为本质特征的各类意识的一个包罗万象的称呼。"[①] 另一方面，审美体验和现象学认识论有所不同，它承载着更为丰富与复杂的主体因素和心理感受，寄寓着生活世界的无限可能性所给予主体心理的瞬间知觉与存在者在未来时间的反复领悟。换言之，审美体验在不同的空间境域和时间之流中处于不断变换、发展、更替、丰富的过程，它没有一个终结和确定性来保证自己的绝对性本质和存在理由，审美体验是一个不间断地追求新颖意义和心灵快乐的精神活动。再一方面，审美体验属于一种"综合判断"和介于逻辑和非逻辑之间的审美判断。其一，显然，审美体验属于心理学或心理主义的知觉与判断，它蕴含强烈的主观色彩和个体化的精神倾向，属于个人话语和偶然性选择，既没有本体存在的必然性和严格的逻辑限制，也缺乏明确的目的性和普遍性意义。其二，审美体验在某些境域，尤其在对文学艺术文本进行阐释或评价的过程中，它自发地渗透着认识论要素，需要借助于逻辑工具和价值概念进行分析和判断，但这些分析和判断自始至终伴随着主体的感知、直觉、悟性和想象的创造性活动，而不是单

[①] [德] 加达默尔：《真理与方法》上卷，洪汉鼎译，上海译文出版社1999年版，第84页。

纯地对文本进行还原性的概念推导和逻辑演绎。

因此，审美体验不同于一般哲学意义的"体验"概念，后者被限定在纯粹认识论范围，正如阐释学代表人物伽达默尔指出："就象在胡塞尔那里一样地也在狄尔泰那里，象在现象学中一样出色地也在生命哲学中，体验概念首先就表现为一个纯粹的认识论概念。"① 他又认为，对生命哲学而言，"体验的概念就构成了一切对客体之知识的认识论基础。'体验'这个概念在胡塞尔现象学中所具有的认识论功能，同样地是无所不在的。"② 然而，我们认为，和纯粹哲学意义的体验有所不同，审美体验不应该单纯地和片面地在认识论意义确立自我价值，而理应在想象论和智慧论上获得自主性。审美体验不应当满足于对客观对象的真实把握，而希冀于对于可能性存在的自我领悟：审美体验理应超越知识平面达到对精神隐秘的体察，力图粉碎单一的意义存在而达到对整个对象的否定性的有机观照。正如伽达默尔对体验的精湛之论那样：

体验具有一种摆脱其意义的一切意向的显著的直接性。所有被经历的东西都是自我经历物，而且一同组成该经历物的意义，即所有被经历的东西都属于这个自我的统一体，因而包含了一种不可调换、不可替代的与这个生命整体的关联。就此而言，被经历的东西按其本质不是在其所传导并作为其意义而确定的东西中形成的。被经历东西的意义内涵于其中得到规定的自传性的或传记性的反思，仍然是被熔化在生命运动的整体中，而且持续不断地伴随着这种生命运动。正是体验如此被规定的存在方式，使得我们与它没有完结地发生关联。尼采说："在思想深刻的人那里，一切体验是长久延续着的。"他的意思就是：一切体验不是很快地被忘却，对它们的领会乃是一个漫长的过程，而且它们的真正存在和意义正是存在于这个过程中，而不只是存在于这样的原始经验到的内容中。因而我们专门称之为体验的东西，就是意指某种不可忘却、不可替代的东西，这些东西对于领悟其意义规定来

---

① ［德］伽达默尔：《真理与方法》，王才勇译，辽宁人民出版社1987年版，第94页。
② 同上书，第93页。

说，在根本上是不会枯竭的。①

在伽达默尔的理论意义上，体验具有过去时、回忆性、整体感和过程意味的精神特征，它和生命存在的意识流动有着潜在的关联。换言之，在阐释学的视界，体验活动即表现为主体依据历史或现实的特定语境对生活世界或文本的意向性诠释，体验即是主体对意义的找寻和确证。

因此，审美体验的概念除了包含现象学的认识论内涵外，还应当和伽达默尔的阐释学意义的"体验"概念有着心灵的沟通。从另一个意义来讲，我们也应当借助于体验活动，对传统美学进行反思和批判，并且展开对审美活动和艺术活动的重新领悟。在此意义上，审美活动是生命存在对以往心灵活动的回忆或追忆，它既不沉湎于生命的感性层面的本能欲望，也不局限于生命的理性层面的逻辑目的，而是向往于生命存在的诗性冲动和智慧生成。由于审美体验的不间断性，就必然决定，审美和艺术的活动必然是不断否定性质的，它们处在永不间断的生命流动之中和意识流动之中，审美体验尽管处于一个不间断的过程，但是绝不意味着顽强地重复自我和模仿他人。美与艺术，是一种心灵独白和渴望对话的自我放逐和漫游，在这一活动中的主体，部分地类似于马斯洛所声称的"高峰体验"（Peak experience）心灵状态："已不完全是受世界法则支配的尘世之物，更多的是一种纯粹的精神。就内在精神规律与外在现实规律的区别而言，他更受前者而不是后者的支配。"② 其实，审美体验中的主体甚至也可能排斥"历史规律"和意识形态等法则的约束。因此，像言说美和艺术一样，体验也规定任何理论存在方式不可能有一个规范和约定，没有一个终极。所以，美学应当破除对传统逻各斯和意识形态的偶像崇拜。

至此，我们对体验与审美体验这两个密切关联的概念予以现象学和

---

① ［德］加达默尔：《真理与方法》上卷，洪汉鼎译，上海译文出版社1999年版，第85—86页。

② ［美］马斯洛：《自我实现的人》，许金声、刘峰译，生活·读书·新知三联书店1987年版，第263页。

阐释学意义的简练清理，试图以辩证理性和综合判断的方式疏理它们逻辑上的联系与差异。

第二节　性质与类别

胡塞尔还通过其意向分析而把握出"'体验'的最一般存在特征：'事物'或'物理现象'的存在方式在于，它只能通过'射映'的方式而被感知到；与此相反，'体验'或'心理现象'的存在方式则在于，'它原则上可以通过反思的方式而被感知到'。"① 这是体验的最一般的性质和特征，审美体验在蕴含体验的这些相关性质与特征的同时，它还具有自身的规定性和呈现出自我的逻辑类别。

首先，审美体验的性质和一般体验有所差异的是，审美体验包含着内容的丰富性和精神的无限可能性。它既可以逾越认识论和知识论的制约，也可以打破日常经验和悖谬形式逻辑。因此，审美体验具有比一般体验更广泛的心灵自由和更独特的话语方式，它赋予主体更宽泛的阐释权力和想象空间。在空间坐标上，审美体验可以呈现自由变幻的方式，以宁静和腾跃的反复互换达到对空间的超越性。庄子借《逍遥游》文本中的鲲鹏意象达到对空间自由的审美体验，但丁《神曲》以神话和宗教的交汇方式，以象征性的寓言叙述主体精神的对天堂、地狱、炼狱不同空间的流浪经历，诗人将主体的审美体验穿梭于虚构的空间结构之中，以求获得对心灵自由和肉体自由的双向证明。在时间坐标上，审美体验可以通过"前摄"（Protention）和"滞留"（Retention）的方法，以"体验流"（Erlebnisstrom）（stream of mental process）的形式获得对美感的确证与收获。"这是指，每一个感知体验在时间上都有一个向前的期待和向后的保留。当一个体验消失，另一个体验出现时，旧的体验并不是消失得无影无踪，而是作为'滞留'留存在新体验的视域之中；同样，一个更新的体验也不是突然落到新体验中，而是先作为'前摄'出现在新体验的视域之中。"② 审美体验处于无限的时间流动之轴上，成为"体验

---

① 倪梁康：《胡塞尔现象学概念通释》，生活·读书·新知三联书店1999年版，第142页。
② 同上书，第519页。

流"的绵延过程，意义在流变之中扩散、变异和更新，美感在流变之中变异和升华。

其次，审美体验始终以美感活动作为自己的运动轴心，审美活动既是它的目的也是它的手段。一方面，它不承诺对客观世界的遵循和常识的固守，它具有超越现实原则和功利主义的倾向。诚如康德所论：审美"是凭借完全无利害观念的快感和不快感对某一对象或其表现方法一种判断力"①。"不凭借概念而普遍令人愉快的。"②"是一对象的合目的性形式。"③"不依赖概念而被当作一种必然的愉快底对象。"④ 这是康德从审美分析的"四个契机"所推导出的美学结论，也是古典美学的经典命题。它同样适合于审美体验的概念范畴和逻辑界定。从康德美学的意义上考察，其一，审美体验应该超越功利、效用和概念的限定。其二，审美体验符合某种目的性，是主观无目的而客观合目的性的快感形式。其三，审美体验尽管属于个体的话语方式却包含普遍性的精神意义。与康德美学不同，现象学美学认为审美体验自始至终隐匿着主体的意向性，倘若没有主体的意向性则审美体验则无法得以可能。但是，康德美学和现象学美学都保持如此的理论同一性：审美体验是以主体意识为中心对现象界的意义阐释的活动和意义追问的历程，而美感获得是它们的共同精神目标。另一方面，审美体验不同于一般体验和认识论体验的性质在于，它所具有的否定性逻辑是：其一，它部分摒弃了主体的生理欲望，不以纯粹的身体快感为前提为目的。其二，它拒绝遵守物理的事实和实证的法则，不以正确与否和是否合理作为标准与价值。其三，它以直觉和抒情作为自己的心理特性，因此，个体的心理主义是审美体验的特征之一。由此，审美体验不得不关涉到克罗齐的美学理论。在克罗齐的理论意义上，和艺术一样，审美体验不是一个"物理的事实"⑤，"也不可能是功利的活动"⑥ 和"不是一种道德活动"⑦，由此，

---

① ［德］康德：《判断力批判》下册，宗白华译，商务印书馆1964年版，第47页。
② 同上书，第57页。
③ 同上书，第74页。
④ 同上书，第79页。
⑤ ［意大利］克罗齐：《美学原理·美学纲要》，朱光潜译，外国文学出版社1983年版，第209页。
⑥ 同上书，第211页。
⑦ 同上书，第213页。

也不具有"概念知识的特性"①，和艺术创造有着同质的关联，审美体验是"直觉的抒情表现"。如果说前者是一种否定性的逻辑"遮诠"，而后者则是肯定性逻辑的"表诠"。简言之，前者是否定性判断，后者是肯定性判断。在方法论上，克罗齐以否定与肯定相互交错的运思策略达到对审美现象和艺术现象的辩证阐释，这同样启发于我们对审美体验的理论思考。审美体验自始至终以个体的美感活动为中心，有着强烈的心理主义色彩，它有着部分认识论内涵，却不一定符合客观事实和逻辑原则，也不单纯地应和于生活世界和满足于正确地阐释现象界。审美体验具有超越道德、欲望、功利、概念等精神特质，它以自我的意向性为前导和以契合某种目的性为结果，在其运作的过程之中自始至终都在担当寻找意义、阐释意义和诞生意义的心灵责任。换言之，审美体验的整个过程均是一种不停顿的意义穿梭和意义衍射的历时性过程。

最后，审美体验以诗意和智慧作为自己的方法和策略，审美体验的过程自始至终伴随着活的感性形象或诗性意象，它以直觉、象征与隐喻的方式呈现自我对审美现象的理解。简言之，审美体验是以自我意向为中心对生活世界的合目的性的审美想象或审美直觉的精神活动。如果说认识论意义的体验是以经验为先导和以理性为基础的对现象界的一种认识方法，那么分析判断和逻辑综合是其必然的依据和手段。一方面，一般性质的体验它不需要也没有必要担负审美的职责，它只关注认识活动的正确性和功能的有效性；另一方面，这种体验过程不需要完全借助于感性形象或审美意象，它只需要借助于符号、概念或逻辑，以分析与归纳、判断与推理等方式即获得实现；那么，审美体验主要诉诸个体的心理经验和直觉领悟，它不寻求对现象界进行客观反映和真实描述，而是以自我意向为张力对事物意义展开寻找和求证。换言之，审美体验以诗意的运思方式，诠释自我感受的现象界和解释生活世界的缤纷缘由，它不一定遵循逻辑的因果律而只以自己的想象和联想为工具，以寓言、象征和隐喻为修辞技术，创造新颖的意义和独特的话语，而获得对生活世界的诗意体悟和审美直觉是其担当的重要使命。与此密切关联，审美体

---

① ［意大利］克罗齐：《美学原理·美学纲要》，朱光潜译，外国文学出版社1983年版，第215页。

验在有限度地借助于经验与知识、逻辑与理性的同时，更多地敞开自我的生命智慧，以悟性与想象力获得对审美对象的感性把握和意义阐释。倘若缺席了诗意与智慧的审美体验必然是索然无味的实证性的精神活动和单一性的心理快感，只有诗意和智慧的出场才保证了审美活动的无限可能性，才可能使审美体验诞生丰富的意义和飞扬灵动的美感。诚如加达默尔所言："从哲学角度来看，我们在体验概念里所揭示的双重性意味着：这个概念的作用并不全是扮演原始所与和一切知识基础的角色。在'体验'概念中还存在某种完全不同的东西，这种东西要求得到认可，并且指出了一个尚未解决的难题，即这个概念与生命的内在联系。"[1] 正是由于审美体验和生命存在的诗意与智慧的密切关联，才使得主体的审美活动具有精神的无限可能性和充盈着永不间断的灵感与美感。

审美体验在其类别方面，我们可以做出简要的逻辑归纳。其一，在功能价值方面，它们呈现为还原式审美体验和创造性的审美体验。还原式的审美体验遵守着审美对象基本的"物理事实"，素朴真实地感受或描绘美的意象，以白描和勾勒的方式呈现审美物象的形式、结构和色彩，从而把握它们的细节和意韵。从表现特性上考察，也可以称之为摹实性审美体验。《诗经》可以说是还原式审美体验或摹实性审美体验的经典象征之一。尤其是《国风》篇，以素朴醇厚、淡雅从容、逼真传神的"赋、比、兴"的手法，传达主体对自然万象的审美体验。一方面，《诗经》的审美体验注重还原客观的真实，尤其是对自然景象的感知和直觉，尊重和传达其原生态的形式之美。另一方面，《诗经》还原式或摹实性的审美体验同样包含"写物以附意，扬言以切事"[2] 的艺术功能，刘勰阐释《诗经》的比兴手法："故比者，附也；兴者，起也。附理者切类以指事，起情者依微以拟议。起情故兴体以立，附理故比例以生。"[3] 因此，还原式或摹实性的审美体验不妨碍文学表达上的附意寄托、抒情言志等功效。如果说《诗经》是还原式审美体验的代表，那么，《楚辞》则是创造性审

---

[1] ［德］加达默尔：《真理与方法》，洪汉鼎译，上海译文出版社1999年版，第86页。
[2] （南梁）刘勰：《文心雕龙·比兴篇》，载《增订文心雕龙校注》，黄叔琳注，中华书局2012年版，第460页。
[3] 同上。

美体验的典型。刘勰云:"《骚经》、《九章》,朗丽以哀志;《九歌》、《九辩》,绮靡以伤情;《远游》、《天问》,瑰诡而慧巧,《招魂》、《大招》,耀艳而采深华;《卜居》标放言之致,《渔父》寄独往之才。故能气往轹古,辞来切今,惊采绝艳,难与并能矣。"[①] 刘勰高度赞誉《楚辞》文本的审美风格和文学价值,也从一个侧面揭示其诗歌书写主体的审美体验特性。显然,《楚辞》作者选择的是以自我直觉和自由联想为中心的创造性审美体验的方式,所谓"朗丽以哀志"、"绮靡以伤情"、"瑰诡而慧巧"、"耀艳而采深华"的文学评价,所显现的既是一种艺术风格,也是一种审美趣味。屈原以楚人独特的想象力和诗性智慧对审美对象进行重构,以神话思维的方式,以象征与隐喻、寓言与夸张的手法,获得创造性的审美体验,从而使文学文本焕发出瑰丽奇异的色彩。无怪乎王逸赞叹:"金相玉质,百世无匹,名垂罔极,永不刊灭者也。"[②] 显然,没有屈原的创造性审美体验就没有《楚辞》文本的艺术生成。值得注意的是,在创造性审美体验之中,还包含有荒诞性或虚幻性的审美体验。所谓荒诞性审美体验或虚幻性审美体验是标明这种审美体验呈现极度超越现实和悖谬逻辑的性质,它们是以假定性和可能性的方式达到对审美对象的想象性把握。例如,某些神话思维和宗教思维所表达出的美感,某些艺术流派诸如魔幻现实主义、象征主义、荒诞主义、立方主义、野兽派、印象派等艺术家和作品中所表现出的超越实证和常识的审美体验。荒诞或虚幻的审美体验往往借助于主体的梦幻、幻想、象征、移情和自由联想等心理迷狂的作用而得以可能,其中一部分转换到文艺创造过程,生成为文本或艺术品,诸如贝克特的《等待戈多》,萨特的《苍蝇》,卡夫卡的《变形记》,马尔克斯的《百年孤独》等文本,以其荒诞的审美体验,形成别具一格的审美意象。其二,在表现形式方面,审美体验有感悟性审美体验和阐释性审美体验。感悟式审美体验表现为瞬间直觉和诗性智慧,无须借助于缜密的逻辑分析和精细的理性思考,只以空灵流动

[①] (南梁)刘勰:《文心雕龙·辨骚篇》,载《增订文心雕龙校注》,黄叔琳注,中华书局 2012 年版,第 52 页。

[②] (东汉)王逸:《楚辞章句序》,载郭绍虞、王文生《历代文论选》第 1 册,上海古籍出版社 1979 年版,第 150 页。

的心灵感受表达某种生命的智慧和诗意的领悟。《传习录》载:"先生游南镇,一友人指岩中花树问曰:'天下无心外之物,如此花树,在深山中自开自落,于我心亦何相关?'先生曰:'你未看此花时,此花与汝心同归于寂。你来看此花时,则此花颜色一时明白起来,便知此花不在你的心外。'"① 王阳明此处的审美体验即是此种感悟式的审美体验。这一体验不拘泥于理论的阐发和概念的推导,而以简要的口语方式表达与花心会、与物神往的审美印象。然而,这一审美印象却建立在主体的意向性建构的势能之上,主体的意识赋予了现象界的意义,决定了它的存在理由和被理解的可能。在审美活动中,绝大多数的体验属于感悟性的审美体验,这种审美体验多运用于对自然美的审美直觉而较少运用于对艺术文本的细致分析。青原惟信禅师言:"老僧三十年前未参禅时,见山是山,见水是水。及至后来,亲见知识,有个入处。见山不是山,见水不是水。而今得个休歇处,依前见山只是山,见水只是水。"② 禅师的感悟性审美体验分为三个阶段或三种境界。第一阶段或第一境界表现为,审美主体以纯粹直觉的方式感知自然形式,山水只是原生态的本己存在,这样的审美体验并不赋予自然以主观的意义,仅仅感悟山水的形式之美;第二阶段或第二境界表现为,以主体的经验和认识达到对山水的深入体察,上升到一个新的审美境界,从而表现为对前期体验的否定性,审美体验的主观性和意向性得以延展,所以获得"见山不是山,见水不是水"的美感;第三阶段或第三境界似乎回归到第一阶段或第一境界:"见山只是山,见水只是水。"然而,这种回归却是螺旋式的上升而非简单的知觉重复,而是否定之否定的审美活动。因为在这一审美体验阶段,主体与山水达到天人合一的境界,主体与山水之间会心与神往,人即是山水,山水即是人。由于审美体验的作用,两者在精神界和谐契合,所以主体重新获得"见山只是山,见水只是水"的审美体验。阐释性审美体验多呈现于对艺术文本的鉴赏活动之中,和感悟性审美体验相比,它既需要丰富的审美经验与艺术经验,又需要知识论、认识论、价值论等要素的共同作用,更需要概念与逻辑、理性与思辨等因素的加入,当然在表现形

---

① 《王阳明全集》第 1 册(新编本),浙江古籍出版社 2011 年版,第 118 页。
② (南宋)普济:《五灯会元》下册,中华书局 1984 年版,第 1153 页。

式方面，它常常借助于理论话语的表达。当然，阐释性的审美体验在赋予阐释者自由特权的同时，也附带着过度阐释的危险。然而，阐释性的审美体验毕竟是在美学的疆域得以可能，这种阐释不是唯一性和确证性的，不是一次性的和终结性的，它没有止境也没有终极，更没有绝对的正确性和合理性，它在未来的时间之流中只是一种可能性和暂时的存在性，阐释的审美体验永无止境和没有终点，所以，我们理应宽容它的存在和尊重它的美学意义。

第三节 审美体验之主要对象

审美体验之主要对象，一是关涉于自然，二是关涉于艺术，三是关涉于历史。相应分类为自然之审美体验、艺术之审美体验、历史之审美体验这三种形式。

在主体关涉于自然的审美体验过程，意识和意向始终发挥主导性功能。换言之，主体对自然对象的审美体验活动是一个赋予意义或发现意义的精神过程。胡塞尔在《纯粹现象学通论》中指出："我们把'意义'（Sinn）理解作内容，关于意义我们说，意识在意义内或通过意义相关于某种作为'意识的'对象的对象物。可以说，我们将以下命题当作我们讨论的标题和目的：每一个意向对象都有一个'内容'，即它的'意义'，并通过意义相关于'它的'对象。"① 一方面，我们假设纯粹的自然之美并没有"意义"，在怀疑论美学的理论意义上，美是没有意义的虚无化存在②。另一方面，对自然的审美体验活动借助于意识或意向性关联使某些自然物具有了"意义"，而这"意义"构成了它的"内容"，转换为对象的存在要素。胡塞尔举例说明："意向体验具有'对对象物的关系'；但人们也说，它是'对某物的意识'，例如对在此花园中盛开的这株苹果树的意识。"③ 无怪乎黑格尔早已断言："自然美只是为其它对象而美，这就

---

① ［德］胡塞尔：《纯粹现象学通论》，李幼蒸译，商务印书馆1995年版，第313页。
② 颜翔林：《怀疑论美学》，商务印书馆2015年版，第227页。
③ ［德］胡塞尔：《纯粹现象学通论》，李幼蒸译，商务印书馆1995年版，第314页。

是说，为我们，为审美的意识而美。"① 然而，黑格尔有关自然美的论断充满了形而上学独断论的意味，是传统知识论哲学和逻各斯中心主义的产物，是主体性对自然对象的强制性渗透。与此不同的是，现象学通过意向性对对象的意义关联寻求对审美体验的阐释，以意义为桥梁获取对审美活动的描述和理解，从而使理论活动具有精密严谨的逻辑范式和呈现客观合理性。与西方哲学美学注重于逻辑思辨不同，中国古代美学对关涉于自然的审美体验的阐释则强调感性的因素，注重从主体的诗意直觉和智慧领悟的视角获得说明。刘勰的《文心雕龙·物色》篇写道：

> 春秋代序，阴阳惨舒，物色之动，心亦摇焉。盖阳气萌而玄驹步，阴律凝而丹鸟羞，微虫犹或入感，四时之动物深矣。若夫珪璋挺其惠心，英华秀其清气，物色相召，人谁获安？是以献岁发春，悦豫之情畅；滔滔孟夏，郁陶之心凝。天高气清，阴沉之志远；霰雪无垠，矜肃之虑深。岁有其物，物有其容；情以物迁，辞以情发。一叶且或迎意，虫声有足引心。况清风与明月同夜，白日与春林共朝哉！是以诗人感物，联类不穷。流连万象之际，沉吟视听之区。写气图貌，既随物以宛转；属采附声，亦与心而徘徊。②

刘勰传神地描摹了在对自然对象的审美体验过程中主体的感知和直觉，情绪与景物的互渗交流，所谓"春秋代序，阴阳惨舒，物色之动，心亦摇焉……诗人感物，联类不穷。流连万象之际，沉吟视听之区。写气图貌，既随物以宛转；属采附声，亦与心而徘徊"，主体以诗性思维的方式体悟自然和以生命智慧打通与自然的隔膜，以想象力架构起与自然心神相通的桥梁，最终以写作活动重构人与自然的美学联系，创造理想或完美的自然形式。理学家张载提出"民胞物与"的命题，摒弃了人类中心主义的观念，将自然看作与人有同等价值与意义的存在，要求人像对待自我一样敬畏自然和热爱自然，在他的审美体验之中，自然与人同

---

① [德]黑格尔：《美学》第1卷，朱光潜译，商务印书馆1979年版，第160页。
② (南梁)刘勰：《文心雕龙·物色篇》，载《增订文心雕龙校注》，黄叔琳注，中华书局2012年版，第573页。

样具有生命的尊严和高贵性,而古典诗人则以自己的文本表达出对自然的真切传神的审美体验:"感时花溅泪,恨别鸟惊心。"(杜甫《春望》)"我见青山多妩媚,料青山见我应如是。情与貌,略相似。"(辛弃疾《贺新郎》)其实,道家对自然的命题和有关对自然的审美体验问题早已作出了哲学阐释。老子云:"人法地,地法天,天法道,道法自然。"[①]"自然"是道家哲学中最高的审美概念和美学范畴,也是最高的生命境界和艺术境界。依道家之见,不是主体赋予了自然什么意义,而是自然赋予了人的存在意义和存在价值,自然具有最高的存在合理性和合法性,唯有自然才保证了人类的存在可能和存在意义,也保证了审美的可能和艺术的可能。因此,自然美也是美的最高形式和最根本的美之理念,是人类审美理想的最终归宿。自然之美既在自然之中,也在人的心中。因为人与自然是合一的,天人是合一的。这既是道家的哲学逻辑和美学逻辑,也是道家关涉于自然的审美体验。显然,这是一条与西方传统形而上学和现象学截然不同的运思路径,也是另一种对自然审美体验的方法和态度。显然,道家这一观念和西方现代的生命伦理学和生态环境理论有着一定精神向度的逻辑关联。

关涉于对艺术的审美体验显然更为复杂,也更具有主体的意识介入性,首先,它需要丰富的艺术经验和精湛的人生哲学以及高雅而多元的审美趣味。对此,刘勰有深刻之见:

> 凡操千曲而后晓声,观千剑而后识器。故圆照之象,务先博观。阅乔岳以形培塿,酌沧波以喻畎浍。无私于轻重,不偏于憎爱,然后能平理若衡,照辞如镜矣。是以将阅文情,先标六观:一观位体,二观置辞,三观通变,四观奇正,五观事义,六观宫商。斯术既行,则优劣见矣。[②]

[①] 王弼:《老子注》(《老子·二十五章》),载《诸子集成》第3册,中华书局1954年版,第14页。

[②] (南梁)刘勰:《文心雕龙·知音篇》,载《增订文心雕龙校注》,黄叔琳注,中华书局2012年版,第599—600页。

他认为"圆照之象，务先博观"，其一，对艺术的审美体验必须建立在"博观"的基础之上；其二，必须持有公允正确的审美态度，应该克服鉴赏判断的偏见；其三，采取理解活动中的六种策略，即所谓"六观"方法使审美体验最终得以可能。

其次，对艺术对象的审美体验需要历史感和对具体语境的熟知。刘勰对此同样有自己的独到见识：

> 夫缀文者情动而辞发，观文者披文以入情，沿波讨源，虽幽必显。世远莫见其面，觇文辄见其心。岂成篇之足深，患识照之自浅耳。夫志在山水，琴表其情，况形之笔端，理将焉匿？故心之照理，譬目之照形，目了则形无不分，心敏则理无不达。然而俗监之迷者，深废浅售，此庄周所以笑《折扬》，宋玉所以伤《白雪》也。昔屈平有言："文质疏内，众不知余之异采。"见异唯知音耳。扬雄自称："心好沉博绝丽之文。"其不事浮浅，亦可知矣。夫唯深识鉴奥，必欢然内怿，譬春台之熙众人，乐饵之止过客。[①]

"沿波讨源"的历史感是主体进行艺术的理解活动的前提，也是鉴赏家对艺术的审美体验的必要条件。对古人文本的理解活动是一种以心会心的审美体验，是以接受者为中心的对文本意义追问的过程。只有保持审美体验的敏感和灵感，才可能发现古代文本所隐匿的情思，否则就可能舍弃了深奥精美的佳作而错爱了浅陋低俗的文本，这就是庄子之所以嘲笑《折杨》被流俗赞赏而杨雄感伤《白雪》曲高和寡的缘故。屈原感喟众人无法认知自己的华美，扬雄拒绝肤浅的创作，古人觉得自己的作品能够被接受者洞见所蕴藏的意义与深层的美感，是非常快乐的幸事。

再次，对艺术文本的审美体验需要主体的想象力和诗性智慧，由此达到对文本的审美发现，从而诞生超越作者的美学意义。中国美学史上，刘勰《文心雕龙》、司空图《二十四诗品》和严羽《沧浪诗话》可以看成是对文学文本的审美体验的经典之作。作者在积累丰富艺术经验和审

[①] （南梁）刘勰：《文心雕龙·知音篇》，载《增订文心雕龙校注》，黄叔琳注，中华书局2012年版，第600页。

美经验的基础上，以主体的想象力和生命智慧，获得对文本的诗意阐释和深刻领悟，他们对文本意义进行了再度创造和对原作的美感趣味进一步拓展，从而获得独到的审美体验并进而提升为新颖独创的美学理论。海德格尔对凡·高《农鞋》的精湛叙述，构成了阐释学的又一个范例。他对油画上农鞋的富有想象力释义，深刻揭示了遮蔽在器具之中的审美意象和死亡动向，哲学家让我们真切地感受到：如何凭借接受者的诗意解释实现创造者未曾意识到的文本中所隐匿的审美意义和艺术价值。

从鞋具磨损的内部那黑洞洞的敞口中，凝聚着劳动步履的艰辛。这硬梆梆、沉甸甸的破旧农鞋里，聚积着那寒风陡峭中迈动在一望无际的永远单调的田垄上的步履的坚韧和滞缓。鞋皮上粘着湿润而肥沃的泥土。暮色降临，这双鞋底在田野小径上踽踽而行。在这鞋具里，回响着大地无声的召唤，显示着大地对成熟的谷物的宁静的馈赠，表征着大地在冬闲的荒芜田野里朦胧的冬冥。这器具浸透着对面包的稳靠性的无怨无艾的焦虑，以及那战胜了贫困的无言的喜悦，隐含着分娩阵痛时的哆嗦，死亡逼近时的战栗。这器具属于大地，大地在农妇的世界里得到保存。正是在这种保存的归属关系中，器具才得以存在于自身之中，保持着原样。①

绘画中"农鞋"除了诸种的审美要素之外，还寄寓着无意识的死亡冲动，这也许是艺术家所未曾显明的死亡意识。海德格尔从作品中发现了创作者及一般欣赏者所未能体悟的死亡意象，并且揭示其审美意义和艺术佳作。显然，油画中的死亡意象的生成及其艺术价值被添加了阐释者所赋予的意义，属于阐释者以想象力和生命智慧所获得的一种理解的可能性。尽管后世的一些理论指责海德格尔的这一阐释不符合凡·高的生活事实和艺术史事实，具有主观的强制阐释色彩和随意性的过度阐释的弊端。但是，海德格尔这一阐释不乏具有审美体验的合理性和美学意义。因为任何一种审美阐释均是精神文化的一种可能性呈现，它可以作

---

① ［德］海德格尔：《艺术作品的本源》，引自［美］M. 李普曼主编《当代美学》，邓鹏译，光明日报出版社 1986 年版，第 392 页。

为供接受者自由选择的精神果实之一,所以古人有"诗无达诂"的叹惋。对于艺术的审美体验,即使某些解释不尽合理和不一定符合文本的"本事",然而,只要它们能够呈现出新颖的审美意义,有利于文本的艺术价值递增,我们理应采取宽容的态度和给予其存在的权利与合适地位,直到被更为完善的释义所取代。H. R. 姚斯认为:

> 一部文学作品的历史生命如果没有接受者的积极参与是不可思议的。因为只有通过读者的传递过程,作品才进入一种连续性变化的经验视野。在阅读过程中,永远不停地发生着从简单接受到批评性的理解,从被动接受到主动接受,从认识的审美标准到超越以往的新的生产的转换。文学的历史性及其传达特点预先假定了一种对话并随之假定在作品、读者和新作品间的过程性联系,以便从信息与接受者、疑问与回答、问题与解决之间的相互关系出发设想新的作品。如果理解文学作品的历史连续性时象文学史的连贯性一样找到一种新的解决方法,那么过去在这个封闭的生产和再现的圆圈中运动的文学研究的方法论就必须向接受美学和影响美学开放。①

H. R. 姚斯这一观点具有美学观和方法论的革命性质,那种被历史意义割断的过去的文学现象到现在的经验之间的联系的线索,又被阅读活动和审美体验重新联结起来。文学的价值不再是单独文本一极的静态构成,而是在以读者为中心的联结文本(作品)与接受(欣赏者)两极的动态运动中得以可能,同时它具有历史连续性和变动性。在接受美学的理论原则规定下,艺术的美感就不能撇开接受者的欣赏和释义的再度创造,它同样是艺术价值的有机成分,尤其那些对审美意象富有审美发现的释义,更应予以注意,它在新的历史语境中获得视界融合,为艺术意象注入新的思想活力,为文本的艺术价值的延续增添了新的链条。可以说,对艺术文本的审美体验既是接受活动的必要先导和逻辑前提,也是文本阐释的感性基础和理性果实。

---

① [德] H. R. 姚斯:《文学史作为向文学理论的挑战》,载 [德] H. R. 姚斯、[美] R. C. 霍拉勃《接受美学与接受理论》,周宁、金元浦译,辽宁人民出版社1987年版,第24页。

最后，我们讨论有关对历史的审美体验问题。审美体验除了关涉于自然与艺术之外，还包括历史对象。有关历史的概念应该包含三个方面要素：一是历史事实，即历史的客观结果；二是记载历史事实的文本，即书写的历史；三是借助于历史文本对历史的再度体验和阐释。对历史的审美体验活动即是主体依赖于对文本的阅读过程所生成的历史美感和历史意识。在此，我们必须关注新历史主义（New historicism）有关观念，它们为我们提供了一种有关对历史的审美体验的理论与实践的可能。

新历史主义在严格意义上是否能成为一种美学的方法还值得疑问。但是，它可以作为一种美学探究的策略而被瞩目。新历史主义一方面是对于形式主义等悬置历史和消解意义的思潮的一种反叛；另一方面，也是对于旧历史主义信奉历史理性和遵循历史客观规律的思想方法的背离。它不满于线性历史的思维方式和以因果律、必然律、目的论为主宰的历史的逻各斯主义，所以，它试图重建历史与文本、历史与语境、文化与历史的关联。新历史主义基本恪守的五个假设是：（1）我们每一个陈述行为都来自物质实践的网络；（2）我们揭露、批判和树立对立面时所使用的方法往往都是采用对方的手段，因此有可能沦陷为自己所揭露的实践的牺牲品；（3）文学与非文学"文本"之间没有界线，彼此不间断地流通往来；（4）没有任何话语可以引导我们走向固定不变的真理，也没有任何话语可以表达不可更改的人之本质；（5）我们批判和分析文化时所使用的方法和语言分享并参与该文化机制的运转。[1]"新历史主义进行了历史—文化'转轨'，强调从政治权力、意识形态、文化霸权等角度，对文本实施一种综合性解读，将被形式主义和旧历史主义所颠倒的传统重新颠倒过来，把文学与人生、文本与历史、文学与权力话语的关系作为自己分析的中心问题，打破那种文字游戏的解构策略，而使历史意识的恢复成为文学批评和文学史研究的重要方法论原则。"[2] 一方面，新历史主义方法为美学研究提供一种新的视角，美学如何重新对待历史和守望历史；另一方面，新历史主义也为主体对历史的审美体验提供了一种

---

[1] 张京媛主编：《新历史主义与文学批评》，北京大学出版社1993年版，"前言"，第8页。
[2] 王岳川：《后殖民主义与新历史主义文论》，山东教育出版社1999年版，第157—158页。

新的理论视角。

新历史主义的另一位代表人物海登·怀特（Hayden White，1928— ）提出"元历史理论"。他自负于所谓"元历史"（Metahistory）的创见，倾向对历史进行想象性的阐释和理解，历史成为叙述、语言、想象等综合活动的聚合物，被诠释者赋予审美和道德的成分。他在《作为文学虚构的历史本文①》一文中认为：

> 当我们正确对待历史时，历史就不应该是它所报导的事件的毫无暧昧的符号。相反，历史是象征结构、扩展了的隐喻，它把所报导的事件同我们在我们的文学和文化中已经很熟悉的模式串联起来。
> ……
> 历史叙事也是如此。它利用真实事件和虚构中的常规结构之间的隐喻式的类似性来使过去的事件产生意义。历史学家把史料整理成可提供一个故事的形式，他往那些事件中充入一个综合情节结构的象征意义。历史学家也许不喜欢把他们自己的工作看成是把事实变成虚构的翻译；但这正是他们的著作的效果之一。历史学家对某一系列历史事件提出可选择的情节结构，使历史事件获得同一文化中的文学著作所含有的多重意思。历史学家与历史哲学家之间真正的分歧是历史哲学家强调事件只能以一种故事模式而编织情节，而历史著作却尽力发现所有可能存在的情节结构，使事件系列获得有不同的意思。②

这些观点不由让我们联想起亚里士多德的"诗比历史和哲学更真实，因此也更带有普遍性"和克罗齐的"一切历史都是当代史"的名言。在海登·怀特的眼里，历史充满了寓言、象征和隐喻的主观意义，因此，对于历史话语的理解应该采用三种方式：形式论证、情节叙述和意识形态意义。文本应该承担激活历史的责任，它敞开历史的多种可能性存在，让人们从历史的黑洞中窥见隐蔽的光辉和藏匿的意义。在新历史主义的

---

① 此处"本文"（Text），通译"文本"。
② 张京媛主编：《新历史主义与文学批评》，北京大学出版社1993年版，第171页。

视野里，历史像一张充满悬念和神秘的网络，在它布满空隙的身体里充盈着语言阐释的空间，它是政治权力、经济利益、意识形态等各种合力的交叉平衡的结果。新历史主义的"文化诗学"的思路就寄寓着政治学、社会学、哲学、经济学、艺术学等各种学科渗透的宗旨。总之，新历史主义的方法，启思于美学如何重新介入历史和超越历史、阐释历史和批判历史，如何重新确立审美主体和历史事实的关系，运思主体如何对历史进行合理与合适的审美体验。

第十五章

审美时尚

第一节 时尚之解读

"时尚"是一个感性化的审美潮流,它悄然无声却又无时不在地影响着人们的生活方式和审美意识形态。时尚和资本、权力、知识等要素结盟,构成对审美主体的宰制力量,影响和左右着大众在生活世界中的审美选择。一方面,时尚呈现着消费社会的符号功能和运作逻辑;另一方面,时尚制造出后现代社会的消费神话,从而诞生时尚神话和时尚乌托邦。时尚是当下审美活动中呈现鲜明二重性的审美现象并体现出丰富复杂的美感要素。时尚(Fashion)在本质上是"流行的模仿"。在美学意义上,时尚属于一种审美思潮所派生的趋同化审美实践,是由少部分人倡导最终引发众人仿效的审美现象。在消费社会中,时尚成为引导消费活动的运作逻辑和心理势能,成为当代社会的一种神话景观和美学形式。诚如西美尔所论:"时尚是既定模式的模仿,它满足了社会调适的需要;它把个人引向每个人都在行进的道路,它提供了一种把个人行为变成样板的普遍性规则。但同时它又满足了对差异性、变化性、个性化的要求。"[1]

消费社会的强大逻辑像一张无人不被包罗的网,每一个存在者又都是消费社会这个棋盘上一粒盲目的棋子,遵从着消费社会的游戏规则。波德里亚认为消费活动不断地制造出消费神话,消费社会唯一真实的逻各斯即是消费社会的意识形态及其消费风尚,它们共同构成社会公共常

---

[1] [德]西美尔:《时尚的哲学》,费勇、吴蓉译,文化艺术出版社2001年版,第72页。

识的逻辑力量，而占据中心位置的则是商品及其商品拜物教，后者构成消费神话的核心要素。商品和消费者的关联即是消费神话产生的先决条件和逻辑基础。波德里亚指出："由各种符号所构成的系统演变成为各种'当代神话'的可能性。"① 他进一步论述了时尚和现代性的关系：

> 时尚和现代性并非背道而驰：时尚清清楚楚地陈述变化的神话——它使这种神话作为最高价值存在于最日常的方面，同时它也陈述变化的结构规律：因为这种变化是由模式和区分性对立的游戏构成的，即由一种在任何方面都可与传统代码相匹敌的秩序构成的。因为现代性的本质正是二元逻辑。正是这种逻辑在促进无限的分化，加强决裂的"辩证"效果。现代性不是所有价值的变质，而是所有价值的替换，是它们的组合和它们的歧义性。现代性是代码，而时尚则是它的象征标志。②

神话隐匿在时尚和现代性的交织关系之中，它们构成复杂的网络联系。显然，是消费活动生产出了消费神话，进而消费神话推动消费活动的进一步扩张和丰盛。消费神话一方面围绕着时尚而运转，另一方面遵循着符号的逻辑而施展功能。换言之，没有时尚就没有消费神话存在的理由和生存空间，而缺乏符号逻辑和符号崇拜的消费活动必然会极大降低消费神话的魅力。消费生产出了时尚，而时尚则制造出神话，就是它们之间复杂纠缠的逻辑。

如果我们对消费活动中的时尚动力进行分析的话，可以寻找出如下几个要素。

首先，时尚由权力运作的主体所主导。权力崇拜在整个人类社会发展史上是共时性的存在，人既是追逐权力的动物，也是崇拜权力的动物。整个社会发展史是权力角逐的舞台和权力所表演的悲喜剧。时尚一直是权力的卑微仆人，它仰望着权力的鼻息而运作。权力（Power）在狭义上

---

① 冯俊等：《后现代主义哲学讲演录》，商务印书馆2003年版，第573页。
② ［法］波德里亚：《象征交换与死亡》，车槿山译，译林出版社2006年版，第129—130页。

指称政治权力，在广义上它指称一切在当代社会的公共空间发挥主导性的力量。因此，权力不在结构之中产生，但是又离不开结构，就像剩余价值不在流通中产生而又离不开流通而产生一样。福柯说："权力不仅存在于上级法院的审查中，而且深深地、巧妙地渗透在整个社会网络中。知识分子本身是权力制度的一部分。"[1] 除了我们熟知的政治权力或行政权力之外，它还包括话语权、知识权力等内容。在古代社会，时尚往往由皇帝、王公贵族、将军、仕宦等掌握政治权力的人们所支配，一般臣民百姓只是时尚的迎合者和追逐者。在近代社会，随着资产阶级登临历史舞台，他们取代之前的统治者接过制造时尚的旗帜。资产阶级在拥有了政治、经济权力的同时，也把握了时尚制造的权力和时尚解释的话语权。而在现代社会和后现代社会，随着权力的扩散和异化，那些掌握报纸、杂志、影视、广播、网络等传媒的精英们，甚至包括某些科学精英和知识精英们，他们都成为另一种权力的新宠，他们潜在地扮演了时尚的代表者和象征品，或者成为时尚的评价者并指导与引领着时尚的变化。

其次，时尚由资本或金钱的力量所推动。时尚绝不是单个的抽象物，它只是消费社会的表层漂浮物，决定它运作和变化的逻辑是资本或金钱。换言之，时尚只是资本或货币的傀儡或玩偶，它无时无刻不被金钱所操纵。一方面，任何时尚都建立在资本或金钱的基础之上，没有后者就没有时尚，倘若时尚没有后者的支撑则如同一辆没有燃油的汽车。另一方面，时尚与资本或金钱的关系有时候看起来是疏离的和松散的，有些时尚具有自己的独立性和自主性，和资本和金钱保持有限的距离，而资本和金钱则依附和追逐着时尚，让时尚获得暂时的珍贵感和自我满足感。然而，最终的必然结局是，时尚会向资本和金钱输诚和投降，前者只能拥有短暂和有限的自我尊严，它的独立价值是微乎其微的。在后现代语境，上演一幕幕双簧的喜剧：资本与时尚结盟，金钱与时尚勾结，媒介推动时尚，时尚向媒介献媚。其结果是，时尚创造新的资本，时尚令媒介收获阅读量或收视率，从而获取丰厚的利益回报。它们之间构成密切的名利场和欲望联盟。这是时尚的潜在逻辑和公开秘密。

---

[1] ［法］《福柯集》，杜小真编译，上海远东出版社2003年版，第205—206页。

再次，时尚由社会名流所引领。在后现代语境，社会名流的结构发生较大变化，传统的名流尽管保留其尊贵的地位，但他们已是明日黄花，风光已经让位于影视明星、体育明星、歌星、艺人、电视主持人、网络红人、脱口秀表演者、专栏写手、电视嘉宾等类人物。明星崇拜和名流崇拜，也即是偶像崇拜，是人类悠久的历史文化心理结构之一，有其积极和消极的二重性。对明星或名流的崇拜，既是自我的丧失，也是自我的转移和复活，一方面，崇拜主体在想象中自我成了明星的一部分；另一方面，在崇拜者的心理内部，明星或偶像转换为自我的存在。正是由于对明星或名流的崇拜心理，他们的"暗示"功能对大众追逐时尚起到了巨大的推动作用。法国社会心理学家勒庞提出"暗示"的概念，试图解释群体的心理行为，它同样适用于我们对时尚成因的探究。"暗示对群体中的所有个人有着同样的作用，相互影响使其力量大增。在群体中，具备强大的个性、足以抵抗那种暗示的个人寥寥无几，因此根本无法逆流而动。他们充其量只能因不同的暗示而改弦易辙……思想和情感因暗示和相互传染作用而转向一个共同的方向，以及立刻把暗示观念转化为行动的倾向，是组成群体的个人所表现出来的主要特点。他不再是他自己，他变成了一个不再接受自己意志的玩偶。"[1] 明星或名流对大众而言是崇拜的偶像，他们服饰打扮、言谈举止、相貌发式、用品玩物、爱好趣味等，都对受众施加强烈的暗示影响，他们对时尚具有推波助澜的作用，换言之，时尚在一定程度上是由他们所带动和引领。

最后，在后现代的消费语境，时尚在技术工具和媒体传播的作用下，发挥着越来越显著的流行功能和消费诱惑力。一方面，技术的持续发展不间断地刺激社会的消费欲望，技术担当着不断创造欲望和制造时尚的工具；另一方面，传媒扮演起制造时尚和传播时尚的职能，它和技术联手创造一轮又一轮的时尚浪潮，创造永不停歇的消费神话和时尚神话，给这个欲望社会不断制造惊喜和快乐，同时带动消费和经济增长。所以，媒体具有显著的心理"传染"特征，它在传播信息或商品广告的同时，

---

[1] ［法］勒庞：《乌合之众——大众心理研究》，冯克利译，中央编译出版社2005年版，第16—17页。

也"传染"着社会意识形态,"传染"着时尚和大众审美趣味和审美心理。所以,勒庞在《乌合之众——大众心理研究》中提出大众心理的"传染"概念,有助于我们对时尚传播的阐释:"传染的现象,也对群体的特点起着决定的作用,同时还决定着它所接受的倾向。传染虽然是一种很容易确定其是否存在的现象,却不易解释清楚。必须把它看作一种催眠方法,下面我们就对此做一简单研究。在群体中,每种感情和行动都有传染性,其程度足以使个人随时准备为集体利益牺牲他的个人利益。这是一种与他的天性极为对立的倾向,如果不是成为群体的一员,他很少具备这样的能力。"① 显然,群体或大众心理容易被意识形态所"传染",表现在时尚方面,他们最容易受到技术工具和现代传媒的影响,在当下,尤其是电视、网络和手机几乎左右了时尚的悲剧或喜剧、生存与毁灭。

第二节 时尚之本性

从本体意义上理解,时尚既来源于人类心理深层的物质需要,是为了满足内心的商品需要和消费需要;时尚又来源于主体的符号需要,是符号消费需要和象征消费需要。显然,在本体论和生存论意义上,时尚是为了满足主体的双重需要。

从具体层面上,我们进一步理解时尚的本性。其一,时尚是人类追逐"新颖性"本能的折射,换言之,人类在审美追求上有喜新厌旧的特征,最终体现在消费活动之中。人类学家萨丕尔将时尚诠释为"以告别习俗为伪装的习俗"②。显然,依照他的理解,时尚的本性是"伪装的习俗"。鲍尔德温表现出对时尚的理论困惑:"人类的身体通过各种方式(服装、化妆、首饰、装饰品、文身、刺痕,等等)表达了文化认同和社会参与的基本层面——我们认为我们是谁以及是什么。在装饰方面的风

---

① [法]勒庞:《乌合之众——大众心理研究》,冯克利译,中央编译出版社2005年版,第18页。
② [英]鲍尔德温等:《文化研究导论》,陶东风等译,高等教育出版社2004年版,第297页。

格与喜好的变化常常被描述为'时尚',但是很难准确、通俗地定义这个词。"①如果说习俗是变化缓慢的时尚,那么,时尚则是迅捷变化的习俗。它们双方体现在时间性的差异也说明本性上的差异。诚如所论:"时尚一直被认为是对'最新'事物的反映,因此它就是所谓'时代精神'的指示器,是对当代性的生动反映。当然,时尚不是一种局限于装饰的现象。它在其他领域也广泛存在,其中包括建筑、戏剧、室内装修、文学以及自然和社会科学的理论和方法。有时时尚可以反映在生活其他方面发生的变化,如在青年人服饰和流行音乐之间的联系上。"②追逐新颖性和奇特性是时尚诞生的内在动因,也是时尚的内在本性。其二,一方面,时尚以物质方式得以呈现和以消费物象作为基础,它关联于商品与购物、器具与藏品、饰品与装修等一系列的物质形态;另一方面,时尚是依附于这些物品之上和延伸于这些物品之外的符号意象,它追求的是超越商品或物品之外的符号价值和象征意义。如一度对某些名望、头衔、身份等符号的追逐均可以构成时尚的风景线,它们成为人们追逐的热门目标,它们是作为时尚的象征品而强有力地诱惑着芸芸众生。时尚不仅仅是物质形式,而且有着鲜明的符号象征的形式,甚至它的非物质性的象征意义常常大于物质或商品的本身价值。其三,从时间性考察,时尚不仅仅是对当下性的眷注和未来性的瞻望,时尚往往表现为对过去的蓦然回首,时尚常常以怀旧的方式重复曾经的"时尚",将古老的习俗复活为新颖的时尚,时尚有时候通过修改和重新构造的方式将旧的时尚转换为新的时尚。所以,"时尚的循环"构成了自己的另一个重要特性。在这个意义上,时尚具有对时间的穿越性和对自己的嘲讽性。一方面,时尚可以穿越时间之流走向古典与未来,它以顽强的重复和稳定的循环证明自我的自主性和自由意识;另一方面,时尚的不断重复和循环恰恰走向一个"陈旧的自我"和"复古的自我",流行的不断回归也是对人类审美努力的嘲笑和时尚自身的反讽:今天最时尚的服饰可能是翻新昔日的陈旧衣衫,当下最唯美的趣味却可能是过去最乏味的审美选择。其四,时尚取

---

① [英]鲍尔德温等:《文化研究导论》,陶东风等译,高等教育出版社2004年版,第297页。

② 同上。

决于经济基础和文化势能，取决于政治权力的变迁和主流意识形态的制约。时尚和一个历史时期的经济基础密切相关，也和占统治地位的文化势能相契合。时尚无法独立于占统治地位的经济基础和上层建筑之外，它无时无刻不在它们的制约之下，政治权力和主流意识形态时刻监视和支配着时尚的变化。这就是时尚的宿命也是时尚的本性。有学者指出："时尚是阶级系统比较开放的社会所独有的重要特征，在这样的阶级系统中，社会上层人士通过穿着装束和佩带徽章——这些衣饰及徽章不是体制化的社会等级的标志，而是被看作一种时兴的和与众不同的——来作为本阶级的标志，并以此与相邻的阶级区别开来。"[1] 这适用于西方的开明社会或民主生态，而时尚被权力控制的现象比比皆是，在某种意义上，统治阶级的时尚才是这个社会最本质和最广泛的时尚。其五，时尚有一些固定的文化传统和神话思维的要素。时尚服从于它所流行地域的历史文化传统，宗教与习俗、民族与信仰等传统社会意识以及集体无意识的心理结构，客观而潜在地影响到时尚的形成与传播。例如，人类文化历史传统中的女神崇拜、英雄崇拜、祖先崇拜、帝王崇拜、宗教崇拜、图腾崇拜等心理结构都深刻地反映在时尚的流行之中，这些文化心理不断地复活在时尚追求的审美要素之中。美国女学者艾斯勒在《圣杯与剑》的著述中富有历史感地论述了女神崇拜现象："如果我们仔细考察新石器时代的艺术，那么，实实在在令人吃惊的是，这个时期艺术中的许多女神雕像被保存了下来，而许多论述宗教史的标准著作却没有阐明这个迷人的事实。正如新石器时代怀孕的女神是旧石器时代十分丰满的'维纳斯'的直接后裔一样，中世纪基督教肖像画中怀孕的玛利亚保存了同样的形象。新石器时代的年轻女神或处女的形象也仍然作为圣女玛利亚的形象受到崇拜。当然新石器时代怀抱婴儿的母亲女神的形象作为基督教的圣母和圣婴，仍然戏剧性地随处可见。"[2] 令我们惊异的不是女神崇拜的历史延续性，而是这种女神崇拜的文化传统和心理结构不断地进入到时尚的领域，在后现代的消费活动中，女神崇拜一直是稳定的时尚要素

---

[1] [英]鲍尔德温等：《文化研究导论》，陶东风等译，高等教育出版社2004年版，第298页。

[2] [美]艾斯勒：《圣杯与剑》，程志民译，社会科学文献出版社2009年版，第37—38页。

和吸引消费者的常胜法宝。其六，在国际交往活动中，由于政治力量的对比和科技、经济实力的差距以及话语权的不均等因素，时尚表现为趋炎附势的从属性和自我压抑的谦卑感。客观地说，在当今历史语境，国际时尚由经济文化强势的欧美大国所主导，其他弱势国家的民众往往以追逐强势国家的流行时尚为荣耀。显然，这是历史的悲哀和灰色的时尚戏剧。这也客观地说明，为什么时尚总是消解个体的想象力和审美活力，压抑天才的灵感和悟性，这就是时尚的悲剧与宿命，也是时尚本质的局限性。所以，时尚在本性上，有着与生俱来的盲从色彩和丧失自我的非主体性意识。

在美学意义上，时尚是一种社会性的审美风潮。在表现方式上，时尚是由少数阶层引领最终形成大众模仿的美学潮流，但这种潮流必然以对商品的消费为结果。在消费社会中，一方面，时尚构成了消费的本性，前者是逻辑前提；另一方面，消费推动了时尚的本性，后者是必然结果。它们之间形成彼此互动和辩证联结的本质。在表现特征上，时尚总是阶段性的，有其萌芽、发展、高潮、衰败的时序，一种时尚终结和死亡，随之另一种新时尚粉墨登场。然而，时尚蕴藏着巨大的循环势能，古老的或旧的时尚不断地被复活和被修改与重构，依然散发着巨大的摄人心魂的魔力。

在后现代社会，都市与时尚达到前所未有的密切程度，换言之，都市成为时尚神话的生产地、传播地和消费场所。显然，都市是一个制造时尚和引领时尚的巨大剧场。时尚包括服装、饰品、家居、装饰、饮食、美容、健身、旅游等无所不在的模仿性潮流。时尚作为一种被推演和被不断增生的符号形式，无时不在地影响公众的价值观和审美意识，构成了都市中最普遍和最外显的神话。波德里亚认为：

> 时尚表现的是符号已经达到的阶段，它等同于浮动货币的瞬间运动平衡。所有文化，所有符号系统都来此相互交换，相互组合，相互感染，建立短暂的平衡，它们的机制在瓦解，它们的意义不在任何地方。在符号秩序中，时尚是纯粹的思辨阶段——没有任何一致性和参照性的约束，不比浮动货币中的固定平价或黄金可兑换性的约束更多——对时尚而言（也许很快对经济而言也一样），这种不

确定性意味着循环和反复特有的维度，而（符号或生产的）确定性则意味着一种连续的线性秩序。这样，经济的命运就在时尚的形式中显出了轮廓，时尚在普遍替换的道路上远远走在货币和经济之前。①

时尚在本质上在永不停歇地制造符号效应和引导着货币和经济的动向，左右着世俗社会的审美意识和不断浮动的趣味标准。罗兰·巴特认为："流行是至高无上的，其符号是武断随意的。因此，它必须把符号转变为一种自然事实，或理性法则：含蓄意指不是无端。"② 时尚寻找自我的合理性存在，它证明自我符合"理性法则"，然而这一理性法则就是神话的运作逻辑，以虚假的合理性掩盖了自身的变化特点。"时尚清楚地陈述变化的神话——它使这种神话作为最高价值存在于最日常的方面，同时它也陈述变化的结构规律：因为这种变化是由模式和区分性对立的游戏构成的，即由一种在任何方向都可与传统代码相匹敌的秩序构成的。"③ "时尚与政治经济学是同时代的，它像市场一样，是一种普遍形式。所有符号都来到时尚中相互交换，如同所有产品都来到市场上发挥等价作用。时尚是惟一可以普遍化的符号系统，所以它重新控制其他一切系统，如同市场排除其他一切交换形式。"④ 时尚神话在本质上也就是符号神话，一小部分人制造时尚符号，以不同方式和媒介证明这些符号存在的前卫性和合理性，将之作为当下的审美标准和价值象征。符号是可变的，而时尚却是不变的。时尚寄生在符号的躯体上存活，符号借助于时尚而得以如流星般的瞬间风光。

第三节　时尚之势能

波德里亚对时尚的势能有着自己精湛而独到的理解："时尚确定了被

---

① ［法］波德里亚：《象征交换与死亡》，车槿山译，译林出版社2006年版，第134页。
② ［法］罗兰·巴特：《流行体系》，敖军译，上海人民出版社2011年版，第242页。
③ ［法］波德里亚：《象征交换与死亡》，车槿山译，译林出版社2006年版，第129页。
④ 同上书，第133页。

人爱恋的商品希望的崇拜的方式。格朗德维埃扩大了时尚对日用品的左右能力,就像他把时尚的统治延伸到宇宙一样。他以穷其本源的精神揭示了时尚的本质。时尚是与有生命力的东西相对立的。它将有生命的躯体出卖给无机世界。与有生命的躯体相关联,它代表尸体的权利。屈服于无生命的性诱惑和恋物欲是时髦的核心之所在。恋物欲对商品的崇拜起了推波助澜的作用。"[1] 波德里亚将商品看作"虚幻的对象,当作呈现魔术一样诱惑力的花神和色魔"[2]。他对于时尚的分析也有助于我们理解消费神话的运作逻辑和商品崇拜的美学秘密。

> 时尚和语言一样,一开始针对的就是社会性(从对立面看,处于挑衅性孤独的花花公子就是证据)。但时尚和语言不同,语言针对的是意义,而且屈从于意义,时尚针对的戏剧社会性,而且对自身感到满意。因此,它对每一人而言都成为具有强烈意义的场所——自身形象的某种欲望之镜。时尚和追求交流的语言相反,它玩弄交流,把交流变成一种无信息的意指,一种无目的的赌注。由此产生了一种与美丑毫无关系的美学快乐。[3]

所谓的"时尚"其隐藏的秘密就是大众随波逐流的商品崇拜情结和这一崇拜情结依附与寄托在一小部分人物身上的心理投影,时尚是一种被制造的顺从哲学和奴役社会学。然而,一旦时尚成为潮流,它就具有客观的和巨大的势能,能够裹挟审美意识和修改审美标准,成为短暂的价值风向标。时尚神话以商品神话和商品崇拜为轴心,但是,它又不简单地等同于商品神话和商品崇拜,时尚神话以某些商品作为召唤物和崇拜中心,但是它更多依附着公众的心理因素和裹挟着民间社会的审美趣味。显然,时尚神话更多呈现无理性和无目的性,感性经验成为时尚的宰制和操纵力量,时尚神话具有某种审美自由和解放禁锢的精神特

---

[1] [德]瓦尔特·本雅明:《发达资本主义时代的抒情诗人》,张旭东、魏文生译,生活·读书·新知三联书店1989年版,第185—186页。
[2] Baudrillard, J., *Lesysème des objects*. Paris: Gallimard 1968, p. 7.
[3] [法]波德里亚:《象征交换与死亡》,车槿山译,译林出版社2006年版,第137页。

性，然而，在时尚潮流的冲击之中，常常淹没了审美个性，消解了美感的独立性，从而成为单一性、同一性、服从性的狂欢殿堂，上演的是没有差异、没有灵魂的模仿和抄袭的赝品戏剧。值得注意的是，有些跨国别的时尚可以称之为国际时尚。然而，我们必须注意到，国际性的时尚包含着深度的文化霸权，闪烁着后殖民主义的美学魔影。显然，只有那些拥有文化话语权和文化殖民主义势能的国家才有权力和可能制造国际化或世界性的时尚，而追随着这种国际时尚的也只能是那些被文化殖民或文化心理被奴役的第三世界国家或不发达地域。从这个意义说，国际时尚是一种国际性的时尚神话，这一神话深度体现出在跨越国际的审美活动中的文化非对称性和非平等性。如此而已，我们也就合乎逻辑地可以解释为什么国际时尚符号和国际知名奢侈品总是一种潜在的和强力的符号，因为它们作为一种审美崇拜的象征品，成为文化殖民和心理臣服的重要道具，时尚的背后潜藏着文化的话语霸权和意识形态的暗流。从总体上，所有的时尚都是部分大众的虚荣情结的流露，它提供一个虚假意识的狂欢广场，它是无限地短暂生成又短暂灭绝而不断循环的审美浪潮，它是人类审美幻象不断演变的舞台，它的意义不断生成又不断消失，然而，只要存在消费社会，只要有商品神话的身影，那么，时尚神话就不可能消失。时尚是人类历史和文化的一道永远变化又永恒存在的风景。

以下，我们以服饰时尚和服饰神话为要素，探讨时尚所呈现的潜在势能。

服饰有几个密切关联的结构：流行时尚、时装杂志、时装广告和时装表演，它们形成一个神话结构的有机共同体。

流行时尚是由多种合力造成的美学效应，是一种没有什么理由而激发的审美风潮却成为广泛仿效的审美理由。实质上，它是人类模仿性本能和趋同心理的共同作用的逻辑结果，也充分说明大部分群体是一些没有审美自主性而跟随风潮的盲从者，和在动荡的社会历史中那些追随"革命"的群众如出一辙。然而，流行时尚成为后现代消费社会的奢华景观，已经形成集体无意识的强大势能，无时不在地影响着人们的商品选择。有人感叹："时尚是我们无法拒绝的一个词，赶时髦似乎是人所共有的心理倾向。人们追逐时尚，不光是被时尚的新奇华丽所诱惑，同时也带有一种小心翼翼地追求社会认同的渴望。""媒体和时尚总是珠联璧合的，媒体策划时尚、制造时尚又强化时尚。"① 这就是消费社会的美学策略和商业计谋的亲密联袂，它们无时不在制造着时尚神话和服饰神话，制造着这个被欲望逻辑所支配的审美心理。

时装杂志是服饰神话最有力的生产商和推波助澜者，它以精美的图片和充满诱惑力的话语以鱼水相欢造成相得益彰的审美感性，冲击接受者的视觉和审美心理，成为后现代人们尤其是女性们的精神安慰剂，成为她们日常生活中不可缺少的情感伴侣。和男人相比，女人更容易沉醉于服饰神话的陷阱，因为女人更容易被欲望逻辑所征服，她们是先天的感性与诗意的生物，先天的是为服饰而降临人生的天使，也是为服饰而生而活而死的美丽动物。女人是时装杂志的最大买家和阅读者，她们以拥有多种流行的时装杂志为荣。《瑞丽》、《上海服饰》、《ELLE 世界时装之苑》、《HOW》、《时尚》、《现代服装》、《魅力》、《VOGUE》、《服饰与美容》、《BEAUTY》、《娇点》、《时装》、《COSMOPOLITAN》、《L'OFFICIEL》、《COSMO》等，它们成为女人的案头、办公桌或卧室的不可缺少的摆设。网络时代的来临也相应催生了众多的时装网站，它们和时装杂志等传媒共同制造了服饰神话，并且推动服饰时尚的潮流。罗兰·巴特"列出时装杂志所惯用的所有的韵律游戏：写在书本上，穿在沙滩旁；六套服装不穿白不穿，穿了也白穿；你的脸——亲切，高洁，和谐。然后是某些接近于对句或谚语表达的习惯用语（小发带使它看起来像手工制品）。最后是并列结构的所有表达方式。例如，快速无序地连续使用动词（她喜欢……她羡慕……她穿）及语义单元，在这里是独创性的语义单元（巴斯卡、莫扎特、酷爵士乐），作为品味多样、个性丰富的符号。当超越这些严格的文化体现象，而成为世事所指的问题时，简单的选择就足以建立一个含蓄意指的能指：傍晚时分，在乡下，秋日的周末，长时间的散步（这个表述仅仅由平常单元组成），这句话就是在通过简单情境的并列（术语层），指向一个特定的'心境'，指向一个复杂的社会和情感世界（修辞层）。这种组合现象本身就是修辞能指的一种主

---

① 王蕾、代小琳：《霓裳神话——媒体服饰话语研究》，中央编译出版社 2004 年版，第 119—120 页。

要方式，由于流行表述所涉及的单元是从一个符码产生的，所以，它尤为活跃"①。罗兰·巴特以精湛深刻的符号学分析，揭示了时装杂志依赖于话语方式和文学修辞的手段达到服饰神话建构的美学隐秘。显然，这一服饰是巴特所指的"书写服装"，服装被文字或文学化的书写过程也是服饰神话的生成过程。

时装广告是消费社会中绝对不能缺席的文化美食。广告本身潜藏着神话的元素，它和神话有着本质的类似。因为它们都是对现象界的虚假超越，依附着超越对象而客观存在的虚假意义。广告一方面暗藏着人类浮夸和修饰的本性，包含着人类欺骗和做作的卑微性动机，带着强烈的功利主义目的和货币拜物教的导向，呈现出强烈的物崇拜的特性；另一方面广告具有美化人生和使平庸的生活世界理想化的安慰功能，一定程度上引导和鼓动消费群体，成为市场经济的平衡板和润滑剂。时装广告以图像、音乐、文字、实物等要素交叉、组合等方式构成强力的视觉、听觉、触觉共同作用的冲击力，从而打动欣赏者的审美心理，引发消费欲望和购买冲动。服饰广告借助于新媒体的作用，焕发出更为强大诱惑力和感染力，使之滋生更为鲜明的神话意象。

时装表演也是时装广告的一种独特方式，它以人的身体为意义载体和感性符号，辅佐以图像和音乐的背景、以艺术化和游戏化相互渗透的表演活动创造鲜活的神话化戏剧。时装表演将人的肉体与服饰实行有意味的艺术融合，借助于美感和快乐的统一、审美活动与欲望冲动相契合从而达到超越现实生活的想象力满足，由此将欲望逻辑和审美法则实现暂时性和解，给欣赏者以摆脱平庸生活的碎片式安慰。正如波德里亚的睿智之见：

> 就像色情是在符号之中而从不在欲望之中一样，时装模特的功用性美丽是在于"线条"之中而从不在表达之中。它尤其意味着表达的缺场。长相不规则或丑陋的或许还能凸现一种意义：她们都被排除在外了。因为美丽完全在于抽象之中，在于空无之中，在于陶醉之缺场及陶醉之中。这种对物质的忽视至少被概括在目光中。那

---

① ［法］罗兰·巴特：《流行体系》，敖军译，上海人民出版社2011年版，第211页。

些迷人的/着迷的眼睛，深不可测，那目中无物的目光——那既是欲望的过分含义也是欲望的完全缺场——在他们空洞的勃起中、在对他们审查的赞美中，是美丽的。它们的功用性就在于此。美杜莎的眼睛、呆住了的眼睛、纯洁的符号。就这样，沿着这被揭去衣服的、受到赞美的身体的，在那些因为时尚而不是因为快感而发黑的惊艳了的眼睛中的，就是身体本来的意义，是在一个催眠过程中被取消了身体的真相。就是在这一范围中，身体，尤其是女性的身体，特别是时装模特这种绝对范例的身体，构成了与其他功用性无性物品同质的、作为广告载体的物品。[1]

时装模特和时装表演形成了和谐的协奏曲，抚慰欣赏者和消费者期待的审美心理，它们仿佛是精心调制的混合饮料，是以美丽、色情、性感、商品、符号、象征等多种元素组合的神话意象和审美意象，具有强大征服心灵的力量，也是诱惑消费欲望的召唤性力量。"时装模特的身体也不是欲望的客体，而是功用性客体、是混杂着时尚符号和色情符号的论坛。它再也不是姿态的综合，即使时尚摄影展示了其通过一种模拟程式重新创造自发手势和自然动作的艺术，它也不是本来意义上的身体，而是一个形式。"[2] 时装模特和时装表演所展示的身体，它们已经不是本来意义上的身体，而是一个新质的审美形式，确切地说，是一个"神话的形式"，是以广告、服饰、身体、容貌、表演、音乐、影像等综合因素所生成的充满生命活力的神话文本。

值得我们关注的另一个现象是，服饰只有在流行中才能获得美感和市场的最大价值，同样服饰神话也只有在流行中才使自身的意义获得不断地增值和丰富。换言之，没有流行就没有时尚，没有流行就没有后现代意义的服饰文化，没有流行就丧失了消费的活力。就服饰而言，没有流行就没有市场，这也就意味着没有神话生长的田野。罗兰·巴特指出：

---

[1] [法]波德里亚：《消费社会》，刘成富译，南京大学出版社2008年版，第126页。
[2] 同上。

因为流行是一种模仿现象,言语自然也就担负起说教的功能:流行文本以貌似权威的口吻说话,仿佛它能透视我们所能看到的外观形式,透过其杂乱无章或者残缺不全的外表而洞悉一切。因此,它形成了拨云见日的技巧,从而使人们在世俗的形式下,重新找到预言文本的神圣光环。尤其是流行的知识不是毫无回报的,那些不屑于此的人会受到惩罚——背上老土（démodé）的垢名。知识之所以有如此的功能,不过是因为它赖以存在的语言自我建构了一种抽象体系。并不是流行语言把服装概念化了,正好相反的是,在大多数情况下,它勾勒服装的方式比摄影还要具体,姿态中所有琐碎细微的标记（notation）,它都竭力再现（嵌着一朵玫瑰）。但由于它只允许考虑不太过分的概念（白色、柔韧、丝般柔滑）,而不在乎物形完整的物体。语言凭借它的抽象性,孤立出某些函数（functions）（在该术语的数学意义上）,它赋予服装一种函数对立的体系（例如,奇幻的/古典的）,而真实的或者照片上的服装则无法以清晰的方式表现这一对立。①

罗兰·巴特在这里凸显了"书写服装"的巨大的魔法功能:它在服饰流行中扮演着重要角色,它既是制造流行的强大推动力,也是引导流行的美学导师和艺术批评家。有学者指出:"时尚风向标年年流转,如今停留在'性感'这一惹眼的词上。在强调'身体体验'和'人性占先'的语境下,'性感'很坦然地成为时尚的主角。"② "很多化妆品如香水广告,还有一些服装如名牌时装常常采用性感模特暴露的手法。这样做不仅仅是吸引眼球,更重要的是一种结合现代情调的品牌理念。'性感'已成为此类广告中普遍运用的手段,它无非是想告诉消费者:用我们的产品就会变得更性感,用我们的产品就会吸引漂亮的异性与你为伴,用我们的产品,男人就会变成吸引美女的磁石,女人就会变成吸引男人的磁石。……以'性'为隐喻的广告诉求,是服饰广告常用的手法。女性不

---

① ［法］罗兰·巴特:《流行体系》,敖军译,上海人民出版社2011年版,第12页。
② 王蕾、代小琳:《霓裳神话——媒体服饰话语研究》,中央编译出版社2004年版,第120页。

时沦为服饰广告中的性物（sex object）。服饰媒体不但将女性物化，一再强调女体的交换价值，更借用男性眼光中的完美、性感的女性身材，建构令消费者钦羡的情境。于是女性地位在无形之中被贬抑，而女性的主体性亦被剥夺。所以，身体对女人而言是最重要的，其他的一切似乎是无关紧要。"① 其实，我们并未感觉到女性地位被贬损的事实，其主体性更没有被剥夺，而她们凭借优美的身体和充满诱惑力的色情符号，创造了她们的价值与意义，成功地获得了市场的欢迎和男性世界的认同。对于女性而言，她们借助流行文化中的色情与性获得了精神价值和经济地位的证明，从而建立了当代语境中的女性神话的多重意义。

西美尔指出："时尚的魅力还在于，无论通过时尚因素的夸大，还是丢弃，在这些原来就有的细微差别内，时尚具有不断生产的可能性。"② 时尚的力量是永恒的力量和超越历史与空间的力量，因为它寄寓着人类的终极追求：消费欲望和美感，自我被社会承认的符号力量，以及吸引异性的力量和爱的力量。

---

① 王蕾、代小琳：《霓裳神话——媒体服饰话语研究》，中央编译出版社2004年版，第40—42页。
② ［德］西美尔：《时尚的哲学》，费勇、吴蓉译，文化艺术出版社2001年版，第93页。

第六编　理性范畴

第十六章

审美崇拜

第一节 人类自我崇拜

柏拉图的"洞穴之影"和庄子的"游鱼之乐",隐喻着人类古老的审美神话。它们象征着人类的自我精神对一种不确定的理想化生存状态的期待。审美既是人类对"可能性"生活的富有想象力和诗性智慧的渴望形式,也是主体对于现实性事物的理性化的怀疑和诗意化的否定。这两个富有象征意味的东西方的哲学寓言,表征了人类一种趋同的生存意志和文化心理——审美崇拜。

审美崇拜,它一方面开启精神存在对自我的怀疑和反思:我为何?我之意义为何?我为何存在于这个世界?我如何存在于生命时间?另一方面,凸显心灵世界对自我的迷醉,它表现为人类的"自恋情结"向着自我创造的符号化的文化产品——"艺术文本"所转移的结果。审美崇拜是人类精神的两面神:一方面,引导心灵走向无限可能性的审美空间,敞开人类丰富的自由本质;另一方面,诱惑心灵界沉湎在有限现实性的功利时间,消弭精神本体的怀疑性和否定性,使审美体验的超越性让渡给理性的逻辑偏见和本能的欲念选择。这样就导致一个精神活动的消极结果:囿于现实性所限,审美活动较多受累于知识、道德、功利、欲望、理性等历时性因素,使精神存在本来极具诗意想象力的无限可能性衰变为逻辑分析力的有限现实性。共时性的超历史的精神之"虚无"本质被遮蔽在一个合功利目的的"实践性"的历时性时间,逻辑生成了审美活动的平面化倾向,也造成艺术评价的媚俗。所以,审美崇拜是一个被以往美学所漠视的论题。

在文化哲学意义上，语言、神话、艺术的起源与发展才使人作为一个较为完善的精神主体获得独立性，特别是后者，它成为人类的物质界、社会界、精神界三种欲望的满足全部情感的补偿。艺术已经和人类形成不可分割的亲和力和情感同构，成为人类的第二自我和钟情对象。因此，我们将人类对艺术这种难舍难分的依恋情感称之为"艺术情结"。人类和艺术的亲密关系所造成的"艺术情结"，体现人类对自我的"自恋情结"，因为艺术只不过是人类自我的虚拟化的存在，是精神世界的变形和幻像。审美崇拜将美学与艺术理论导向解释艺术文本和进行审美判断的迷途。因此，审美崇拜，它是一个传统美学和艺术理论所未论及的富有矛盾的二重性或二律背反的问题：一方面它有助于接受者对艺术文本的欣赏与阐释，因为这种审美崇拜形成主体心理的期待结构和期待视野；另一方面，它容易导致审美主体因内在的崇拜情绪而对艺术品进行主观偏爱的审美判断，使艺术价值湮没在艺术崇拜的心理误区。其次，审美崇拜既是欣赏的起始原因，又是欣赏的终极结果，它既是艺术接受者的心理的先定结构，又与艺术欣赏密切相关，牵涉到对艺术文本的评断。

审美崇拜的起始原因是人类先天的自我崇拜意识。人对于自我本体或自我本质的崇拜意识往往转移到审美活动过程，表现为这样一个精神逻辑：审美崇拜源于人对自我的崇拜，自我崇拜是审美崇拜的逻辑起点和生成动因。精神存在对自我本体的关注是一切知识探究的最高命题，也是对哲学"真理"意义的反思，因为在怀疑论看来，"真理"也是可疑的存在，它是主体存在的假定和人类自恋情结的果实。同样，人类的自我崇拜，也是对超越一切之上的对虚无（美）的诗意渴望。所以，自我崇拜属于人类最深层的文化机能，也是心理结构中最本真的想象活动。因此，我们内在地将哲学与美学作为一体化的逻辑构成，也相应地使思辨与想象、理智与直觉这两种不同的心理功能有机地和解到精神的自我反思的纯粹意识之中。

首先，文化崇拜。卡西尔的文化哲学或哲学人类学将人定义为"符号的动物"（Animal symblicum）。认为所有的文化形式都是符号形式。在方法论上，他遵从"统一性"原则，将文化本质与人本质密切结合起来考察。在这个理论意义上，可以引申出人是文化或创造文化的动物这样一个派生的结论。人一方面适应前代所沉积的文化模式的习俗和氛围，被打上"前文化"的印记；另一方面创造新的文化产品并形成新的文化心理结构，创造"后文化"的果实。在文化这种双向的历史流程中，人们面对符号化的文化世界，最初的联想或感悟应该是向自身本质的一种理性的反思和情感的回归。存在者要在广泛的文化现象中直观自我，找到自我的本质和创造性本能。这种有时近乎无意识的心理张力隐藏在我们对许多古代艺术品尤其是远古艺术品或原始时期文物的知性解释和情感观照方面。一些远古时期的石器、岩画、陶器、青铜器、骨器等文物，在某种程度上还不能算得上是严格意义的"艺术品"，但众多的艺术理论家、美学家、考古学家、历史学家、人类学家、哲学家们予以主观臆断性的夸饰溢美的品评、描述，所作的审美判断都不同程度受到深层的文化崇拜意识的驱使。与其说是对于远古历史的依恋和对古代文化的酷爱的心理折射，倒不如说是人类对于自我本质和创造精神的直觉赞赏的情感外露。人们倾向于将远古艺术予以较高的价值判断和审美认同，重要原因之一是根植于人类文化心理结构之中的自我崇拜而引发的文化崇拜，而这种文化崇拜又内在规定了审美崇拜和艺术崇拜。因此，则不难发现与理解为什么一些稚拙单纯缺少丰富意蕴的远古艺术而被赋予与其不相适应的审美评价。人类对于远古艺术的心理偏爱构成了审美崇拜的误区之一。人类在所创造的符号化的文化世界产生了一种自我观照的惊奇感和崇敬感，应验了柏拉图的"洞穴之影"的比喻。主观偏见太强的人类对自我创造的文化现象的崇拜意识，容易模糊审美评价的尺度，也使得美学理论、艺术概念的种种规定性陷入人云亦云的混乱困境。因此，只有走出这种文化崇拜的迷津，才可能建立相对客观的艺术评价标准和进行较切合客观事实的审美判断。

在上述理论意义的启示下，获得了这样的思维转向：人类自我的精神崇拜只有摆脱具体的文化果实的现实限定性，才可能获得回归自身的保证，也只有存在主体时时处在对自我的怀疑和否定的精神内省过程，它才有可能获得一种诗性的智慧，达到无限可能性的虚无状态，寻求到心灵的自给自足和自我提问与回答的完满形式。只有顺承这种主观逻辑的规定性，自我崇拜才获得超文化的特权，使审美达到共时性的纯粹精神内省的可能，驱动艺术崇拜接近人类精神的神话假定：理想的和完满的自我实现，心灵界达到最高的悬浮状态——虚无，即人类心灵的诗意的生存方式，谋求到对于一切现实性和文化现象的否定和超越的能力。

其次，历史崇拜。黑格尔的哲学功绩之一是将人类的历史描述为一个合乎规律的辩证发展过程，但侧重点是放置在绝对精神和抽象理念的发展方面。马克思主义的历史观吸取了黑格尔历史观的合理内核，将唯物主义引入历史科学，把历史看作自然历史过程，强调了经济基础、物质生产资料的生产方式对历史的主要的和终极的作用，也不排斥人类以往的历史文化对于现实世界的间接作用。在他们的思想深处都聚集着对于历史的崇拜情结。历史和历史学或历史哲学都是人类文化的组成部分。卡西尔说："历史学与诗歌乃是我们认识自我的一种研究方法，是建筑我们人类世界的一个必不可少的工具。"① 克罗齐则认为：

> 历史不是形式，只是内容：就其为形式而言，它只是直觉品或审美的事实。历史不推寻法则，也不形成概念；它不用归纳，也不用演绎，它只管叙述，不管推证；它不建立一些共相和抽象品，只安排一些直觉品。"这个"和"这里"，全然有确定性的个体，才是历史的领域，正如它是艺术的领域。所以历史是包涵在艺术那个普遍概念里面的。②

人类是历史之母的产儿，他无法超越历史限定和文化背景，人类就其现实性来说，无论是作为个体或作为群体都被制约在一个相对有限的时间段中生活。人类创造历史而历史又反转过来影响人类的生存方式，人类主体精神在不断地审视历史和检索历史，在历史的轨迹上寻找对自我的认识，试图透过纷繁的历史表象揭示它内在的隐秘，为自己未来的世界提供一种理想的准则和合理的模式。历史是包容整个人类文化的精神与物质的统一体，人对于自我的崇拜则自然地演变为对历史的崇拜，这种崇拜意识又贯注在人类的历史学和历史概念中，而它们又必然地牵涉到审美和艺术的领域，相应派生出审美崇拜和艺术崇拜。

---

① [德] 卡西尔：《人论》，甘阳译，上海译文出版社1985年版，第262页。
② [意] 克罗齐：《美学原理·美学纲要》，朱光潜译，外国文学出版社1983年版，第34页。

人类对历史的描述与研究一方面是对过去的求真回忆，另一方面是对过去的求美复活。它追寻已逝去的人类精神力量的伟大和伦理意志的完善，即使面对的是一幅幅悲惨哀伤、痛苦灰暗的历史画卷，人类从中获得的也是肯定性的理性与情感的双重快慰而非否定性的精神失落。从祖先或自己开创的历史田原中感受到心理愉悦与补偿，发现的是人类的物质生活与实践活动所达到的一种伟大的境界。在这种文化哲学角度，培根所断言的"历史涉及记忆，诗涉及想象，哲学涉及理智"① 这种狭义的逻辑界定就显得不合适了。

　　历史或历史哲学包容了记忆、想象、理智、直觉以及人类其他的认知能力。艺术崇拜是历史崇拜的副产品，人类崇拜历史的遗址、历史的文物等物质负载，进而扩大到崇拜与历史有关的艺术品（在一定意义上任何艺术品都属于历史的范畴），调动自己所有的感觉和认知能力去考察历史与阐释历史、鉴赏文物和艺术品，人们在情感深处的价值取向即历史崇拜往往不自觉地将那些与历史现象纠连不分或密切相关的审美现象（包括艺术文本），抬举到至尊的地位。不能否认历史价值对于艺术价值的构成作用，但是必须指出的是，一些本来艺术价值并非完善的艺术品因与某些历史事件的瓜葛而身价倍增，它们作为文物的价值可以肯定，但是作为艺术品的价值却是大可献疑的或至少是有限的。人类对于自我崇拜的具体方式之一——历史崇拜又渗透到审美活动中，构成审美崇拜。它的功能与结果可能是双重的：一方面有助于审美活动的丰富性，另一方面又招致审美活动的现实限定性和功利目的性。因此，审美只有有限度地超越历史境域的限定，放弃实践意志的目的性追求，才使精神的诗意生存方式得以可能，才能使美回归精神的家园并领悟到人类心灵自慰自恋的满足。

　　最后，理性崇拜。古希腊哲学家说人是万物的尺度。人是理性的动物和最高的精神本体和物质存在，哈姆雷特的一句台词"宇宙的精华，万物的灵长"也许是对人之本质最饱含诗意的说明。如果说人的问题即认识自我的哲学探究是一切知识的最高目标和阿基米德点，那么，理性问题即人类精神现象学则是人的本质的基质和生命之光。人类的文明程

---

① 参见朱光潜《西方美学史》上卷，人民文学出版社 1979 年版，第 203 页。

度与他的理性程度成正比关系。理性是人类的精神尺度和本质特征，构成人之为人而有别于动物界的重要特质。理性是人类的骄傲和财富，中西古代思想家无不崇尚理性，将之置放在最至尊的地位。人类对自我的崇拜深深根植于对理性的崇拜方面。理性是人类认知世界、实践意志活动、观照自我、组织社会结构等起始驱动力和最终决定因素，因此说人类的自我崇拜以理性崇拜为主要内容。尽管近现代不乏非理性思潮的强烈摇撼，然而，非理性现象隐藏深层的对于理性的召唤与复归心态。非理性现象有趣之点是，几乎每一位高扬非理性思想之帜的思想家都是一个理性主义者，他们的思想和学说往往以高度理性的思维方式呈现。

人类的理性崇拜一直决定着自己的思维方式、行为准则、伦理观念、价值判断。理性崇拜衍化在艺术崇拜方面，表现为人以理性的法则去进行审美判断和审美选择，以理性尺度去衡量品评艺术。无论从艺术创造或艺术接受来看，理性崇拜形成了对艺术价值的影响和调节机制。无论是西方17世纪新古典主义还是现代派艺术标举的反理性主义大旗，均是理性崇拜的不同方式。后者以否定的反叛面目出现而骨子里却痛苦理性失落，期待一种新型的更完善的理性存在来改变现存的无理性的现实界。非理性哲学本身就潜藏着高度理性的逻辑思维，它的否定性属于对更高思想梯度的肯定。在现代派艺术"满纸荒唐言"中，可以窥探出深层的理性意识和理性崇拜。

古希腊和中国先秦的理性精神一直是东西方艺术的核心构成和终极目标，既是艺术的起点又是艺术的终点。强烈的理性崇拜意识灌注到艺术创作与欣赏即导致对艺术的理性崇拜，人们由崇拜理性转向到崇拜理性的一个现实目标和对象——艺术，人类从自己创造的艺术中观照到理性的辉煌和尊贵，感到艺术是对象化了的理性世界。他迷醉、尊崇这一自我创造的世界，这是近乎完善和理想化了的精神本体。人类在艺术活动中最大限度地知觉和想象到理性的扩张和复活。当然，必须遗憾地指出，自我精神的理性崇拜妨碍了人们对于艺术价值的客观评价，理性的无限膨胀导致以理性价值涵盖艺术价值。所以，对于一些艺术作品的理性崇拜使一些审美价值有限的艺术对象居于不太恰当的位置，构成一个苦恼的矛盾与背反。就更宽泛的逻辑范围而言，理性崇拜容易引导审美崇拜走向一个狭窄的缺乏诗性的精神领域，排斥潜意识深层的直觉领悟和幻觉内省的心理功能,将美这个无限可能性的精神自我局限在有限理智的现实性层面上,简化为一种概念化的理性的逻辑形式。

第二节 祖先崇拜

在人类文化心理结构中始终为祖先崇拜留有一块永久的区域。祖先崇拜与宗教崇拜有着不同的性质但又有相近的成分。前者具有世俗的实证性而后者具有脱世的虚幻性。但一旦所崇拜的祖先被赋予超自然和超人类的神秘力量时,在观念上祖先就和宗教神达到相同的思维规定性,祖先崇拜就与宗教崇拜具有等值的意义。祖先崇拜是人类精神现象中最深层的意识之一,属于一种稳定的文化存在模式。它是人类在先验与后验两种形态上跨越历史时间形式的对自我精神的确证和自恋,构成一种深层的家园意识和归属情感。在文化哲学意义上,祖先崇拜为人类的审美崇拜奠定了一个文化心理的逻辑前提,构成精神需要的潜在内容。

首先,图腾崇拜。祖先崇拜最原始的样式是图腾崇拜。先民用某种自然物、植物或动物为符号和标志,对象征一个氏族团体或一个民族整体的同一血统上的祖先加以崇拜,祈求福佑和避免灾难。摩尔根的《古代社会》,弗雷泽的《金枝》,列维-布留尔的《原始思维》,列维-斯特劳斯的《野性的思维》等文化人类学、神话学著作都有详细精湛的描述和研究。这种图腾崇拜,一方面具有原始宗教或自然宗教的神秘色彩,在思维形式上带有原始思维或前逻辑思维(Frélogique)特点,显现着某一氏族或民族的"集体表象";另一方面它又有意志实践和经济功利的目的意义,在思维方式上则显现一定的理性精神。

从大量的文化人类学资料来考察,图腾对象无论是动植物或其他物质形式,都被某一氏族或民族供奉为祖先,在他们的观念里,这些被图腾崇拜的对象,与神灵或上帝具有相等的威力和神秘性。祖先与至尊神在图腾崇拜仪式中已不能作出明确的划分,很难区别他们对于某一氏族团体有什么不同。远古先民认为图腾对象是他们某个氏族的共同祖先,因此它又具有不可动摇的血缘意义。"氏族的成员和图腾之间存在着……神秘的血缘。这是一个根深蒂固的观念,它显然具有基本的意义。他们不止一次地深信不疑地对我们说:'奥古德(Augud)(图腾)就是亲族,它属于同一个家族。'"① 图腾即是一种以某一氏族共同体为前提的祖先崇拜方式之一，在文化哲学意义上，它带有原始宗教和原始思维的性质，在种种文化场合又与巫术、祭祀仪式纠合在一起，升格为艺术形式，并且包含神话的意义和功能。如龙文化、鱼文化、鸟文化等无不从图腾崇拜推演而来，尔后进一步的精致化的艺术创造又使它们具有艺术特征。如中原氏族崇拜的龙，荆楚氏族崇拜的鸟，半坡氏族崇拜的鱼等。它们既作为对祖先的图腾崇拜又作为艺术化的艺术崇拜对象。

起始于图腾崇拜的审美崇拜，往往将一些图腾性的艺术品高扬到令人惊叹的地步。如龙文化或龙艺术即是这般情况。据考证，龙的原型只不过是一种普通的生物——蛇。这种动物从功利角度看，它在远古对人并无益处，可能出于某种原因被选择为图腾对象以至逐渐控制了以它为图腾的氏族的心理，乃至后世不断地附加种种观念、意志，便神化和艺术化为一种神秘、恐惧、伟大、崇高的观念性存在，再给它穿上想象性的组合型的感性外衣。而这个"龙"的艺术形象被历代人崇敬、朝拜、赞叹、神迷，认为是较高形态的审美艺术品，以致形成一种无意识的崇拜情感。这种龙文化或龙艺术的崇拜是典型的图腾崇拜的直接结果，最终的思想渊源是祖先崇拜。由这种崇拜引发"集体表象"互渗和"集体无意识"的心理功能，这种崇拜所操纵的审美价值评价则局限在某一氏族、民族的文化圈内而缺乏普遍效应。因此，这种个别氏族的艺术崇拜不能当作考察整个艺术世界的"合理"的标尺。我们从另外一种视角来看，不存在任何一种普遍有效的艺术准则和评价尺度。所以，由于人类潜意识深处的祖先崇拜情结，必然使任何的艺术判断都是个别化的心灵行为。

其次，氏族崇拜。氏族崇拜是与图腾崇拜有密切逻辑关系的崇拜形式，图腾崇拜一般以氏族为单位进行，氏族崇拜有着与图腾崇拜相似的内容与形式，但氏族崇拜是更广义的祖先崇拜，它不一定以"图腾"这一方式来进行操作，它以氏族作为利益集团和价值核心，将氏族看作神圣的共同体，寄寓着自己的意志与信仰。氏族成为每个成员的灵魂之家，他将自我消失在氏族之中。每一个氏族成员都认为自己的氏族是天意的

---

① [法] 列维-布留尔：《原始思维》，丁由译，商务印书馆1981年版，第239页。

神圣果实，具有神秘的能力和超自然的本性，他的氏族合乎自然和神的法则，与生俱来就为统治别的氏族而存在，并且他这个氏族长生不死、循环往复。列维-布留尔、卡西尔、布列斯特、德·格鲁特等人都曾深刻论述了古人有关灵魂不灭、氏族不死、生命轮回等观念。对于本氏族的崇拜则意味对他氏族的排斥。部落之间连绵的流血战争固然以经济利益为主要原因，但这种对于本氏族的崇拜和对他氏族的贬低的原始意识也不失为原因之一。对本氏族的崇拜推广至对本氏族的一切文化创造、艺术创造的崇拜。这个氏族本位观和氏族价值观制约了氏族群体的审美意识和审美理想。[①] 例如，许多氏族有自己象征性的族徽，它与图腾有关，所不同的是这种族徽不一定单纯是某种植物、动物形象而往往是由动物、植物、人形所组合的抽象几何图案。在氏族意识里这种图案是最"有意味的形式"，也是神圣优美的艺术。族徽是他整个氏族的具体化的灵魂符号，有别于一般的审美性质而获得精神观念的丰富意蕴和种种规定性，获得了一种审美抽象和艺术抽象，一个氏族则把氏族崇拜和艺术崇拜有机交融到这个对象之上。在古人意识中，氏族崇拜决定的审美规范可能远远大于人类一般的审美规范，他们难以达到审美标准的一致性。因此，现在各民族审美理想和审美趣味的差异也可视为是上述观念的历史层递和合理的心理延续。

氏族崇拜值得注意的另一点是巫术崇拜。每一氏族几乎都有自己的巫术观念和运用方法，巫术甚至决定了他们的思维方式和行为准则，它带有最终仲裁和绝对命令的效力。对巫术的信仰也就是对氏族的信仰，这两种情感使两个方面的同一问题处于统一体中。尽管科林伍德对艺术与巫术作出匠心独运的区分，但巫术在古代毕竟和艺术有密切血缘关系，巫术有时本身就是一种综合的艺术形式。屈原的《楚辞·九歌》描绘的巫术场面，集诗、歌、舞、乐于一处，女巫执春兰秋菊，传芭代舞，美女以香草野花装束，意境迷幻优美。这种祭祀活动富有巫术与艺术的双

[①] 氏族崇拜由于其漫长的历史过程，最终演化为政治学、社会学、民族学意义上的种族歧视和地域歧视、国家歧视，进而变化为一种当代意义的"文化霸权"和"艺术霸权"。例如，西方世界的诸多文化艺术奖项和评奖操作，即在潜意识的策略上体现了如此的倾向。亨廷顿的"文明的冲突"和赛义德的"东方主义"理论可以看作这种氏族崇拜意识在现代语境下的新的复制和变形。

重特征。在先秦时代，史、祝、巫的职能互为兼司，他们作为氏族国家的重要职能官员，充当者一般经过严格的挑选，具有一定的经验、智慧、技艺，有些人本身就是哲学家、智者、史学家、艺术家。巫术表演有时也是艺术表演，既祭祀祖先和神灵、问卜和决策重大事件的内容，又以歌舞诗乐娱人，激发整个氏族团结、进取的感情和强化氏族的自我崇拜意识。所以说巫术作为初级的艺术形式是与氏族崇拜联结在一起的，而审美崇拜和艺术崇拜的源头之一即是氏族崇拜。

最后，神灵崇拜。神灵崇拜是以祖先为主要神灵对象的崇拜，它具有原始宗教的特点，与神话存在内在联系。

卡西尔认为："中国是标准的祖先崇拜的国家，在那里我们可以研究祖先崇拜的一切基本特征和一切特殊含义。然而，那产生祖先崇拜的普遍宗教动机并不依赖于特殊的文化和社会条件，在完全不同的文化环境中我们都可以发现它们。"① 他又援引德·格鲁特的观点作为佐证：

> 死者与家族联结的纽带并未中断，而且死者继续行使着他们的权威并保护着家族。他们是中国人的自然保护神，是保证中国人驱魔避邪、吉祥如意的灶君（Household—gods）……正是祖宗崇拜使家族成员从死者那里得到庇护从而财源隆盛。因此生者的财产实际上是死者的财产；固然这些财产都是留存于生者这里的，然而父权的和家长制权威的规矩就意味着，祖先乃是一个孩子所拥有的一切东西的物主……因此，我们不能不把对双亲和祖宗的崇拜看成是中国人宗教和社会生活的核心的核心。②

卡西尔和德·格鲁特的论断是否完全正确暂且不论，但他们认为祖先崇拜作为文化动机具有普遍性这一看法不无道理。中国也确如他们所论是属于那些具有较多祖先崇拜意识的国家。"敬天地，事鬼神，奉祖先"的文化极富继承性。孔子不语"怪、力、乱、神"的思维习惯也不

---

① ［德］卡西尔：《人论》，甘阳译，上海译文出版社1985年版，第109页。
② ［荷兰］德·格鲁特：《中国人的宗教》（*The Religion of the Chinese*），纽约，1910年版，第67、82页。参见［德］卡西尔《人论》，甘阳译，上海译文出版社1985年版，第109页。

排斥对祖先的敬奉、崇拜与祭祀,儒家思想内核即包含丰富的祖先崇拜的内容,"梦周公"则是从另一角度说明孔子这位儒学思想大师根植于深厚的祖先崇拜意识。像其他民族一样,历史初期华夏氏族的祖先崇拜大多是以神灵化的方式表达。如伏羲、女娲、黄帝、炎帝、大禹、帝俊、后羿、嫦娥、共工、东君、后稷、颛顼等,他们作为神灵化的祖先被尊奉和祭祀,具有半历史和半神话的交织性。将现实性的审美现象提升到可能性的审美神话,构成了文化哲学意义的审美崇拜和艺术崇拜。

原始思维的万物有灵观念认为,大自然万物像人一样有生命活力,富有与人一样的情感、意志、欲望,甚至认为某一自然物是人类某一民族或氏族的祖先,他们由它繁衍而来。作为氏族的祖先又可以轮回不死,他们升格为永恒的神灵,永远福佑自己的后代。列维-布留尔在《原始思维》里精辟论述了古代人类关于祖先不死的神秘信仰,而信仰在古人观念中具有超过一切实证和存在的神圣力量,它构成超现实的神话意识。但祖先一旦升格为神灵就具有了作为信仰的资格,也就获得具有神话意义的审美崇拜特征。

祖先崇拜是人类最深广、最持久的崇拜之一,这种埋藏在古人心灵中最神圣的情感和信仰,转换为文化的构成力量和组成要素。语言、神话、宗教、艺术乃至哲学的起源和发展,都渗透着人类对自己祖先无限的敬畏、景仰与爱戴之情。神话、宗教中的部分崇拜意识含有祖先崇拜的痕迹,它们之中的一些神灵泛化成了人类的祖先,祖先崇拜渗入神话和宗教,使一些神灵成为祖先的象征。如楚辞文化中的诸神形象,东皇太一、云中君、湘君、湘夫人、山鬼、河伯、大司命、少司命等,他们在楚人的宗教观念和神话原型里,一方面是宗教神,属神灵形象;另一方面又是人格神,属人与自然物的组合形象,带有浓重的祖先色彩。在神话、宗教、巫术诸种崇拜样式里,祖先形象大多以神灵面目出现,神灵的感性形式多数为人、动物或者由人与动物组合而成。人们崇拜这些神灵,视他们为自己祖先和保护神,附会种种神话意义和审美观念。神灵崇拜也常伴随诸种艺术活动而融贯在古代的一些艺术作品中,构成艺术的重要内容。神灵崇拜必然地将审美活动提升到神话境域,将祖先作为超现实的审美存在,也就产生一个合乎逻辑的精神结果:审美崇拜。东西方民族所共有的"女神崇拜",则不过是这种艺术崇拜的具体果实。

而审美一旦走入神话也就意味获得自身的二重性：一方面它使人类审美活动诞生对现实的超越性和否定性，走向精神自律的虚无；另一方面又使审美心灵局限在某一文化圈和有限的历史语境而丧失审美的可能性和自由特征，尤其是对艺术文本的审美评价会消解普遍有效的审美标准。所以，审美崇拜和艺术崇拜在严格的理论意义上不能使审美达到丰富的可能性，达到精神的自我怀疑与否定这种敞开自我存在性的理想境地。

第三节　文本崇拜与艺术家崇拜

如果说"审美崇拜"具有广义的性质，那么，以下所讨论的"艺术崇拜"只限于艺术文本和艺术家这两个具体的因素。

首先，文本崇拜。艺术是人类精神追求虚无化的心灵过程的文化果实，是生命存在对现实性世界的怀疑与否定，也是对诗意的生存方式的幻想性期待和对智慧化的理想生活的沉醉。在美学意义上，艺术是人类走入无限可能性的美之存在的心灵工具，敞开人类自我存在的审美本体，也是心灵所渴望与实践的美之具体形式。因此，艺术是人类所追求的美之存在的文本结果，文本崇拜内在地构成了艺术崇拜的重要层面，成为艺术崇拜的核心内容。艺术是人类最富生命表现意蕴和最富创造力的文化活动，是诉诸想象力为主的各种心理能力的复杂精神工程。它使人类超越现实的种种烦恼和痛苦、从压抑的内心世界解脱出来，获得超越性的理想满足。作为精神性的代偿和欲望满足，人类可以从艺术的世界寻觅到灵魂的安慰和归宿。因此，人类对艺术的礼赞和青睐隐藏着永恒的自慰和"满足"的动机，对艺术的崇拜贯穿于每一个历史过程。

作为艺术崇拜的主要构成内容与对象的是文本崇拜，尤其对原始艺术和古代作品，由于种种崇拜因素的影响而导致主体自然而然的崇拜心理。因为历代艺术理论、美学观等对文本赋予丰富的阐释和广泛的赏析，它们负载历代人沉重的艺术经验和审美感悟，已被附加极丰富的内涵，这些审美评价在某种程度上已经和文本形成了一个有机整体，以致接受者不得不将自己限定在种种的欣赏活动的先行结构中。这种先行结构在接受心理上形成一种时间居先的思维定式，成为欣赏接受者的先验因式，它直接影响和决定了主体之于艺术文本的审美判断。这与接受理论家H.

R. 姚斯、伊瑟尔的"期待视野"与"期待结构"的概念有相通之处,只是前者已获得规范性的审美肯定,而后者是尚未完全肯定的期待状态。实际上这种欣赏的"前结构"就为艺术文本的接受者预先设定了某种审美评价,它已在心理上设置了一个崇拜性的接受结构,只不过尚未在欣赏过程与文本形成客观化了的同构对应。文本崇拜实质上已是"理在事先",已客观地在审美心理上打上几乎近于先验的印记。在审美判断作出之前,接受者可能已经更多地了解了历代艺术批评、审美评价之于这些艺术文本的阐释,在审美心理进入实质阶段的感受之前已接受大量的非文本的审美信息,构成了对文本的预先崇拜,在审美评价之先,审美思维的预定性结构已完型和定式。比如,从微观现象上看,像达·芬奇的《蒙娜·丽莎》、凡·高的《向日葵》,对于前者"微笑"无以计数的解释或猜测已使艺术文本蒙上神秘主义色彩;后者"向日葵"则被评论家高度灵化与神化,超出一般知觉和理性把握界限,成为一种迷幻神奇的意象。两者均被注入先设的崇拜观念,驱使审美活动走向刻意营造的近乎神话境界。尤其是一些杰作文本,受到的崇拜正好和它们的知名度成正比关系,而且随着时间的更替崇拜程度也势必呈上升趋势。具体分析这种崇拜,仍然陷入理论的困惑和二律背反:一方面,面对这种接受者对文本的崇拜,不得不承认它有助于艺术感知和了解、审美趣味的激发和提升;另一方面,不无遗憾地发现,这种崇拜会造成对文本任意性拔高的阐释,甚至使艺术文本神秘化和至尊化,导致艺术价值的独立性功能和特有机制丧失活性而最终被其他因素吞噬,迫使审美活动陷入理性和情感的双重偏见,降低审美主体的诗性智慧和自由悟性。

其次,艺术家崇拜。在日常生活中普遍见到的是"名人崇拜",构成当今社会的有趣现象之一,"名人崇拜"已经潜在地和商品社会的经济活动与价值概念密切地交织起来。"名人崇拜"不过是往昔的英雄崇拜、艺术家崇拜等历史现象的新版,现代的"名人崇拜"更多包括影视歌舞明星、球星等对象。这不列入讨论的范围。这里所讨论的艺术家崇拜,是指艺术接受者将艺术家视为天才、超人、先知,赋予他们种种美善的理想与愿望。柏拉图尽管要将某些亵渎神灵、败坏风俗的诗人驱逐出理想国,但是他内心还是为诗人留有尊贵的地位。在文化学意义上,人类对于艺术家的崇拜是可以理解的,因为艺术家为人类带来无限的爱与欢乐,让人痛苦悲哀的心情得以净化和升华，即使是悲剧也给人以教益和启迪。

然而，对于艺术家的崇拜也应当适度和有所节制，否则会妨碍对艺术文本的理解与评价。艺术家崇拜是艺术崇拜的一个方面，其表现方式是崇拜者对他们的生活经历、本人、作品以及有关方面的崇拜。艺术家崇拜的重要内容之一是接受者对艺术家生活经历的崇拜，因此，重要艺术家一般都有传记、年谱、生活逸事传世。如果一个艺术家生活经历越曲折越有浪漫色彩和戏剧性，那么他的作品越受青睐，他诗意的人生旅程也暗自为自己带来艺术声誉。一般地说，悲剧人生的艺术家最容易赢得欣赏者的同情，如凡·高、屈原、曹雪芹、贝多芬、莎士比亚、海明威等人，他们穷困潦倒、悲惨哀愁的生活遭际令众多欣赏者产生惋惜、不平与崇敬的情绪。许多艺术家将自己曲折离奇、苦痛忧愁的人生遭遇熔铸于艺术作品之中，赢得极高的赞誉与同情。从艺术家的生命存在来看，有时甚至连艺术家的相貌举止、衣着趣味等都成为崇拜对象，成为超俗和高雅的象征而被仿效。乃至于艺术家的居住地、物品、故交世戚等成为崇拜者关注的对象，引起他们的莫大兴趣。从艺术家的理性结构看，如果这位艺术家心地善良、关心大众疾苦，往往获得欣赏者的尊重。而相反者多遭唾弃。然而，从艺术家的深层心理结构和生活行为看，有些艺术家可能不符合道德原则，未必尽善尽美，然而在私生活的风流韵事方面，人们不但会宽容艺术家而且可能会认为这是艺术家"艺术人生"的一种必要的风度和骄傲。艺术家的豪饮、滥赌、决斗、乞讨、嫖妓、吸毒、疯癫等不良行为状态都可能被崇拜者看作合乎情理的潇洒浪漫。因为艺术家不一定是位道德学家和善行者、模范守法的公民。在有些崇拜者的眼中，甚至艺术家的精神错乱、变态心理、生理缺陷等都是神秘与审美的构成。这种对于艺术家盲目地欣赏与崇拜，不利于对其艺术文本的真切理解。对艺术家的崇拜意识，客观地形成了对作品的崇拜，两者构成正比例关系。

审美只有超越受现实制约的崇拜意识，才更多地获得精神的自我反思和诗性智慧，获得心灵的自我提问和回答的无限可能性。

第十七章

审美发现

第一节 发现创造者所未发现

艺术批评从阐释学、接受美学、语言学等视角考察,其核心功能就是"审美发现"。即:发现艺术创造者所未发现;发现艺术接受者所未发现;发现艺术批评、艺术理论所未发现。语言—符号批评在对艺术文本的语言结构和符号信息的具体技术操作的分析过程中,有助于审美发现。然而,这种批评以及语言学方法均有较大限定性,不能上升为普遍有效的艺术本体论与方法论而涵盖整个艺术领域及其艺术批评。

雷·韦勒克认为:"十八世纪和十九世纪都曾被人称为'批评的时代',然而把这个名称加给二十世纪却十分恰当。我们不仅积累了数量上相当可观的文学批评,而且文学批评也获得了新的自觉性,取得了比从前重要得多的社会地位,在最近几十年内还发展了新的方法并得出了新的评价。"[1] 这确实是一种没有夸饰成分的客观陈述,但 20 世纪批评的兴盛已超出文学的界限而推衍到整个艺术领域,诸种艺术批评方法风潮迭起。"发展了新的方法并得出新的评价",这是韦勒克发现的诸种批评的要旨精蕴所在。怀疑论美学认为,艺术批评就是以怀疑和提问的态度,对艺术文本的审美发现,它构成艺术批评的核心功能。

一个艺术文本一旦形成,它在作者意义上就是一个凝固的物理事实,是一个符码化的终端信号,属于无法再递增的极值。如同蚕吐完它生命形式的丝而生成一个定型化了的茧,创造者也就发挥了他的最终功能并

---

[1] 冯黎明等编:《当代西方文艺批评主潮》,湖南人民出版社 1987 年版,第 1 页。

实现心灵的最高目的。从而留下一个精神性的三维空间和复杂神秘的主体精神的结构模式，它们为后代无数解释者提供审美发现的契机。创造者所遗留的艺术文本不同于纯抽象的数学猜想或许有最终的客观性的唯一答案，它历时性（Diachronical）地永远处于流动的"效果历史"的情境中，它的审美效应因时代、文化习俗、接受者不同而变异，如同中国古代神话所说的月亮中那棵不断被砍伐也不断生长的生命永恒的大树。文本生成则意味着艺术家使命的终结，尽管某些艺术制作者对于自我的产品作出一些"广告式"的解释说明，但时间之维的限定使之不能具有时间长久的美学意义。这就呈现包含二重性的矛盾现象，一方面艺术家是文本的主宰力量，他以诸种符号或物质媒介构造了一个主体精神的对象化的超越性的虚拟世界，属于他灵魂"最深沉和最多样化的运动"，在这种运动中创造者无疑处于轴心点上；另一方面，当艺术文本这个灵性的自由鸟一飞出艺术家的孵化笼，创作者就无法预言它的归宿和它能给人类带来的美和欢乐的程度。作者之于自我作品的理解是有限的，在一个"话语的宇宙"（Universe of discourse）中，在一个无限延续的文化链条中，创造者所运用的艺术创造的语言是流动变化的，有限的生命个体只是文化链条上微小的一节。作为"符号的动物"（Animal symbolicum），艺术家无法摆脱他那个时代、民族、文化圈、心理原型、情感结丛等种种制约，完形后的文本再之于他，就意味着是一个混沌的丧失自我的陌生化世界，他的解释成为一种外加的多余附庸，已经成为文本的外在奴隶。因此"发现"的使命就自然地要求由后世（也包括同代）的批评者来承担了。索福克勒斯在创作《俄狄浦斯王》后，就将解释权交给了后世的批评家。至于文本的原义，它已客观地成为变幻出万物的魔箱和一口汲不干的井。因此可以说，解释的意义大于文本，审美发现可以有限度地超越作家与作品。如果将艺术价值、意义结构用 S 表示，批评所赋予的意义用 R 表示，作者所熔铸的精神结构用 A 表示，则可获得这样的公式：$S < A + R$。而格·格林所归纳的公式在双方上是等值的或近似的。[①] 参照他的推导方法和逻辑序列，只能认为这样的公式缺少一点诠释学的历史眼光，批评的阐释加上原作者的意义则必然大于文本。这个增

---

① 冯黎明等编：《当代西方文艺批评主潮》，湖南人民出版社 1987 年版，第 586 页。

值的秘密和源泉不难发现和理解，这就是历史文化无限发展的思想活性，它们不断的审美发现与解释使艺术之树不断生长出新的枝叶，正如光合作用为植物的叶茎添增重量和构成一样。也基于这个原因，精神分析批评从《俄狄浦斯王》中发现了"恋母情结"，原型批评发现了作品中父与子、夫与妻、子与母所共有的无意识的神话原型，社会历史批评则发现氏族社会演变的客观轨迹，等等。

康德曾认为他了解柏拉图更甚于柏拉图对自己的了解，批评的审美发现在目的论意义上即追求这种超越作者原来意义的新的精神境界。从历史的纵向维度上看，时间坐标的每一单位的延伸都伴随批评者对艺术文本和创造者的新审美发现，作者所承受的文化负载就越大，而任何一种新批评方法的诞生、新美学观念的崛起都会将作者原意予以新的发现性解释。撇开历史发展因素，从现实的横向维度考察，一个作家或艺术创造者无论是作为生命个体还是精神本体皆是有限的，他的生活体验和心灵创造力也是有限的，因此不可能对自己的艺术文本作出穷尽的终极理解，或者他就不承担释义的义务。同代的批评家可以发现他所未能发现的作品中一部分隐义符码、直觉意象、无意识的心理原型、思想内容的信息量、前逻辑的思维结构等。如别林斯基对于果戈理、赫尔岑、普希金、莱蒙托夫等作家、作品的批评，作出了卓越的超出作家本人所意识到的审美发现，弗洛伊德之于达·芬奇、陀思妥耶夫斯基的批评也是如此。无怪乎有的被批评的作家以感慨的情感陈述这样一个艺术事实：艺术作品的美之奥妙与价值是由作者与批评家共同创造的，而后者的创造往往是作者所始料未及的审美发现。

第二节 发现接受者所未发现

伽达默尔的哲学解释学认为："存在是通过语言来体现的，语言是人类存在的模式，而理解则是揭示这种存在的基本手段。"[①] 存在主义认为"语言是存在的家园"，卡西尔说：人"生活在一个符号宇宙之中。语言、

---

① ［美］D. C. 霍埃：《批评的循环》，兰金仁译，辽宁人民出版社1987年版，"译者前言"，第2页。

神话、艺术和宗教则是这个符号宇宙的各部分，它们是织成符号之网的不同丝线，是人类经验的交织之网。人类在思想和经验之中取得的一切进步都使这符号之网更为精巧和牢固"①。语言和符号（或者说是更广义的语言）既是艺术文本的物质媒介又是艺术本体的意蕴构成。A. 伊森伯格说："语言是也能够成为审美对象。"② 克罗齐倾向将美学与语言学合流同一，苏珊·朗格则从她老师卡西尔的文化哲学里自然地引申出这样的结论："艺术是人类情感符号的创造。"索绪尔所构想的"有一门研究社会生活中符号生命的科学"③ 已为众多的这一思想的追随者所逐步建立。现代符号学实际上已经建构起自己的研究对象、逻辑范畴、理论体系。因此在符号学、语言学的艺术概念的规定性上，艺术接受就是对符号的解码、语言隐义的体察、言语结构和功能的分析。接受者在欣赏过程中面对着的是一个蕴含丰富、意象纷呈、能指意义复杂的语言世界和符号世界。因此，符号—语言批评方法就不至于会被误解为一种主观偏爱的纯技术型的批评方法了，它是艺术特性所要求的必然产物。这种批评方法的出现主要作用是解释文本语言，而对于艺术文本语言的语言学或符号学的理解恰是大多数接受者所无法胜任的。在这个意义上，符号—语言批评方法，也包括解释学批评方法其主要功能在于透过文本语言的迷雾，把握其符号功能去发现一般艺术接受者所未发现的艺术价值。

现象学美学代表人物罗·英伽登说："文学作品首先和主要是语言学的构造，它的基本结构是由双重语言学层次组成；一层是现象和语言声音现象层；另一层是词、句的意义层，由于有了词和句，出现了较高水平的意义单位，作品的再现内容与表现主观东西的那些方面就出自这些单位。"④ 语言学批评方法最合适最成功的运用范围是文学作品，它通过对字音、词句的意义、结构、功能，再现的客体、组合的意象等的分析，探索作品的韵律、节奏、结构、象征、转义、隐喻等语言与修辞的形式特征与审美特征，从而获得一般接受者所无法感悟、理解的审美发现。

---

① ［德］卡西尔：《人论》，甘阳译，上海译文出版社1985年版，第33页。
② ［美］李普曼主编：《当代美学》，邓鹏译，光明日报出版社1986年版，第161页。
③ ［瑞士］索绪尔：《普通语言学教程》，高名凯译，商务印书馆1980年版，第38页。
④ 冯黎明等编：《当代西方文艺批评主潮》，湖南人民出版社1987年版，第575页。

苏珊·朗格将艺术语言形式与主体生命形式作了相似性的参照，发现了诗的节律与生命冲动节奏的某种一致性。巴特娴熟地以语言学批评方法对于叙事作品进行结构分析。他把叙事作品分为三个描述层：功能层、行动层、叙述层。如他对爱伦·坡的《失窃的信件》、福楼拜的《一颗纯朴的心》、马拉美的《掷骰子永远取消不了偶然》等作品的分析，的确发现了许多阅读者所未能理解的东西。如他对小说《金手指》的分析，远远超出许多接受者所能感受到的知觉与理解。① 他对行动层的分析既牵涉文本序列内部的句法，又触及序列之间的（取代）句法。对于普通的阅读者来说，他们对文学作品语言的隐义、象征、转换，以及句法的潜修辞、结构的有意识错乱等言语现象缺乏把握能力，而这一点正是语言学批评者所擅长的。其次，如杜夫海纳所论，还有"次语言"在艺术文本中暗施功能，语言批评方法势必要拂去这些笼罩在文本上面的迷雾，使之意义澄明、清晰，让接受者获得微言大义和言外之意，感悟到他们所未发现的审美蕴藉。但问题的另一方面是：如果把符号—语言批评方法仅仅作为纯技术操作的创新玩具而只醉心于对语言符码的细屑玩弄，或者说被语言绳索紧紧束缚而陷入纯符号的囚牢，那么就会面对一个杂乱混沌的语言迷宫而不知所措，也难以有什么审美发现。从中国文学的研究、批评来看，汉语言的诗性特征和它特有的象征性的空间结构、意象化的审美特质为创造"诗"这个艺术语言形式提供了其他语言不可企及的优越性。因此，解答中国为什么古典诗词曲赋发达的问题，可从语言特性中找到答案之一。汉语言尤其是古代语言其复杂性、模糊性、变异性既玄秘奥妙又令人生畏，特别是上古文学作品使接受者有很大的语障。近代学者，如王国维、闻一多、朱自清、郭沫若、钱锺书等诸家都程度不同地采用语言批评方法对其释义、还原、清理、整合，予以新的阐述，新说迭出，妙解连珠，使接受者增添了大量新型的语义信息与审美信息。这种中国特有的传统释义考据方法和借鉴西方语言学某些方法而形成的近代语言批评方法确实对古典文学形成了新的审美发现。

---

① ［法］R. 巴特：《符号学美学》，董学文、王葵译，辽宁人民出版社1987年版，第127页。

语言是人类生命与意识的思维之足，语言是沟通历史精神的非物质性的心灵彩虹，它的两端连接天宇和大地，前者是逝去的先哲，后者是活着的今人，通过这座语言的彩虹之桥，可以走入古人的心灵，走入历史之母的子宫，重温生命孕化的梦，和已逝去的古人展开精神的对话与交流，而没有语言就意味着这种神奇的心理联系的断裂和接受者的自我丧失。在艺术哲学和文化哲学意义上，语言不再单纯作为艺术的物质载体而它本身就是艺术对象和艺术机体。无怪乎有的学者，不无担忧地认为"概念·语言层次的丧失"会导致"缺乏一种对历史传统的同情和精神交流，因而无法对自己的民族性获得理解和体验"。① 概念·语言层次的丧失会使我们不能上友古人及其艺术，与之进行心灵交流（今人之于古人的理解），审美发现就被抛弃到一个精神的孤岛和情感的荒漠。

语言很像古希腊神话中的两面神，它又是时开时闭的魔眼。一方面语言是直接的思想现实，是心灵互相连接之纽带和情感交流之媒介；另一方面，语言又是知性的迷雾、真理的浊流，是使人与真实世界远隔的汪洋。言不尽意，语言更容易歪曲世界的真实和人类心灵的情感与经验。语言也无法还原一个真切的与实在绝对同一的现象界。难怪有的学者从符号学引申出一个灰暗的结论："人类自豪地创制了语言之后，这个符号系统也就成了他们自囚之所，人类其实只是一只可怜的甲虫，他们只爬行于语言之维上。"并且说："语言之外，他们不可能看到另一个叫作主体的神秘实体。"② 这未免描绘了一个悲剧化的由语言统治一切的人类世界。威廉·冯·洪堡说：

> 人主要地——实际上，由于人的情感和行动基于知觉，我们可以说完全地——是按照语言所呈现给人的样子而与他的客体对象生活在一起的。人从其自身的存在之中编织出语言，在同一过程中他又将自己置于语言的陷阱之中；每一种语言都在使用该语言的民族周围划出一道魔圈，任何人都无法逃出这道魔圈，他只能从一道魔

---

① 李景林：《传统文化及其超越》，《社会科学战线》1990 年第 1 期。
② 南帆：《主体与符号》，《文艺争鸣》1991 年第 2 期。

圈跳入另一道魔圈。①

在他们看来，语言似乎成了人精神的囚牢，或心灵的避难所。也就是说，语言成为艺术的最高本体和最终的裁决人和法官，也是艺术的最高价值尺度。这将引起连锁的推论：符号—语言学批评是最优化、最完善、最有效的批评，它能穷尽艺术的真谛，发现到最大量的接受者所未发现的审美构成。然而这乐观的、激动人心的结论还为时过早。如果说杜夫海纳的《美学与哲学》承认有"超语言"存在的话，这一概念也不一定具有独创的性质，它也许与中国古代的哲学的"言意之辨"有相通之处。先秦诸子如老庄，敏感地发现语言的知性有限性，认为语言存在某种思维的蔽惑、心灵顿悟的阻断，人只有超越语言的物质性限定才能使心境澄明、悟性通达，从而直契存在的意义与价值，达到生命的大智慧。往后的玄学家吸收佛学"唯识"认识论的合理内核，提倡撇开语言之"累"去凝神静观，玄鉴顿悟而识物知性，而禅宗更主张佛性或悟性可以不凭借语言文字而获得。怀疑论美学认为，语言不一定是知性、认识的唯一至尊神，它对精神世界的领悟功能极其有限。因此，语言或符号的批评方法当然也就不能视为解释文本的最优方法。当然，无论是将语言功能无限夸大或抛弃都是偏颇的做法。如果承认"超语言"存在的话，又会进一步认为，存在这样一种批评方法：超语言批评方法。这也许是我国古代所特有的一种"语言"批评方法。所谓"超"，并非指完全脱离语言，而是指通过超越语言表层的意义、音律、句式、结构、修辞格等因素，寻求艺术文本的言外之意，味外之旨，弦外之音，象外之相。钟嵘的"滋味说"，司空图的以诗论诗，严羽的"以禅喻诗"，均可认为是典范的超语言的批评方法。它们透过语言的表象追求文本内在的诗意灵性、生命冲动、情感韵律、意境韵味、神气风骨等精神性的艺术之灵光。这可以称之为"诗化批评"，是批评者以写诗的灵感，与诗的文本进行心灵的对话。这种诗化批评所凝结的语言当然富有诗的气韵。如："羚羊挂角，无迹可求"，"空中之音，相中之色，水中之月，镜中之象"，

---

① ［德］卡西尔：《语言与神话》，于晓等译，生活·读书·新知三联书店1988年版，第37页。

"落花无言，人淡如菊"，"饮之太和，独鹤与飞"，"行神如空，行气如虹"，"幽人空山，过雨采苹"，"采采流水，蓬蓬远春"① 等。中国古代这种超语言的诗化批评是一种对文本的灵性感悟式的意境把握。它注意触摸文本的内在气韵、精神的整体性，注重观照宏观的有机结构。而纯语言—符号批评方法，则拘泥于对文本的微观切割、语义肢解，容易破坏艺术的生命有机体，类同生理学的解剖。如果说前者的发现是诗意的，后者的发现则是理性的，前者的超语言批评方法给接受者以丰富的审美感受和艺术价值感的新质生成，后者的符号—语言学批评方法也给接受者以审美发现，但这种发现不免沉重凝滞，伴随着一系列语言释义的负重和复杂迷乱的符号附庸，是以牺牲对艺术灵性的生动直观为代价的。所以，语言批评方法和超语言批评方法应该互补，各纠偏差。这样对一个由符号—语言构成的艺术文本就可获得更多、更深层的审美发现，发现一般接受者因语言限制和缺乏超语言的顿悟能力而不能发现的艺术的精妙之美。

第三节　发现美学理论所未发现

R. 韦勒克说："批评就是鉴别、判断，因此它应用和包含了标准、原则、概念；应用和包含了一种理论和美学，最终是一种哲学，一种世界观。"② 这无疑将艺术批评看作规范性的，一方面它受诸种艺术原则与概念的规范；另一方面它又以这种规范的尺度去评价艺术文本，用自己诸种价值尺度去规范艺术家及其创作。上述的看法无疑片面、偏狭。艺术不同于科学之处就在于它的反逻辑反规范的自由创造精神，它的内在机制就是不断创新、永恒超越的生命活力。克罗齐认为艺术不是概念、知识、理性，是直觉的抒情的成功表现，他精深的艺术眼光直视深蕴的艺术内质。尽管他排斥理性、思维之于艺术的调节、整合、深化等功能

---

① 司空图：《二十四诗品》，载郭绍虞、王文生《中国历代文论选》第2册，上海古籍出版社1979年版，第203—207页。
② ［美］R. 韦勒克：《批评的诸种概念》，丁泓、余徵译，四川文艺出版社1988年版，第298页。

的美学观难免牵强或失误，但他看到了艺术这个人类精神结构的灵性之物是活的生命机体，它们凭借想象力和智慧的不断自我否定和创新进取，不断发起对传统批评方法、艺术理论的樊笼的猛烈冲击。其实，文本先于规范，艺术之树常青。因此批评的功能不应该仅仅是规范，拿起既定的理论尺度去衡量和选择适己的东西。而在方法方面，也不应是简单地运用诸种现成的艺术理论和美学观念，也不一定固定遵循某一种抽象思辨的哲学、世界观和方法论。因为艺术批评的核心功能是审美发现，要发现以往的艺术批评之于文本所未发现的审美存在，要发现传统的艺术理论所作出的审美规范、种种法则、规律等已形成的规定性所未能包容的艺术现象，尤其要注意发现某些艺术文本对艺术理论的规范的叛逆与反动，因为这种叛逆与反动往往具有某些超出以往艺术理论、审美经验所认识到的审美现象，这可能有助于新的艺术理论的形成与建立。现代派艺术这匹黑马闯入艺术殿堂，打破了传统的艺术规范，以往的艺术经验和艺术概念已不能对它作出合理的全面的解释，这就需要新的批评方法和艺术概念的出现，需要艺术批评对这些新型的艺术现象作出新的审美阐释与发现。现象学批评方法、解释学批评方法、精神分析批评方法等在一定程度上适应了艺术发展的需要，它们试图对不同的艺术文本作出有意味的审美新发现。如弗洛伊德对于达·芬奇、陀思妥耶夫斯基的心理分析，从"恋母""杀父"情结的角度发现他们绘画和小说中未为他人所言的潜意识的心理结构。无论结论是否可靠，但方法无疑给批评者们带来新思维的启示。英伽登将文学作品划分为四个层次，提出"意向性结构"的观点，也对一些艺术现象作出不合以往艺术理论的新的解释。解释学批评方法提出"视界融合"和"解释学意识"的概念，认为"一首诗和它的释义在性质上基本是历史的"，"诗的内涵性并不是诗的永恒性，它不过是诗的历史性的代名词而已。"① 认为不断发现旧释义的不妥当性、不断发现新历史语境中新的释义是自己的职责与义务。D. C. 霍埃所说的"批评的循环"，如果称之为"发现的循环"也许更有意趣。新的审美发现和对旧的超越呈现为螺旋式上升状态。因此将方法视为工具，

---

① ［美］D. C. 霍埃：《批评的循环》，兰金仁译，辽宁人民出版社1987年版，"译者前言"，第5页。

发现作为目的，但没有新方法则意味审美发现的迷失。

中国古典美学中，诗论、诗话、诗评、词话、画论、曲论、文论、文赋、艺谭等艺术批评也多倾向主观性较强的诗化批评，倾向于审美发现。可以设想，将来的艺术批评样式其目的性也可能在于对文本的审美发现，它必然构成艺术批评的核心功能。

第十八章

审美理想

第一节 理想之批判

人类是一个从不间断地期许未来的生物。迄今为止的历史即是一个许诺理想（Ideal）的历史。其实，在纯粹哲学的意义上，理想即是对现实的虚假超越，它是人类精神对未来的可能性期待。自从古希腊的柏拉图构想《理想国》以来，英国的托马斯·莫尔（St. Thomas More，又作Sir Thomas More，1478—1535）创造了《乌托邦》（Utopia），意大利的康帕内拉（Tommas Campanella，1568—1639）想象了《太阳城》，德国的安德里亚（Johann Valentin Andreae，1586—1654）虚构了《基督城》，马克思恩格斯写作了《共产党宣言》，中国近代的康有为则撰述了《大同书》。先哲前贤们对理想不遗余力地期待与追逐，固然令后人敬佩与感叹，历史上也不乏为了"理想"而殉道的志士仁人。然而，迄今为止人类缺乏对理想进行辩证理性和历史理性的双重反思，在肯定理想的正面价值与意义的一面的同时，却遗忘了对其负面性的深入运思。显然，理想是一个"可爱"而非"可信"的精神本体。王国维在《三十自序》其二写道："余疲于哲学有日矣。哲学上之说，大都可爱者不可信，可信者不可爱。余知真理，而余又爱其谬误。伟大之形而上学，高严之伦理学与纯粹之美学，此吾人所酷嗜也。然求其可信者，则宁在知识论上之实证论，伦理学上之快乐论与美学上之经验论。知其可信而不能爱，觉其可爱而不能信，此近二三年中最大之烦闷。"[①] 而立之年的王国维写下内心对哲

[①] 王国维：《自叙二》，载《王国维论学集》，云南人民出版社2008年版，第496页。

学的困惑，他徘徊于理论的可信与可爱之间，犹如徜徉于此岸与彼岸之间的宗教徒，流露出两难的选择和矛盾心态。显然，可信与可爱在逻辑上构成王国维难以消解的精神悖论，也成为"理想"的悖论与矛盾。显然，所谓的"理想"也是人类精神的悖论之一，它的悖论或二重性在于：一方面，人类不能不胸怀理想的花朵，没有理想的生活世界可能是灰暗和缺乏活力与灵感的；另一方面，理想也构成了人类精神的困境与痛苦，理想往往导致灰色的幽默与悲剧。在政治生活和历史冲突中，理想常常成为阴谋家和野心家手中蛊惑人心的廉价工具，变成达到某些个人权力与利益的虚假允诺，换言之，理想成了少部分人操纵绝大多数人的虚拟杠杆和空洞筹码。简言之，理想属于一种"诗意的欺骗"和"假定的审美境界"。一方面，理想是现实世界的人们展开许诺未来的虚假性超越，它是人类所追求可能性或不可能性的存在；另一方面，理想是导致悲剧的本源性要素之一，也是造成苦难历史的一个黑色幽灵。因此，和"真理"与"信仰"类同，"理想"是人类精神的又一个"洞穴假象"和"皇帝新衣"。

如果我们对理想进行逻辑分类。在存在论意义上，可以划分为可能性理想和不可能性理想，前者准确地说是一种期许未来的现实性愿望，具有某种可能性和实在性；后者则是虚假的幻想和梦幻般的非理性设定。如果说前者的理想具有合理的意义与价值，对理想的实践者构不成人生的危害或危机，也不太可能对他者构成损害；那么，后者的理想则既可能潜藏着对持有者的危险，也构成对他者的危害。为了所谓"理想"，某些个人尝试生命冒险或暴力活动，或者挑动巨大的社会冲突，导致生灵涂炭和国家战乱的历史悲剧。在社会革命中，为了"理想"而造成悲剧的例证不胜枚举。在功能论意义上，理想可以划分为政治理想、社会理想、经济理想、道德理想、宗教理想、审美理想、艺术理想等。除了审美理想和艺术理想之外，其他理想都具有价值的二重性，既有存在的合理性与合法性，又有潜在的危险性与危害性。它们客观上构成了理想的悖论，这是人类精神尚且无法超越的二律背反。在价值论意义上，审美理想尽管也属于"可爱"而非"可信"的精神对象，是人类精神超越现实的想象性果实，然而，审美理想却不具有对自我和他者的危害，也不会损害社会群体或国家民族。因此，和社会理想或政治理想等相比，审美理想虽然同样也是可爱而非可信的精神存在，却消解了暴力思维和以权力为逻各斯中心的革命意识，同时，审美思想是个体的话语与行为，它无关乎集体和集团、党派与阶级等社会意识形态因素，仅仅属于生命个体的纯粹精神期待，也不需要付诸实践行为，类似于庄子《逍遥游》中的神游与心游，是一种纯粹的心灵想象性活动，更是一种诗意的追求和唯美主义的梦幻。所以，和其他理想种类相比，审美理想应该是一种纯粹正价值与意义的精神结构。

审美理想具有这样一些宝贵的精神禀赋：首先，它追求无限可能性和绝对的美。海德格尔在《存在与时间》中提出现象学的一个重要命题："可能性高于现实性。现象学的领悟唯在于把现象学当作可能性来加以掌握。"① 如果说现象学的哲学信条之一，可能性高于现实性。那么，美学信念之一也是可能性高于现实性。就审美理想而言，它既是主体所追求的精神无限可能性，也是对审美对象或审美意象的无限可能性之期待。这就决定了，在审美理想所设定的意义维度上，美没有终点和确定的现实性，它是无限展开的可能性，引导着精神走向不断超越、不断否定和不断追求的唯美世界。同时，它也相应规定着，主体不间断地追求着完美或绝对的美，因为美没有一个终点和永恒。其次，诗意和浪漫构成审美理想的重要旨趣之一。在古典时期，诗意的栖居和浪漫的人生境界是传统士大夫密切关联的现实性目标之一，"不学诗，无以言"② 尽管指称特定的审美对象——《诗经》，但也表明中国古人将诗意旨趣作为生存的最高目的之一。诗意的思维方式和诗意的人生境界是先贤们的不二选择，无论是诗经、楚辞、诸子散文、汉赋、唐诗宋词、元曲、明清小说，还是魏晋风骨和盛唐气象，中国古代文人都将诗意与浪漫深入骨髓和延伸到生活世界的方方面面。最后，审美理想集中呈现于艺术境域。艺术是人类精神结构有价值的自由象征，也是集中地呈现审美理想的符号世界，它既是审美理想的逻辑起点也是审美理想的精神家园。所以，艺术世界是审美理想的集聚地和精彩表演的舞台。审美理想在艺术境界的表现主

---

① ［德］海德格尔：《存在与时间》，陈嘉映、王庆节译，生活·读书·新知三联书店1987年版，第48页。

② 《论语·季氏》。

要呈现为三个方面：其一，对理想社会形式的构想和期盼。所谓"理想国"与"乌托邦"，"桃花源"与"大同世界"，是艺术文本中的屡见不鲜的主题和审美意象。其二，理想或完美的人物典型。神话传说的"英雄"与"女神"，希腊神话和悲剧中的男性英雄和女神是古典艺术中的理想的艺术形象。美国女学者艾斯勒指出："在所有古代的农业社会中，似乎最初崇拜的是女神。"[①] 其实女神崇拜更多表现于艺术世界，她们作为完美的女性象征符号，成为男性仰慕的偶像和女性仿效的标准。莎士比亚戏剧中的哈姆雷特、朱丽叶、俄菲莉亚、海丽娜等，雨果小说《海上劳工》的吉利亚特、《九三年》中的郭文、《悲惨世界》中的米里哀主教，托尔斯泰小说《战争与和平》中安德烈、娜塔斯等，这些男女形象都是作家审美理想的感性寄托和偶像化表现。其三，审美理想体现于纯粹的艺术形式。康德的纯粹美观念和克罗齐的直觉即表现是美学观影响到西方的近现代艺术，催生了审美理想上的极端倾向，这就是唯美主义的艺术追求。唯美主义提倡艺术放弃政治或道德说教的功能，理应追求纯粹的审美意象。唯美主义艺术家痴狂地追求艺术的纯粹之"美"，在他们心目中，"美"才是艺术的绝对本质和归宿，也是艺术的终极目标，他们认为，不是艺术模仿生活，而是理想的生活应该模仿艺术。对于纯粹形式美崇拜成为诸多艺术家的终极目标。

第二节　桃花源情结

晋代诗人陶渊明写了《桃花源记》一文：

晋太元中，武陵人捕鱼为业。缘溪行，忘路之远近。忽逢桃花林，夹岸数百步，中无杂树，芳草鲜美，落英缤纷，渔人甚异之。复前行，欲穷其林。林尽水源，便得一山，山有小口，仿佛若有光。便舍船，从口入。初极狭，才通人。复行数十步，豁然开朗。土地平旷，屋舍俨然，有良田美池桑竹之属。阡陌交通，鸡犬相闻。其中往来种作，男女衣着，悉如外人。黄发垂髫，并怡然自乐。

[①] ［美］艾斯勒：《圣杯与剑》，程志民译，社会科学文献出版社2009年版，第36页。

见渔人，乃大惊，问所从来。具答之。便要还家，设酒杀鸡作食。村中闻有此人，咸来问讯。自云先世避秦时乱，率妻子邑人来此绝境，不复出焉，遂与外人间隔。问今是何世，乃不知有汉，无论魏晋。此人一一为具言所闻，皆叹惋。余人各复延至其家，皆出酒食。停数日，辞去。此中人语云："不足为外人道也。"

既出，得其船，便扶向路，处处志之。及郡下，诣太守，说如此。太守即遣人随其往，寻向所志，遂迷，不复得路。

南阳刘子骥，高尚士也，闻之，欣然规往。未果，寻病终，后遂无问津者。

"桃花源"后来成了中国古代文人一种稳定的心理情结，上升为超越历史和意识形态的审美理想。具体分析"桃花源情结"，它隐喻着陶渊明内心世界的审美理想的三重结构：第一，天人合一的自然状况。桃花源首先是建立在一个自然环境物质基础之上的，那就是优美独特的自然景观和人文景观。"忽逢桃花林，夹岸数百步，中无杂树，芳草鲜美，落英缤纷。"这是自然之美，其次是人工之美："土地平旷，屋舍俨然，有良田美池桑竹之属。阡陌交通，鸡犬相闻。"显然，陶渊明审美理想的第一境界是自然环境之美，并且诗人追求的是人与自然的和谐状态，确立古典主义的环境美学观。西方环境美学（Environmental aesthetics）诞生于20世纪末期，在人类环境与日常生活美学之间建立密切的逻辑关联，环境美学加深了人们对环境保护的认识，从而进一步建立了生态美学的观念与体系。卡尔松指出："对自然界审美欣赏的一种新的理解在北美得到发展。这种自然欣赏观念在美国的自然写作传统中有其根源，亨利·大卫·梭罗（Henry David Thoreau）的散文即是很好的范例。首先是画意观念的影响，特别是在诸如托马斯·科尔（Thomas Cole）和他的学生弗里德里克·爱德温·丘奇（Frederick Edwin Church）的艺术作品中可以见到这种影响。"[1] 显然，"桃花源情结"和西方的环境美学有着本质的相似性，那就是人类对自然环境和日常生活之间的密切眷注。自然环境和人

---

[1] ［美］卡尔松：《从自然到人文》，薛富兴译，广西师范大学出版社2012年版，第305页。

工环境是人类美好生活的物质基础,是生命存在的首要前提和不可分割的关联。第二,祥和安宁的社会环境。仅有美好的自然环境还不够,诗人的桃花源情结还追求理想的社会环境。祥和安宁的社会环境的一个重要前提是没有战乱和杀戮。桃花源中人云:"自云先世避秦时乱,率妻子邑人来此绝境,不复出焉,遂与外人间隔。问今是何世,乃不知有汉,无论魏晋。"自人类有史以来,连绵的战争与杀戮,生灵涂炭和环境恶化携手同步,轴心时代的思想家如中国的孔子、墨子、庄子、孟子等,西方的柏拉图、亚里士多德等都对战争深恶痛绝并予以反思与批判。近代康有为在《大同书》中说:"盖草昧之世,诸国并立,则强弱相并,大小相争,日役兵戈,涂炭生灵,最不宁哉!"① 1795 年,71 岁的康德在哥尼斯堡写作《永久和平论》一文,这位终生沉湎于思辨的哲学家表达理想化的观念,各个国家联合体的世界大同是人类由野蛮进入文明的一个自然和必然的历史过程,在这一进程中,必须彻底地否定战争的价值。他叹息道:"甚至于就连哲学家也赞颂它是人道的某种高贵化,竟忘怀了希腊人的那条格言:'战争之为害,就在于它制造的坏人比它消除的坏人更多。"② 康德探索了建立永久和平的理想国方式:"每个国家的公民体制都应该是共和制。""国际权利应该以自由国家的联盟制度为基础。""世界公民权利将限于以普遍的友好为其条件。"③ 与陶渊明相比,康德是在国际和世界的立场上思考理想社会的问题,运思方式是理性的与逻辑的,提出了永久和平的契约原则;陶渊明则是从个人的生命体验出发,以诗意和直觉的方式假设了一个自然环境优美和社会结构单纯的小村落,它是逃避战争的选择,是一个没有刀光剑影、杀戮和流血、阴谋和争斗的安宁之邦,这是一个充满艺术幻想和诗歌梦幻的完美世界。"其中往来种作,男女衣着,悉如外人。黄发垂髫,并怡然自乐。"诗人的政治理想和社会理想借助于审美理想得以可能,换言之,只有在艺术世界才得以可能。第三,道德淳朴的精神境界。任何政治理想或社会理想必须保证人类的道德与伦理得以实行与逐步完善,或者说,只有保证了主体的道德

---

① 康有为:《大同书》,上海世纪出版集团 2009 年版,第 45 页。
② [德]康德:《历史理性批判文集》,何兆武译,商务印书馆 1990 年版,第 124 页。
③ 同上书,第 108—118 页。

完善和意志行为符合伦理原则，才可能使建立理想的政治制度和国家机构成为现实。因此，陶渊明给予"桃花源"最重要的审美理想：就是存在者的道德淳朴，显然，诗人在审美和道德之间寻找到必然性的逻辑关系。换言之，审美理想的最高形式是主体的道德内涵。康德在《判断力批判》中提出"美是道德的象征"① 的命题，他将审美问题最终归结为道德命题。因此，康德在审美与道德之间作了逻辑关联，也等于在理想与道德之间画了等号。"桃花源情结"寄寓着审美理想和道德理想的统一性与同一性，审美的问题最终还是取决于主体的精神境界提升。道德淳朴是审美的起点，也是审美理想的目标和终点。从文艺的审美理想来看，诺贝尔文学奖的"理想主义"之尺度和原则，也是要求描绘和推崇主体的道德境界，推动人类不断走向道德完善和文明进步的未来。所以，"桃花源情结"最根本的审美理想是建立道德淳朴的主体，简言之，就是建立理想和完美的人格。其实，先秦时代的孔子就建立了古典主义的"审美伦理学"，或者说是一种"伦理美学"。它的核心和具体内涵之一，就是理想和完美的人格建构。与此相关，理想和完美的人格建构既是美学的最高目标，也是审美活动的最重要的途径和手段。它们之间存在本体与方法、目的与手段的必然逻辑关联。孔子的伦理主义美学的人格规范体现在一些重要的命题之上，其中最集中和最典型的一个命题关涉于"君子"。在《论语》中涉及"君子"共计108处，比"仁"的109处仅少一处。可见"君子"在孔子心目中的重要地位。孔子提出的命题是：文质彬彬，然后君子。孔子云："质胜文则野，文胜质则史。文质彬彬，然后君子。"② 梁启超说："孔子有个理想的人格，能合这种理想的人，起个名叫做'君子'。"③ 君子是最高和最根本的人格要求，也是伦理学意义上的价值标准。显然，只有"君子"才是审美理想的最高与最现实的感性体现。而"桃花源"里的人们则是"君子"的象征和隐喻。从这个理论意义来看，陶渊明"桃花源"最高的审美理想对象是人，而担当审

---

① ［德］康德：《判断力批判》上卷，宗白华译，商务印书馆1964年版，第201页。
② 《论语·雍也篇》，见刘宝楠《论语正义》，载《诸子集成》第1册，中华书局1954年版，第52页。
③ 梁启超：《儒家哲学》，上海人民出版社2009年版，第139页。

美理想的实现者也是人。显然，人是"桃花源"的主体或主角，而桃花源的美景只是人的衬托与背景而已。这是"桃花源"文本的美学隐秘。

第三节　期许未来

首先，时间性与空间性。时间性是审美理想的重要标志之一。一方面，理想最本质的特性之一是"期许未来"，人类总有期许未来的本性，《理想国》和《乌托邦》，《太阳城》与《基督城》，《共产党宣言》和《大同书》即是最鲜明和最典型的期许未来的文本；另一方面，人是记忆或追忆的生物，通过追溯过去而建立想象共同体，进而重构理想的社会模式和人格形象，为审美理想寻找到历史的理由。孔子对于"三代"和"周公"的理想性建构就属于如此的典型范例，子曰："周监于二代，郁郁乎文哉！吾从周。"① 而谢林、黑格尔、尼采等德意志思想家对于古希腊的追溯，同样是借助于想象重构了民族的审美理想共同体。值得注意的是，审美理想对于未来的期许有时候是借助于"神话"这个精神工具。美国学者戴维·利明和埃德温·贝尔德的《神话学》深入探究了"当代神话"的问题，指出当代神话具有以期许未来达到社会模式重构的审美理想之特性：

> 泰尔哈德认为，人类专心进化的最终结果是将会出现一个全球大同的人类世界。那时人类会达到相当高的意识水平，能够充分认识到自己和生物圈的全部联系。人类将意识到自己不是某种盲目进程的主体，认识到世界是一个如阿兰·瓦茨所描述的"智能的巨大模式"，而且认识到人们"不是在它之中"，而是人们"就是它"。世界如按照这种崭新的和神秘的神话生存下去，从它那一个个不大的，自给自足的，分散的地方共同体来看世界是偏狭的，而在认识到这些共同体乃是那些自给自足的和并非统一的星体的一种反映时，地球又是宇宙性的了。在新一代神话创造者中有一位是威廉·汤普

---

① 《论语·八佾篇》，见刘宝楠《论语正义》，载《诸子集成》第 1 册，中华书局 1954 年版，第 56 页。

森，在他所称的"星球文化"的境界里，新人将会"超越人格中的个体性"，就象古老神话的英雄一样，他将成为实际上的"宇宙人"。①

当代神话以期许未来的方式建构可能性的社会模式和人格形象，达到理想的书写和唯美的描绘。与此相关，科幻小说和科幻电影同样是以期许未来的方式，虚构种种理想的社会模式和超级英雄，或者以梦幻式的图景，描绘一个唯美主义的地域或理想国。和时间性相比，审美理想的空间性建立在一个物质形态的基础上。如果说柏拉图的"理想国"、莫尔的"乌托邦"和康帕内拉的"太阳城"建立在宏大叙事的基础上，那么，陶渊明的"桃花源"、吴承恩的"水帘洞"和曹雪芹的"大观园"则依托于微观陈述的方式上，它们都是以本质上相似的方式建造审美理想的空间结构。宗教与神话、文学与影视等意识形态形式都在以各自性质和方法创造理想的空间形式，满足现实世界所无法实现的审美理想。

其次，个体性与集体性。在数学形态上，审美理想表现为单数和复数两种形式。换言之，有个体性的审美理想和集体性的审美理想。个体性的审美理想一方面带有少部分的本能欲望的成分和实用目的性；另一方面寄托着道德的内涵和理性的追求，有着纯粹的审美目标和诗意气质，它们在现实性和空幻性之间摇摆不定。然而，个体的审美理想一般没有暴力思维，至少在它没有演化为集体性的审美理想之前，它缺乏危险性势能和恐怖性色彩。然而，有些集体性的审美理想是正价值和善良性质的，它们不会构成对其他群体、阶层、民族和地域、国家的危险性因素，而有些集体性的审美理想可能隐匿着暴力思维，尤其是某些审美理想演变为某个阶级、民族、政党或国家的集体"乌托邦"的时候，它可能被涂抹了强权政治、极权主义、沙文主义、霸权主义、帝国主义等暴力色彩，具有潜在和强大的恐怖主义势能，可能催生历史悲剧。曼海姆在《意识形态与乌托邦》中写道：

---

① ［美］戴维·利明、埃德温·贝尔德：《神话学》，李培茱等译，上海人民出版社1990年版，第154—155页。

每当狂热的内心对扩展了的视野和意象颇感厌烦时,我们便看到会出现对一个更加美好的世界的许诺,虽然它绝不意味着完全被接受。对于这种思想来说,对一个离开时空的更加美好世界的许诺就像是空头支票,其唯一的功能便是在我们已提到的"超越现实之外的世界"中确定一点,充满希望地期盼着美好时刻的人可以从这一点起,相信自己已经超脱了仅仅处于生存过程中的境况。①

意识形态和乌托邦的结盟,生成为群体的审美理想,人们相信更加美好世界的许诺,进而结合成强大的利益共同体和政治联盟展开对其他群体的斗争与冲突,最终酝酿成历史的对立面和战争事实,这样的悲剧例证不胜枚举。如果说神话传说常常以追溯过去的方式建立审美理想,那么,政治意识形态则喜欢以许诺未来的方式建立审美乌托邦,从而导致集体暴力。它们宣称迄今为止的历史不是一个合理和合乎理想的历史,许诺重建完美的"理想国",它们满足人类所有的审美理想的愿景,正是在"乌托邦"愿景的许诺之下,社会意识形态才可能达到对群体的思想统治,从而导致暴力革命达到对权力的攫取和利益的再分配。所以,群体的审美理想一旦被暴力思维的意识形态所左右,就可能招致激烈的社会冲突和历史动荡,从而造成悲剧现实。

最后,虚幻性与现实性。审美理想具有鲜明的二重性,一方面,它服从于主体的幻想性或梦幻性本能,采取宏大叙事和神话叙事的方式,许诺种种不可能性的未来,勾画唯美主义和绝对主义的乌托邦美景,以绝对的思想自由的口号,狂热地想象未来的政治版图和思想意志的纯粹性图景,设定绝对的美之标准和偶像。与此密切关联,它排斥所有不符合自我的审美乌托邦的标准和对象,试图摧毁所有非自我理想的存在形式,甚至拒绝所有其他的审美标准和审美理想,因此进入一个没有他者、没有倾听和没有公共空间对话的孤独陷阱。这样的审美理想充满了暴力思维,在生活世界无法与他者对话与沟通,也无法正常地生存。极权主义者和暴君的审美理想即是这一性质。然而,即使是有着主流的意识形

---

① [德]曼海姆:《意识形态与乌托邦》,姚仁权译,中国社会科学出版社 2009 年版,第 206—207 页。

态的审美理想，也可能带着思维暴力和危险性势能。"狂热的乌托邦的无组织的、动摇不定的体验被组织良好的马克思主义革命运动所取代。这里，我们再次看到，某一集团对时代进行想象的方法，最清楚地展示了与其意识的条理化相一致的那种乌托邦类型。"① 虚幻性的审美理想往往带来剧烈的社会革命，它的前提是集体性组织、党派和专制而强悍的意识形态，它们相辅相成，最终完成对现实的革命与颠覆，而这一结果往往是历史的灾难或悲剧。另一方面，是现实性的审美理想。现实性的审美理想具有可能性与现实性的统一性，它是既可信又可爱的理想形式。现实性的审美理想一般不会导致对其他存在者的冲突与对立，不形成对社会的危险性因素。现实性的审美理想对自我而言，是自由意志对自己的道德自律和伦理自律。孔子所推崇的"仁"和心仪的"君子"，即是现实性的审美理想，它们是生命个体所景仰和追求的高尚目标，也是人生实践行为的准则和具体的要求。亚里士多德《尼各马可伦理学》所向往的"善"，斯宾诺莎《伦理学》所推崇的"德性"，康德的《实践理性批判》所赞赏的"道德律令"等，它们都是现实性的审美理想和人格理想，它们保证了人类存在的理性基础和美学理由，也是审美理想的可贵品质。康德在《实践理性批判》中写道："意志自律是一切道德法则以及合乎这些法则的职责的独一无二的原则；与此相反，意愿的一切他律非但没有建立任何职责，反而与职责的原则，与意志的德性，正相反对。……道德法则无非表达了纯粹实践的自律，亦即自由的自律，而这种自律本身就是一切准则的形式条件，唯有在这个条件下，一切准则才能与最高实践法则符合一致。"② 康德的论述表明，主体的审美理想和道德追求只有是在自律的和自由的前提下，它们不是被强制和压抑的结果，才是可能性和现实性的统一，而不再是虚幻的和不可能性的。因此，审美理想只有在现实性和道德性统一的前提下，才是可信与可爱的，才是无害的与和善的意志体现，也更符合理性和美的标准。

审美理想最终归依于人格的完善和对普遍伦理原则的敬畏，这不妨

---

① ［德］曼海姆：《意识形态与乌托邦》，姚仁权译，中国社会科学出版社 2009 年版，第 231 页。

② ［德］康德：《实践理性批判》，韩水法译，商务印书馆 2011 年版，第 34—35 页。

碍它的诗意和浪漫情怀的充盈，不妨碍人类对美好未来的许诺，它追求的彼岸世界，绽放着郁郁黄花和矗立着茂密的青青翠竹，潺潺流水，柳影摇曳，有婉转的鸟鸣和空谷的幽香，这是现实性的"桃花源"而不是虚幻的乌托邦。

2017年4月18日16点56分于夕阳翠竹之"山木居"完稿

主要参考文献

一 古代典籍

1. 《诸子集成》，中华书局 1954 年版。
2. 《老子》，中华书局 1986 年版。
3. 《论语》，中华书局 2006 年版。
4. 《墨子》，中华书局 2011 年版。
5. 司马迁：《史记》，中华书局 1982 年版。
6. 《南华真经注疏》，郭象注，成玄英疏，中华书局 1998 年版。
7. 王弼：《老子注》，楼宇烈校释，中华书局 2008 年版。
8. 《王弼集》，中华书局 1980 年版。
9. 《阮籍集校注》，中华书局 1987 年版。
10. 《嵇康集》，人民文学出版社 1962 年版。
11. 向秀：《庄子注》，中华书局 1983 年版。
12. 郭象：《庄子注》，成玄英疏，中华书局 2011 年版。
13. 葛洪：《抱朴子内篇》，中华书局 1985 年版。
14. 葛洪：《抱朴子外篇》，中华书局 1991 年版。
15. 刘义庆：《世说新语》，中华书局 2011 年版。
16. 释僧祐：《弘明集》，上海古籍出版社 1991 年版。
17. 《陆柬之文赋》，上海书画出版社 2000 年版。
18. 刘勰：《文心雕龙》，上海古籍出版社 2010 年版。
19. 钟嵘：《诗品》，上海古籍出版社 2007 年版。
20. 《金刚经》，中华书局 2007 年版。
21. 慧能：《坛经》，中华书局 2012 年版。

22. 陆德明：《经典释文·庄子音义》，中华书局1983年版。
23. 释赞宁：《宋高僧传》，中华书局1987年版。
24. 释普济：《五灯会元》，中华书局1984年版。
25. 郭熙：《林泉高致》，中华书局2010年版。
26. 《张载集》，中华书局1978年版。
27. 《二程集》，中华书局1981年版。
28. 《沧浪诗话校释》，人民文学出版社2005年版。
29. 《朱子语类》，中华书局1999年版。
30. 宣颖：《南华经解》，清康熙六十年宝旭斋刊本。
31. 郭庆藩：《庄子集释》，中华书局2004年版。
32. 王先谦：《庄子集解》，中华书局1987年版。
33. 王夫之：《庄子解》，中华书局1964年版。
34. 李渔：《闲情偶寄》，中国社会科学出版社2009年版。
35. 刘熙载：《艺概》，中华书局2009年版。
36. 何文焕：《历代诗话》，中华书局1981年版。

二　今人著述

1. 北京大学哲学系中国哲学史教研室编写：《中国哲学史》，中华书局1980年版。
2. 陈鼓应：《悲剧哲学家尼采》，生活·读书·新知三联书店1987年版。
3. 陈鼓应：《老庄新论》，上海古籍出版社1992年版。
4. 崔大华：《庄学研究》，人民出版社1992年版。
5. 范明生：《晚期希腊哲学和基督教神学》，上海人民出版社1993年版。
6. 冯俊等：《后现代主义哲学讲演录》，商务印书馆2003年版。
7. 冯友兰：《中国哲学史新编》，人民出版社1980年修订本。
8. 高宣扬：《当代法国思想五十年》，中国人民大学出版社2005年版。
9. 高宣扬：《福柯的生存美学》，中国人民大学出版社2005年版。
10. 侯外庐等：《中国思想通史》，人民出版社1957年版。
11. 侯外庐等主编：《宋明理学史》，人民出版社1997年版。
12. 蒋孔阳：《德国古典美学》，商务印书馆1980年版。

13. 蒋孔阳、朱立元主编：《西方美学通史》，上海文艺出版社1999年版。
14. 李泽厚：《批判哲学的批判》，人民出版社1984年版。
15. 刘放桐：《现代西方哲学》，人民出版社1990年修订本。
16. 全增嘏：《西方哲学史》，上海人民出版社1983年版。
17. 任继愈主编：《中国哲学史》，人民出版社1979年版。
18. 田兆元：《神话与中国社会》，上海人民出版社1998年版。
19. 汪子嵩、范明生、陈村富、姚厚介等：《希腊哲学史》，人民出版社1993年版。
20. 王国维：《人间词话》，中华书局2009年版。
21. 伍蠡甫主编：《西方文论选》，上海译文出版社1979年版。
22. 《现象学与哲学评论》（《现象学与中国文化》），上海译文出版社2003年版。
23. 《现象学与哲学评论》（《现象学在中国》特辑），上海译文出版社2003年版。
24. 徐崇温主编：《存在主义哲学》，中国社会科学出版社1986年版。
25. 徐复观：《中国艺术精神》，华东师范大学出版社2001年版。
26. 颜翔林：《后形而上学美学》，中国社会科学出版社2010年版。
27. 颜翔林：《怀疑论美学》，商务印书馆2015年版。
28. 颜翔林：《死亡美学》，中国社会科学出版社2014年版。
29. 袁可嘉：《欧美现代派文学概论》，广西师范大学出版社2003年版。
30. 朱光潜：《西方美学史》，人民文学出版社1979年版。

三　中文译本（按作者姓名汉语拼音字母音序排列）

1. ［德国］阿多尔诺：《美学理论》，王柯平译，四川人民出版社1998年版。
2. ［美国］S. 阿瑞提：《创造的秘密》，钱岗南译，辽宁人民出版社1987年版。
3. ［美国］V. C. 奥尔德里奇：《艺术哲学》，程孟辉译，中国社会科学出版社1986年版。
4. ［英国］艾耶尔：《20世纪哲学》，李步楼等译，上海译文出版社1987

年版。

5. ［法国］《波德莱尔美学论文选》，郭宏安译，人民文学出版社 1987 年版。

6. ［阿根廷］豪尔赫·博尔赫斯：《博尔赫斯论诗艺》，陈重仁译，上海译文出版社 2002 年版。

7. ［苏联］巴克拉捷：《近代德国资产阶级哲学史纲要》，涂纪亮等译，中国社会科学出版社 1980 年版。

8. ［法国］热尔曼·巴赞：《艺术史》，刘毅明译，上海人民美术出版社 1989 年版。

9. ［法国］列维-布留尔：《原始思维》，丁由译，商务印书馆 1981 年版。

10. ［古希腊］柏拉图：《柏拉图文艺对话集》，朱光潜译，人民文学出版社 1963 年版。

11. ［古希腊］柏拉图：《理想国》，郭斌和、张竹明译，商务印书馆 1986 年版。

12. ［法国］罗兰·巴尔特：《符号学原理》，王东亮译，生活·读书·新知三联书店 1999 年版。

13. ［法国］R. 巴特：《符号学美学》，董学文、王葵译，辽宁人民出版社 1987 年版。

14. ［德国］瓦尔特·比梅尔：《当代艺术的哲学分析》，孙周兴、李媛译，商务印书馆 1999 年版。

15. ［英国］克莱夫·贝尔：《艺术》，周金环、马钟元译，中国文联出版公司 1984 年版。

16. ［美国］露丝·本尼迪克特：《文化模式》，王炜等译，生活·读书·新知三联书店 1988 年版。

17. ［英国］鲍桑葵：《美学史》，张今译，商务印书馆 1985 年版。

18. ［美国］威廉·巴雷特：《非理性的人》，杨照明、艾平译，商务印书馆 1995 年版。

19. ［德国］瓦尔特·本雅明：《发达资本主义时代的抒情诗人》，张旭东、魏文生译，生活·读书·新知三联书店 1989 年版。

20. ［法国］米盖尔·杜夫海纳：《美学与哲学》，孙非译，中国社会科学出版社 1985 年版。

21. ［法国］丹纳：《艺术哲学》，傅雷译，人民文学出版社 1963 年版。
22. ［法国］笛卡儿：《第一哲学沉思集》，庞景仁译，商务印书馆 1980 年版。
23. ［法国］笛卡儿：《哲学原理》，关文运译，商务印书馆 1959 年版。
24. ［德国］威廉·狄尔泰：《体验与诗》，胡其鼎译，生活·读书·新知三联书店 2003 年版。
25. ［德国］玛克斯·德索：《美学和艺术理论》，兰金仁译，中国社会科学出版社 1987 年版。
26. ［古希腊］塞克斯都·恩披里克：《悬搁判断与心灵宁静》，包利民等译，中国社会科学出版社 2004 年版。
27. ［德国］费尔巴哈：《基督教的本质》，荣震华译，商务印书馆 1984 年版。
28. ［法国］福柯：《性经验史》，佘碧平译，上海人民出版社 2003 年版。
29. ［法国］福柯：《疯癫与文明》，刘北成、杨远婴译，生活·读书·新知三联书店 1999 年版。
30. ［美国］弗洛姆：《人心》，孙月才、张燕译，商务印书馆 1989 年版。
31. ［美国］弗罗姆：《爱的艺术》，李健民译，商务印书馆 1987 年版。
32. ［美国］弗罗姆：《逃避自由》，刘林海译，上海译文出版社 2015 年版。
33. ［奥地利］弗洛伊德：《梦的释义》，张燕云译，辽宁人民出版社 1987 年版。
34. ［奥地利］弗洛伊德：《弗洛伊德论美文选》，张唤民、陈伟奇译，知识出版社 1987 年版。
35. ［奥地利］佛洛伊德：《图腾与禁忌》，杨庸一译，中国民间文艺出版社 1986 年版。
36. ［英国］弗雷泽：《金枝》，徐育新等译，大众文艺出版社 1998 年版。
37. ［希腊］《古希腊罗马哲学》，商务印书馆 1961 年版。
38. ［英国］E. H. 冈布里奇：《艺术与幻觉》，卢晓华译，工人出版社 1988 年版。
39. ［德国］哈贝马斯：《作为"意识形态"的技术和科学》，李黎、郭官义译,学林出版社 1999 年版。

40. ［德国］海德格尔：《诗·语言·思》,彭富春译,文化艺术出版社 1991 年版。

41. ［德国］海德格尔：《存在与时间》,陈嘉映、王庆节译,生活·读书·新知三联书店 1987 年版。

42. ［德国］海德格尔：《尼采》,孙周兴译,商务印书馆 2003 年版。

43. ［德国］海涅：《论德国宗教和哲学的历史》,海安译,商务印书馆 2000 年版。

44. ［美国］C. S. 霍尔、V. L. 诺德贝：《荣格心理学入门》,冯川译,生活·读书·新知三联书店 1987 年版。

45. ［美国］D. C. 霍埃：《批评的循环》,兰金仁译,辽宁人民出版社 1987 年版。

46. ［德国］黑格尔：《哲学史讲演录》,贺麟、王太庆译,商务印书馆 1959 年版。

47. ［德国］黑格尔：《美学》,朱光潜译,商务印书馆 1979 年版。

48. ［德国］黑格尔：《小逻辑》,贺麟译,商务印书馆 1980 年版。

49. ［英国］特伦斯·霍克斯：《结构主义和符号学》,瞿铁峰译,上海译文出版社 1987 年版。

50. ［奥地利］爱德华·汉斯立克：《论音乐的美》,杨业志译,人民音乐出版社 1982 年版。

51. ［德国］H. G. 加达默尔：《真理与方法》,洪汉鼎译,上海译文出版社 1999 年版。

52. ［美国］H. 加登纳：《艺术与人的发展》,兰金仁译,光明日报出版社 1988 年版。

53. ［日本］今道友信等：《存在主义美学》,崔相录、王生平译,辽宁人民出版社 1997 年版。

54. ［丹麦］基尔克郭尔：《概念恐惧·致死的病症》,京怀特译,三联书店 2004 年版。

55. ［法国］加缪：《西西弗的神话》,杜小真译,西苑出版社 2003 年版。

56. ［美国］凯·埃·吉尔伯特、［德国］赫·库恩：《美学史》,夏乾丰译,上海译文出版社 1989 年版。

57. ［德国］康德：《判断力批判》，宗白华译，商务印书馆 1964 年版。
58. ［德国］康德：《纯粹理性批判》，蓝公武译，商务印书馆 1960 年版。
59. ［俄罗斯］康定斯基：《艺术中的精神》，中国人民大学出版社 2003 年版。
60. ［意大利］克罗齐：《美学原理·美学纲要》，朱光潜译，人民文学出版社 1983 年版。
61. ［德国］卡西尔：《人论》，甘阳译，上海译文出版社 1985 年版。
62. ［德国］卡西尔：《语言与神话》，于晓等译，生活·读书·新知三联书店 1988 年版。
63. ［英国］赫伯特·里德：《现代艺术哲学》，曹剑译，百花文艺出版社 1999 年版。
64. ［美国］苏珊·朗格：《情感与形式》，刘大基等译，中国社会科学出版社 1986 年版。
65. ［美国］苏珊·朗格：《艺术问题》，滕守尧等译，中国社会科学出版社 1983 年版。
66. ［美国］戴维·利明、埃德温·贝尔德：《神话学》，李培茱等译，上海人民出版社 1990 年版。
67. ［美国］波林·玛丽·罗斯诺：《后现代主义与社会科学》，张国清译，上海译文出版社 1998 年版。
68. ［美国］M. 李普曼主编：《当代美学》，邓鹏译，光明日报出版社 1986 年版。
69. ［英国］罗素：《西方哲学史》，何兆武、李约瑟译，商务印书馆 1963 年版。
70. ［英国］罗素：《宗教与科学》，徐奕春、林国夫译，商务印书馆 1982 年版。
71. ［法国］卢梭：《社会契约论》，何兆武译，商务印书馆 1980 年版。
72. ［法国］勒维纳斯：《上帝·死亡与时间》，余中先译，生活·读书·新知三联书店 1997 年版。
73. ［德国］莱辛：《拉奥孔》，朱光潜译，人民文学出版社 1979 年版。
74. ［德国］《马克思恩格斯选集》第 1—4 卷，人民出版社 1972 年版。
75. ［德国］《马克思恩格斯全集》第 19 卷，人民出版社 1963 年版。

76. ［德国］《马克思恩格斯全集》第 26 卷，人民出版社 1974 年版。
77. ［德国］《马克思恩格斯全集》第 31 卷，人民出版社 1972 年版。
78. ［德国］《马克思恩格斯全集》第 40 卷，人民出版社 1982 年版。
79. ［德国］《马克思恩格斯全集》第 42 卷，人民出版社 1979 年版。
80. ［法国］雅克·马利坦：《艺术与诗中的创造性直觉》，刘有元等译，生活·读书·新知三联书店 1991 年版。
81. ［英国］马林诺夫斯基：《文化论》，费孝通等译，中国民间文艺出版社 1987 年版。
82. ［英国］马林诺夫斯基：《巫术、科学、宗教与神话》，李安宅译，中国民间文艺出版社 1986 年版。
83. ［德国］马尔库塞：《审美之维》，李小兵译，生活·读书·新知三联书店 1989 年版。
84. ［德国］马尔库塞：《爱欲与文明》，黄勇、薛明译，上海译文出版社 1987 年版。
85. ［法国］保罗·里克尔：《恶的象征》，公车译，上海人民出版社 2003 年版。
86. ［美国］托马斯·门罗：《走向科学的美学》，石天曙、滕守尧译，中国文联出版公司 1985 年版。
87. ［美国］马斯洛：《自我实现的人》，许金声、刘峰译，生活·读书·新知三联书店 1987 年版。
88. ［美国］马斯洛：《存在心理学探索》，李文湉译，云南人民出版社 1987 年版。
89. ［美国］马斯洛、弗罗姆等：《人的潜能与价值》，华夏出版社 1987 年版。
90. ［美国］G. F. 穆尔：《基督教简史》，郭舜平等译，商务印书馆 1981 年版。
91. ［德国］尼采：《悲剧的诞生》，周国平译，生活·读书·新知三联书店 1986 年版。
92. ［英国］R. B. 培里：《价值与评价》，刘继编选，中国人民大学出版社 1989 年版。
93. ［瑞士］荣格：《人·艺术和文学中的精神》，卢晓晨译，工人出版社

1988 年版。

94. ［瑞士］荣格：《心理学与文学》，冯川、苏克译，生活·读书·新知三联书店 1987 年版。

95. ［瑞士］荣格：《分析心理学的理论与实践》，成穷、王作虹译，生活·读书·新知三联书店 1991 年版。

96. ［德国］斯宾格勒：《西方的没落——世界历史的透视》，齐世荣等译，商务印书馆 1963 年版。

97. ［德国］叔本华：《作为意志和表象的世界》，石冲白译，商务印书馆 1982 年版。

98. ［德国］叔本华：《生存空虚说》，陈晓南译，作家出版社 1988 年版。

99. ［美国］杰克·斯佩克特：《艺术与精神分析》，高建平等译，文化艺术出版社 1990 年版。

100. ［美国］K. T. 斯托曼：《情绪心理学》，张燕云译，辽宁人民出版社 1987 年版。

101. ［法国］列维-斯特劳斯：《野性的思维》，李幼蒸译，商务印书馆 1987 年版。

102. ［法国］萨特：《存在与虚无》，陈宣良等译，生活·读书·新知三联书店 1987 年版。

103. ［法国］雅克·施兰格等：《哲学家和他的假面具》，徐有渔等译，社会科学文献出版社 1999 年版。

104. ［美国］乔治·桑塔耶纳：《美感》，缪灵珠译，中国社会科学出版社 1982 年版。

105. ［德国］舍勒：《死·永生·上帝》，孙周兴译，中国人民大学出版社 2003 年版。

106. ［美国］梯利：《西方哲学史》，葛力译，商务印书馆 1995 年版。

107. ［德国］席勒：《美育书简》，徐恒醇译，中国文联出版公司 1984 年版。

108. ［德国］谢林：《艺术哲学》，魏庆征译，中国社会出版社 1996 年版。

109. ［德国］文德尔班：《哲学史教程》，罗达仁译，商务印书馆 1997 年版。

110. ［意大利］维柯：《新科学》，朱光潜译，人民文学出版社 1986 年版。

111. ［德国］W. 沃林格：《抽象与移情》，王才勇译，辽宁人民出版社 1987 年版。

112. ［美国］理查德·乌尔海姆：《艺术及其对象》，傅志强、钱岗南译，光明日报出版社 1990 年版。

113. ［美国］雷·韦勒克、奥·沃伦：《文学理论》，刘象愚等译，生活·读书·新知三联书店 1984 年版。

114. ［美国］R. 韦勒克：《批评的诸种概念》，丁泓、余徵译，四川文艺出版社 1988 年版。

115. ［美国］约翰·维克雷编：《神话与文学》，潘国庆等译，上海文艺出版社 1995 年版。

116. ［德国］西美尔：《生命直观》，刁承俊译，生活·读书·新知三联书店 2003 年版。

117. ［古希腊］亚里士多德：《诗学》，罗念生译，人民文学出版社 1962 年版。

118. ［古希腊］亚里士多德：《尼各马可伦理学》，廖申白译，商务印书馆 2003 年版。

119. ［美国］詹姆逊：《后现代主义与文化理论》，唐小兵译，北京大学出版社 1997 年版。

120. ［美国］詹姆逊：《语言的牢笼·马克思主义与形式》，钱佼汝、李自修译，百花洲文艺出版社 1995 年版。

四 外文文献

1. Benedetto Croce, *Poetry And Literature*, Carbondale: Southern Illinois University Press, 1981.

2. Benedetto Croce, *Aesthetics-As Science of Expression And General Linguistic*, Macmillan & Co. Ltd., London, 1922.

3. Theodor W. Adorno, *Aesthetic Theory*, London: Routledge & Keganpaul, 1984.

4. Theodor W. Adorno, *The Philosophy of Modern Music*, New York: Seabury, 1973.
5. Hans-Georg Gadamer, *Truth And Method*, New York: The Crossroad Publishing Corporation, 1989.
6. Hans-Georg Gadamer, *The Relevance of The Beautiful And other Essays*, Cambridge University Press, 1986.
7. James Dicenso, *Hermeneutics And The Disclosure of Truth—A Study In The Work of Heidegger, Gadamer, And Ricoeur*, America, The University Press of Virginia, 1990.
8. Pauline Marie Rosenau, *Post-Modernism And The Social Sciences Insights, Inroads, And Intrusions*, Princeton University Press, 1992.
9. Curt John Ducasse, *The Philosophy of Art*, New York: The Dial Press, 1929.
10. Nelson Goodman, *Languages of Art*, The Bobbs-Merrill Company, Inc., 1968.
11. Wasily Kandinsky, *Concerning The Spiritual In Art*, George Wittenborn Inc, New York, 1955.
12. Frederic Jamesom, *Marxism And Form: Twentieth-Century Dialectical Theories of Literature*, Princeton University Press, 1974.
13. Robin George Collingwood, *The Principles of Art*, Oxford University Press, 1938.
14. Jean-Paul Sartre, *Essays In Aesthetics*, Selected And Translated By Wade Baskin, The Citadel Press New York, 1963.
15. William Barrett, *Irrational Man*, Doubleday & Company, Inc., Garden City, New York, 1962.
16. Hilary Putnam, *Reason, Truth, And History*, Cambridge University Press, 1981.
17. Virgil C. Aldrich, *Philosophy of Art*, Prentice-Hall, Inc., 1963.
18. George Santayana, *The Sense of Beauty: Being The outline of Aesthetic Theory*, Dover Publications, Inc., New York, 1955.
19. Erich Fromm, *The Heart of Man*, Happer Colopkon Press, New

York, 1980.
20. Michel Foucault, *Language, Counter-Memory, Practice*, Ithaca: Cornell University Press, 1977.
21. Michel Foucault, *The Archaeology of Knowledge*, New York: Pantheon, 1972.
22. Martin Heidegger, *Poetry, Language, Thought*, New York : Harper & Row, 1971.
23. Martin Heidegger, *On The Way To Language*, New York: Harper, 1972.
24. Ludwig Wittgenstein, *Philosophical Investigations*, Oxford: Blackwell, 1953.
25. Enst Cassirer, *Symbol, Myth And Culture*, New Haven: Yale University Press, 1979.
26. Jacques Derrida, *Writing And Difference*, Chicago: The University of Chicago Press, 1978.
27. Jügen Habermas, *The Structural Transformation of The Public Sphere*, Cambridge, Polity, 1987.

主要人名、术语对照

A

Aphasia	无言、沉默
Aesthetic attitude	审美态度
Ataraksia	宁静
Adorno, Theodor Wiesengrund	阿多尔诺
Abstraction	抽象
Abstract thought	抽象思维
Aesthetics	美学
Aesthetic mysticism	美学神秘主义
Aesthesis	审美
Aesthetic appreciation	审美欣赏
Aesthetic experience	审美经验
Appearance	表象
Archetypes	原型
Archetypal images	原型意象
Aristotle	亚里士多德
Art	艺术
Artist	艺术家
Antinomy	二律背反
Autonomy	自律
Absolute	绝对
Absolute idea	绝对理念
Alienation	异化

Allegory	寓言、寓意
Anthropologist	人类学家
Axiology	价值论
Apprehension	理解力
Analogy	类比

B

Bell, Clive	贝尔
Beauty	美
Beautifual	美的
Bosanquet, Bernard	鲍桑葵
Bullough, Edward	布洛
Being	在
Black humour	黑色幽默
Bergson, Henri	柏格森
Barthes, Roland	巴特

C

Catharsis	净化
Complex	情结
Collective unconscious	集体无意识
Composition	创作
Conception	概念
Causal laws	因果律
Consonance	和谐
Content	内容
Croce, Benedetto	克罗齐
Criticism	批评
Cassirer, Ernst	卡西尔
Consciousness	意识
Charm	魅力

Composition	构思
Classic art	古典艺术
Classic aesthetics	古典美学
Classicism	古典主义
Connoisseurship	鉴赏能力
Contemplation	观照、静观
Chance	偶然性
Conflict	冲突
Characteristic	特性
Cultural hegemony	文化霸权
Cultural industry	文化产业
Cosmos	宇宙、世界
Cause	原因
Context	语境

D

Description	描述
Diachronical	历时性
Detachment	超然
Disinterestendness	无利害关系
Disposition	意向
Dualism	二元论
Dialectic method	辩证法
Dialogue	对话
Deconstruction	解构
Defamiliarization	陌生化
Descartes, René	笛卡儿
Derrida, Jacques	德里达
Dreams	梦幻
Dionysus	狄俄尼索斯
Death	死亡

Discourse	话语
Desire	欲望、期望
Discharge	释放
Despair	绝望

E

Emotion	情感
Empathy	移情作用
Evaluation	评价
Expression	表现
Essence	本质
Essentialism	本质主义
Epokhe	存疑
Epoche	悬置
Erlebnis	体验
Expectations	期望
Enthusiasm	激情
Element	要素

F

Feeling	情感
Form	形式
Formalism	形式主义
Feuerbach, Ludwig Andreas	费尔巴哈
Fromm, Erich	弗洛姆
Freud, Sigmund	弗洛伊德
Foucault, Michel	福柯
Freedom	自由
Function	功能
Fancy	幻想
Free association	自由联想

| Fiction | 虚构 |
| Figuration arts | 造型艺术 |

G

Gadamer, Hans-Georg	伽达默尔
Greek	古希腊
Genius	天才

H

Hanslick, Eduard	汉斯立克
Hume, David	休谟
Hegel, Georg Wilhelm Friedrich	黑格尔
Habermas, Jügen	哈贝马斯
Husserl, Edmund	胡塞尔
Hermeneutics	阐释学
Heidegger, Martin	海德格尔
Harmony	和谐
Human nature	人性
Horizon	视界

I

Individualization	个性化
Idea	观念
Id	本我
Intellect	理智
Inspiration	灵感
Introspection	内省
Isostheneia	均等
Imitation	模仿
Idealism	唯心主义
Illusion	幻觉

Instinct	本能
Imagery	意象、比喻
Images	形象
Image	想象
Imagination	想象力
Impression	印象
Interperetation	解释
Irrationalism	非理性主义
Inference	推断
Iension	张力
Infinite	无限性
Intuition	直觉

J

Judgement	判断
Jung, Carl	荣格
Justice	正义

K

| Kant, Immanuel | 康德 |
| Knowledge | 知识、认识 |

L

Levi-Strauss, Claude	列维－斯特劳斯
Lévy-Brühl, Lucién	列维－布留尔
Langer, Susanne	朗格
Logos	逻各斯
Logical positivism	逻辑实证主义
Logical realism	逻辑实在论
Laws	规律
Liberty	自由

Legality	合法性
Libido	原欲
Libe instinct	生命本能

M

Marcuse, Herbert	马尔库塞
Meaning	意义
Metaphor	隐喻
Mimesis	模拟
Medium	媒介
Metaphysics	形而上学
Myth	神话
Mythology	神话学
Mask	面具
Mysticism	神秘主义
Madness	迷狂
Materialism	唯物主义
Margin	边缘
Mass	大众
Mainusch, Herbert	曼纽什

N

Nihility	虚无
Nihilism	虚无主义
Nietzsche, Friedrich Wilhelm	尼采
Negation	否定
Normative description	规范性描述
Nationalism	民族主义
Necessity	必然性
Nature	自然
Naturalism	自然主义

Narcissism	自恋欲
Narration	叙述

O

Object	客体
Objectivity	客观性
Originality	独创性
Ontology	本体论
Oedipus complex	俄狄浦斯情结

P

Plato	柏拉图
Pyrrhon	皮罗
Plotinos	普罗提诺
Pattern	样式
Perceptino	知觉
Phenomena	现象
Phenomenalism	现象主义
Phenomenology	现象学
Prehension	领悟
Psychical distance	心理距离
Premiss	前提
Philosophy of art	艺术哲学
Play	游戏
Probability	可能性
Pretence	伪装
Pure art	纯艺术
Pluralism	多元论
Purposiveness	合目的性
Psychoanalysis	精神分析学
Pleasure	快感

Peak-experience	高峰体验
Paganism	偶像崇拜
Poem	诗
Poetry	诗歌
Poet	诗人
Positivism	实证主义
Postmodernism	后现代主义
Power	权利
Primary image	原始意象

Q

Question	提问
Qualification	限定

R

Reticency	沉默
Rickert, Heinrich	李凯尔特
Representation	再现
Rules	规则
Relation	关系
Rationality	合理性
Reason	理性
Rationalism	理性主义
Rhetoric	修辞学
Recreation	娱乐
Religion	宗教

S

Santayana, George	桑塔耶纳
Salvation	拯救
Skeptical aesthetics	后形而上学美学

Schiller, Friedrich	席勒
Schelling, Friedrich Wilhelm Joseph von	谢林
Schopenhauer, Authur	叔本华
Sartre, Jean-Paue	萨特
Saussure, Ferdinand de	索绪尔
Signifiant	能指
Signifier	所指
Synchronical	共时性
Structure	结构
Structuralism	结构主义
Semantics	语义学
Significant form	有意味的形式
Scepticism	怀疑论、怀疑主义
Sensation	感觉
System	体系
Spiritual distance	心理距离
Style	风格
Subjectivism	主观主义
Subculture	亚文化
Symbols	象征
Super-ego	超我
Symbolism	象征主义
Sign	符号
Self	自我
Soul	心灵、灵魂
Self-consciousness	自我意识
Sublimity	崇高
Symmetry	对称
Spectator	观众
Sentiment	情绪
Sympathy	共鸣

Sublimation	升华
Suppression	压抑
Simmel, Georg	西美尔

T

Truth	真理
Totem	图腾
Taboo	禁忌
Texture	结构、特征
Technic	技巧
Thinking	思维
Tragedy	悲剧
Tragic consciousness	悲剧意识
The death instinct	死亡本能
Taste	趣味
Traditon	传统
Text	文本
The persona	人格面具

U

Unconscious	无意识
Universality	普遍性
Ugly	丑
Unity	统一性
Utopia	乌托邦
Universe	宇宙、世界

V

Value	价值
Value judgement	价值判断
Viability	生存性

Vision	视觉、幻象
Vent	宣泄

W

Wisdom	智慧
Wittgenstein, Ludwig	维特根斯坦
Windelband, Wilhelm	文德尔班
Work of art	艺术品
Will	意志

后记　潇湘与江淮

生于江淮，淮阴之南的大运河畔是掩埋胎衣的故乡，在洪泽湖畔度过了灾荒的童年与少年，在一个叫作"尚咀头"和"勒东"的成子湖半岛经历了如平淡湖水的青年，洪泽湖西岸的那片沼泽地留下星星点点、稀奇古怪的白日梦。严父启蒙，"六经"之外，诸子百家，首尊儒学，余下是"诗词曲赋"之类，每天临池学书。可惜我那时的心思多半被湖滨中连片如云的芦苇、密密的莲蓬、香喷喷的荷花、狡猾可爱的鱼虾、古怪可笑的螃蟹、斑斓多姿的水鸟所吸引，"功夫在诗外"，完全彻底地迷恋上了大自然生生不息的物象，兴趣一点不在书本上。加上"文革"风云漫卷，"读书无用论"成为潮流，玩心愈发不可收拾。直至初中落榜，饱受羞辱，才始"发愤忘食，乐以忘忧"。

十五岁那年，一个陈旧铺盖卷，一个残破柳条箱，一只竹壳热水瓶，一只布满伤痕的搪瓷洗脸盆，一个崭新的搪瓷碗和一个带有裂痕的玻璃杯，伴我东渡洪泽湖，去小县城求学，成为懵懵懂懂的"六一居士"。"县中"老师们，有不少是来自江南或大中城市的"下放""知识分子"，他们有着先天俱来的"傲慢与偏见"，瞧不起来自苏北乡村或者没有"背景"的土学生，而本人除了来自"渔村"的标记之外，又是一个相貌不扬的黑皮肤男孩，多次成了那些"洋老师"和城镇同窗们嘲讽或羞辱的对象。若干年之后，不断地追忆弗洛伊德所言的"创伤性经历"，它诱发了我日后理论上的"知识批判"和"怀疑论运思"的强烈冲动。

小县城求知的历史，除了"知识悲剧"之外，就是终生伴随的饥饿感与肮脏感这两个中学时代给予的"礼物"或"珍品"。司空见惯的粗劣饭菜还因为缺钱或粮票不足而常常吃不上，宿舍里紧密地摆放着三十多个双人床，拥挤的空间让人陆续不停地产生着沃林格所论述的"空间恐惧感"，几十个十五六岁的男生整天与满地污水、垃圾亲密相伴，呼吸着浑浊和臭气，还有时常不断的心理、语言和肢体的冲突，咒骂与打斗是经常上演的剧目。前者让我身体内部时不时地涌动着"饥饿意识"，充满对食物匮乏的恐惧感，就像杰克·伦敦小说中所描写的那个经历漫长饥饿的水手。这种后发的人生本能的"饥饿感"，决定了自我命运的选择性力量，不求"闻达"只愿"温饱"。所以，满足于小遇而安，在庄子哲学中寻找到了理论归依，在"小学校"做自己喜欢的"纯粹学问"。后者让我对自然环境和公共空间时刻保持着警惕和禁忌，厌恶肮脏的环境和拥挤的空间，保持着无法摆脱的洁癖和对"人群"的戒备。这造成了我沉醉山水与喜爱孤独的性情。

经历艰辛多年的"科举"，人到中年，终于考取文艺学硕士，负笈潇湘，躬身岳麓山下，湘江西岸，青灯黄卷映寒窗。日后才领略到陆游《偶读旧稿有感》的诗趣："文字尘埃我自知，向来诸老误相期。挥毫当得江山助，不到潇湘岂有诗？"潇湘三载求学以及后来重返岳麓，执教于母校的岁月，让我体悟了什么是"诗意地栖居"（海德格尔）和什么是"学者的使命"（费希特）的真谛，也让我深谙孔子"仁者乐山，知者乐水"的格言。除了艰辛与和快乐交融的读·思·写的生涯，就是与友人或独步湘江或岳麓，潇湘山水的秀丽与空灵，滋生了自我的诗与思贯通的学术旨趣。潇湘山水与智者仁人，历史与风物，收留和滋养了一个来自江淮的漂泊者。

有幸在樊篱先生门下就读，我是先生最后一届研究生。每周授课，先生操着浓重的湘南口音，手持厚厚讲稿端庄而坐，三四小时，慢条斯理地讲述中西哲学与文艺学，潺潺清泉般的逻辑思辨令侍者心神云游江河。杨安仑先生讲美学理论，不带一纸，口若悬河，如春风拂面般的哲学智慧让我忘却世俗的烦恼。师兄湘生与力之，学识渊博亦谦和平易，我多次登门求教，受益匪浅。容培先生擅长抽象思辨，美学之概念演绎和逻辑推导令我钦佩不已，时常耳提面命，醍醐灌顶，令余茅塞顿开，无论学术或人生，乃我终生之良师益友。王毅先生古典文学造诣深厚，为人儒雅通达，一身道家风骨，学术上惠我良多。遗憾先生花甲退休，遽然驾鹤而去！岳麓同窗胡长明博士，高士风神，为余潇湘挚友之一。洪铁明君，平静如水的性格隐匿着旷达和仁厚的传统情怀。学长湘荣兄，儒道气质兼备，学识人格兼善，让我体悟友谊的弥足珍贵。师弟声波，对学术与政治，均有深厚独到之见，同室三载，情谊难忘。尚有炎秋、力行、阎真、雄华诸同人学长，学姐晓岚与树勤，学友中华、海洪、强松、莲子、彭萍、国清、玉林诸湘人，仁德才情俱备，濡染与启思，不一而足。

  一介江淮人士，感恩潇湘惠予的硕大恩德，她给予的学术滋养和人生境界，成为我终生的思想活力和创作激情。潇湘的山水与人文，赋予了一介江淮士子的诗意与想象力，潇湘的记忆成为我一生的甘泉与路标、干粮与火把、良药与灯塔、寒衣与拐杖……她令我"不知老之将至"！多少梦境，重归潇湘，行走在岳麓枫林和湘江岸边。多少次，心中吟咏：江淮人士潇湘梦，吾是江淮潇湘人……

  此本小书，即是潇湘求学的情结之一。

  是为记。

颜翔林

2017 年 4 月 27 日午后阳光于太湖兰庭"山木居"

2018 年 3 月 15 日上午潇潇春雨之中校毕